JN086797

『Pages・Numbers・Keynote マスターブック』執筆にあたって

　十分すぎるほどの豊富な機能を無料で利用できる「Pages」「Numbers」「Keynote」は、Mac や iPad のユーザーに欠かせないアップル製ビジネスアプリケーションです。

　文書やプレゼンの作成など、それぞれがビジネスにおいて高い活用度を誇るのはもちろん、充実した表計算機能と自由なレイアウトが共存する「Numbers」に代表されるように、ビジネスアプリでありながら "創る楽しみ" を感じられるアップルらしさも魅力です。

　本書は、そんな「Pages」「Numbers」「Keynote」を有効活用するため一冊です。初めて利用する人でも無理なく操作できるよう、基本的な操作に加え、それぞれのアプリで押さえておきたい活用度の高い機能を丁寧に解説しています。

　クラウドとの連携強化により、iPad での利用や他者との共同作業の便利度も日々向上しています。ぜひ一度利用して、その利便性と自由度を実感してみてください。本書がその一助として、末永くお付き合いいただける 1 冊になります幸いです。

2023 年 6 月

東弘子

Contents

Pages・Numbers・Keynote マスターブック 2024

Chapter 3

Numbersにビジネス表計算はおまかせ

Chapter 5

iOS 版の Pages・Numbers・Keynote

Chapter 6

iCloudでデバイス連携・その他の便利な機能

Chapter 1

Pages・Numbers・Keynoteの基本操作

Pages・Numbers・Keynote ってどんなソフト?

Pagesはワープロ、Numbersは表計算、Keynoteはプレゼン作成のソフトです。見た目に美しい書類の作成に役立つ機能の充実、直感的にわかりやすい操作性など、アップル製品らしさが魅力となっています。

さまざまなが文書が作れる ワープロソフト「Pages」

Pages(ページズ)は、自由度の高い文書作りが可能な文書作成用ソフトです。シンプルなビジネス文書はもちろん、複雑なレイアウトにも役立つ機能が揃っています。書式の設定に加え、写真や図形を加工する機能も充実していて、見栄えのよい文書を簡単に作成できます。

❶ 美しいレイアウトの文書を作れる機能が充実しています。

❷ 写真の加工も簡単に行えます。

表計算にも対応 表やグラフ作成には「Numbers」

Numbers(ナンバーズ)は、関数などを使った複雑な表計算にも対応したスプレッドシート作成ソフトです。1シート内に独立した表を複数配置できるのがその最大の特徴で、シート全面がセル状の表計算ソフトとは一線を画すレイアウトの自由度の高さが魅力となっています。表をすばやくグラフにすることもでき、数字報告の資料など表計算を使った文書の作成に最適です。

❶ 白紙のシートの上に表やグラフを配置していきます。

❷ サイズの異なる複数の表を1シート内に入れられます。

**プレゼンテーションの作成は
「Keynote」におまかせ**

Keynote (キーノート) を使うと、アニメーションやサウンドなどの演出を盛り込んだスタイリッシュなプレゼンが簡単に作成できます。魅せるスライド作りに役立つ機能、とりわけスライドを動かす機能が充実しています。リハーサルや資料の印刷など、発表時のための機能も用意されています。

❶ 画像やテキストをはめるだけでスライドショーを作成できます。

❷ スライドを動かすアニメーションが豊富に揃っています。

 **iOS 版との連携も
iCloud で簡単**

各アプリケーションはiOS版も提供されていて、iPadやiPhoneでも利用できます。iCloudを利用することで、ほとんど手間を感じずに異なるデバイス間でファイルのやり取りができ、いつでも快適にファイルを編集・閲覧できます。

iOS版も提供されています。

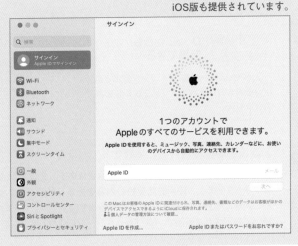

StepUp Office との互換性

Pagesの文書はWord、NumbersはExcel、KeynoteはPowerPointと、作成したファイルをOfficeアプリケーションのファイル形式で書き出すことができます (P.344参照)。ただしOfficeとのファイルのやりとりでは、いずれの場合も互換性のないフォントや効果、書式は別のものに置き換えられます。また互換性のない機能が実行できない、意図した形と異なる状態で表示される場合もありますので注意しましょう。

なお、Officeの各アプリケーションの形式のファイルは、ダブルクリックすればPages・Numbers・Keynoteの各アプリケーションで開くことができます。その際サポートされていない機能とどのように対処されたかが一覧で表示され、確認できます。ほとんどの場合が別の書式などへの置き換えで対処され、Word、Excel、PowerPointともにレイアウトはほぼ維持できます。互換性についての詳しい情報は、アップルのサイトでも提供されているのでチェックしてみましょう。またP.346では、Officeとの効率的な文書のやり取りについて紹介していますのでこちらも参考にしてください。

起動・終了するには

起動・終了方法を見てみましょう。この操作は、Pages・Numbers・Keynoteの3つのアプリケーションで共通です。アプリケーションフォルダからの起動のほか、Dockに表示されているアイコンをクリックして起動することもできます。

1 アプリケーションフォルダのアイコンをダブルクリックする

アプリケーションフォルダを開き、起動したいアプリケーションのアイコンをダブルクリックします❶。ここでは例として[Numbers]のアイコンをダブルクリックしました。

❶アイコンをダブルクリックします。

Hint Dock からも起動できる

DockやLaunchpadにアイコンが表示されている場合は、それをクリックしても起動できます。

2 初回起動時は使用許諾に同意する

初回の起動時は、図の2つの画面が表示されます。先に表示される画面で[Numbersソフト使用許諾契約]の文字をクリックすると、使用許諾契約の内容を見ることができます❷。[続ける]ボタンをクリックすると、使用許諾契約の内容に同意したことになり先へ進みます❸。
続いて表示される画面で、[スプレッドシートを作成]ボタンをクリックしましょう❹。

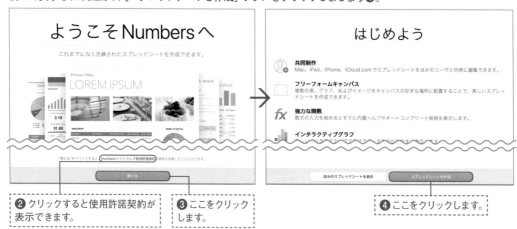

❷クリックすると使用許諾契約が表示できます。

❸ここをクリックします。

❹ここをクリックします。

3 テンプレートを選択する

テンプレートの選択画面が表示されます。使用したいテンプレートを選択し❺、[作成]ボタンをクリックしましょう❻。図では白紙の状態から作成できる[空白]テンプレートを選択しました。

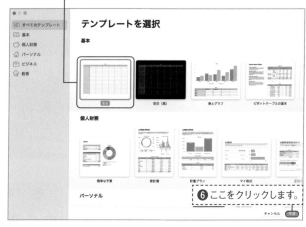

❺ テンプレートを選択して、

❻ ここをクリックします。

Point カテゴリに分類されたテンプレート

テンプレートは、カテゴリごとに分類されています。左側にあるカテゴリ名をクリックすると分類されているテンプレートが右側に表示され、素早く選択できます。

4 アプリケーションが起動した！

アプリケーションが起動し、新しいファイルが表示されます❼。

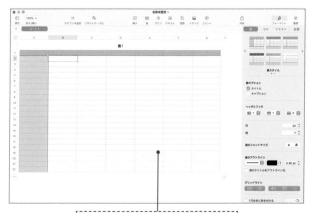

❼ アプリケーションが起動しました。

Point アプリケーションを終了するには

アプリケーションを終了するには、Numbersであれば[Numbers]メニューから[Numbersを終了]というように、アプリケーション名のメニューから終了を選択しましょう。終了のショートカットである command ⌘ キー＋ Q キーも全アプリケーション共通ですので、覚えておくと便利です。

StepUp [開く]画面が表示されたら[新規書類]ボタンをクリックする

2回目以降の起動時に、手順2の時点で右図の画面が表示された場合は、[新規書類]ボタンをクリックすると新しいファイルを作成できます。なお、保存済みのファイルを開きたいときは、左側の一覧で保存場所を選び、開きたいファイルを選択して[開く]ボタンをクリックしましょう。

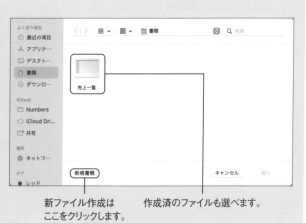

新ファイル作成はここをクリックします。

作成済のファイルも選べます。

Chapter 1　　　　≫取り消す・やり直す

操作をやり直すには

行った操作を取り消したい、または取り消した操作を再度実行したいというケースはよく
あります。ここでは操作の取り消しと、そのやり直しについてマスターしましょう。この方法
は各アプリケーション共通です。

1　「取り消す」と「やり直す」の違い

ここで紹介するのは、「取り消す」と「やり直
す」の2つの機能です。「取り消す」は、直前
に行った操作を取り消しする機能です。「取
り消し」で取り消した操作は、「やり直す」機
能で再度実行できます。では具体例を見て
いきましょう。図の文書には「りんご」と入
力されています。文字の後ろにカーソルを合
わせて delete キーを押してみます❶。

❶ delete キーを押します。

2　文字列が削除された

「ご」の文字が削除されました❷。この時点
で直前に行われた操作は「ご」の削除です。

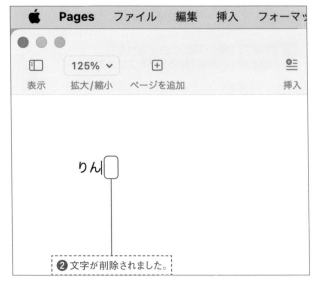

❷ 文字が削除されました。

3 操作を元に戻す

手順2で行った文字の削除の操作を取り消すには、[編集] メニューから [取り消す] を選択します❸。

❸ ここを選択します。

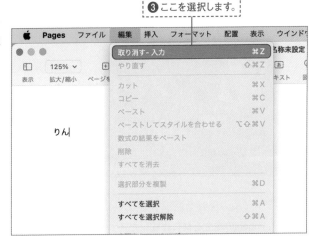

4 文字の削除が取り消された！

文字の削除の操作が取り消され、削除した文字が再表示されました❹。

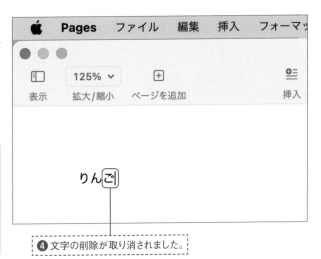

Hint その前の操作も取り消せる

再度 [取り消し] を選択すると、さらに一つ前の操作を取り消すことができます。同様に [やり直す] も選択した回数分の操作をやり直しできます。

❹ 文字の削除が取り消されました。

5 文字の削除をやり直す

ここまでの手順で取り消した操作を再度行うのが「やり直す」機能です。[編集] メニューから [やり直す] を選択すると❺、文字の削除がやり直されて「ご」の文字が消えます。

❺ ここを選択すると取り消した操作が再度実行されます。

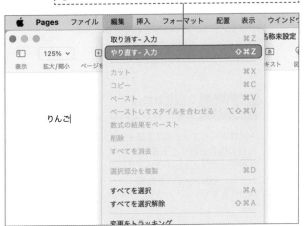

Hint ショートカットキーでも実行できる

「取り消す」は command ⌘ + Z キー、「やり直す」は command ⌘ + shift + Z キーを押しても実行できます。

ファイルを保存するには

作成したファイルの保存方法をマスターしましょう。初めて保存するときは、ファイル名を入力します。なお一度保存したファイルは定期的に自動保存されます。自動保存されたファイルを任意の時点まで戻す方法も覚えておきましょう。

1 ファイルの保存を選択する

Numbersの場合を例に作成したファイルの保存方法を見てみましょう。なお保存の操作は、各アプリケーションで共通です。[ファイル] メニューから [保存] を選択します❶。

> **Point 一度保存したファイルは自動保存される**
>
> 一度保存したファイルは、Mac OSの機能によりその後定期的に自動保存されます（Mac OS 10.7以降）。過去の状態に戻すには「復元」（次ページ中段コラム参照）を行います。

❶ ここを選択します。

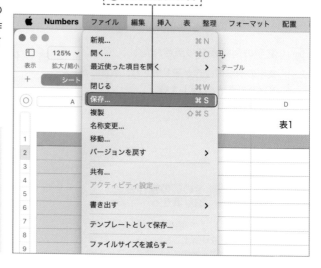

2 ファイル名を入力する

図の画面が表示されるので、[名前] にファイル名を入力します❷。保存するフォルダを選択したら❸、[保存] ボタンをクリックします❹。ウィンドウが縮小表示されているときは、▽をクリックして拡大できます❺。

> **Point 2回目以降は上書き保存される**
>
> 一度保存したファイルに変更を加え、再度保存の操作を行うと上書き保存されます。変更前後のファイルをそれぞれ保存したいときは、元のファイルを複製（次ページ下段コラム参照）し、一方のファイルに変更を加えましょう。

❷ ファイル名を入力し、

❸ フォルダを選択して、 **❹ ここをクリックします。**

❺ ここをクリックすると、ウィンドウの大小を切り替えできます。

3 ファイルが保存された！

ファイルが保存され、ファイル名が変わりました❻。保存先に指定したフォルダを開くと、保存したファイルのアイコンが追加されているはずです。

❻ 保存されてファイル名が変わりました。

Hint 自動保存される前の状態に戻すには

自動保存された時点の状態は、個別のバージョンとして保存されています。バージョンを選んでファイルを復元するには［ファイル］メニューから［バージョンを戻す］→［すべてのバージョンをブラウズ］を選択しましょう❶。画面右側で日時を選び❷、戻したいバージョンが右側に表示された状態にして❸、［復元］ボタンをクリックすると復元できます❹。

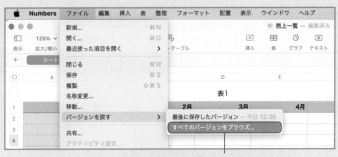

❶ ここを選択します。

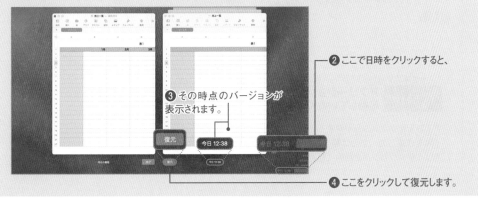

❷ ここで日時をクリックすると、

❸ その時点のバージョンが表示されます。

❹ ここをクリックして復元します。

StepUp ファイルを複製する

変更前と後、どちらのファイルも保存したいときは、ファイルを複製してから一方に編集を加えましょう。［ファイル］メニューから［複製］を選択すると❶、ファイル名が選択された状態でファイルのコピーが作成されるので、新規のファイル名を入力します❷。ファイル名の入力前に選択が解除されてしまったときは、ファイル名部分をダブルクリックすると入力できます。

❶ ここを選択します。　　　　　　　　　　　　　❷ 新しいファイル名を入力します。

≫ファイルを開く

保存したファイルを開くには

保存してあるファイルを開く2つの方法をマスターしましょう。ここでは前のページで保存したNumbersのファイルを例に解説しますが、ファイルを開く方法はPages、Keynoteでも共通です。

▶ファイルのアイコンから開く

1 アイコンをダブルクリックする

前ページで保存した［売上一覧］というファイルを開いてみます。まずは目当てのファイルが保存されているフォルダを開き❶、開きたいファイルのアイコンをダブルクリックします❷。

Point アプリケーションを起動していなくてもOK

アイコンをダブルクリックすると、そのファイルを作成した（または開くことができる）アプリケーションが自動的に起動します。

❶ 保存先のフォルダを開き、

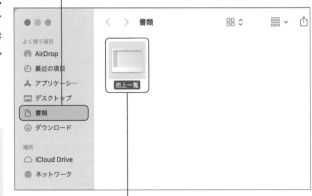

❷ ファイルのアイコンをダブルクリックします。

2 ファイルが開いた！

Numbersが起動し、保存されていたファイルが開きました❸。追加の編集や訂正などの作業を行いましょう。

Hint 起動時の画面で選択してもOK

Numbers起動時に表示される画面（P.13参照）でファイルを選択し、［開く］ボタンをクリックしてもファイルを開くことができます。

❸ アプリケーションが起動し、ファイルが開きます。

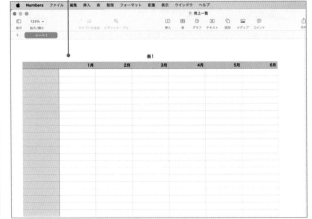

▶メニューからファイルを開く

1 [開く] ダイアログボックスを表示する

アプリケーションを起動した状態でファイル
を開くには、[ファイル] メニューから [開く]
を選択します❶。右図ではファイルが何も開
いていない状態ですが、他のNumbersファイ
ルが開いた状態でも同様に操作できます。

Point 最近使ったファイルを素早く開く

[ファイル] メニューから[最近使った項目を開
く] を選択すると、最近使ったファイルの名
前が表示され選択して開くことができます。

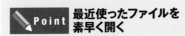
❶ここを選択します。

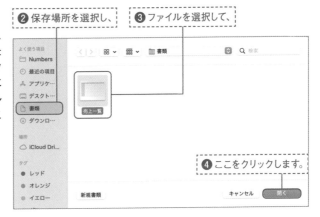
❷ 保存場所を選択し、　❸ ファイルを選択して、
❹ ここをクリックします。

2 ファイルを選択する

[開く] ダイアログボックスが表示されたら、
ファイルの保存場所を選択します❷。開きた
いファイルを選択し❸、[開く] ボタンをク
リックするとファイルが開きます❹。すでに
アプリケーションが起動され、他のファイル
がデスクトップに表示されている場合は、こ
ちらの方法がより効率的です。

StepUp アップルメニューの [最近使った項目] を利用する

アップルメニューから[最近使った項目]を選択すると、
サブメニューの [アプリケーション] に最近使ったアプ
リケーション、[書類] にファイル名がそれぞれ表示さ
れます。これを選択しても、アプリケーションを起動
したり、ファイルを開いたりすることが可能です。また、
Dock内のアイコンを右クリックして、表示されるファ
イルを選択してもファイルを開くことができます。

ファイル名を選択すると、アプリケーションが起動し、ファイルが開きます。

Chapter 1 　　　≫iCloudへの保存

iCloudにファイルを保存するには

Pages、Numbers、Keynoteで作成したファイルは、アップルが提供するインターネット上のスペースiCloudに簡単な操作で保存できます。ここではその方法をマスターしましょう。

1 [場所]をクリックする

iCloudに保存する場合も、保存の操作自体はMac内に保存する場合と同じです。P.16の操作で保存用の画面を開き、ファイル名を入力しましょう❶。

❶ ファイル名を入力します。

Point iCloudにサインインしておく

iCloudの利用にはサインインが必要です。サインインの方法については、P.334で紹介していますので、サインインがまだの場合は先に済ませてから操作しましょう。

2 iCloud内のフォルダを選択する

保存場所としてiCloud（図ではiCloud内のNumbersフォルダ）を選択して❷、[保存]ボタンをクリックします❸。

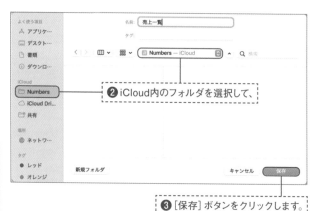

❷ iCloud内のフォルダを選択して、

❸ [保存]ボタンをクリックします。

StepUp iCloudに保存するメリット

iCloudに保存したファイルは、iPadや別のMacからも簡単に利用できます。また他者とのファイル共有も行えます。使用しているMacにトラブルが起きた場合でもファイルへの影響が避けられる点もメリットのひとつです。

Hint 新規フォルダを作って 保存するには

保存の操作時にiCloud内に新規フォルダを
作ることもできます。[新規フォルダ] ボタ
ンをクリックしましょう❶。保存用の画面
が縮小表示されているときは、保存場所選
択欄横のボタンをクリックして❷、図の状
態に拡大表示できます。

❶ ここをクリックします。　❷ ここをクリックして保存用画面を拡大表示できます。

Hint iCloud 内のファイルを 開くには

iCloudに保存したファイルもMac内にある
ファイルと同じ感覚で利用できます。P.18
の操作でファイルの選択画面を表示し、
ファイルの保存場所でiCloud内のフォルダ
を選択しましょう❶。開きたいファイルを
選択し❷、[開く] ボタンをクリックすれば
OKです。

❶ iCloud内のフォルダを選択すると、　❷ 保存しているファイルを選択できます。

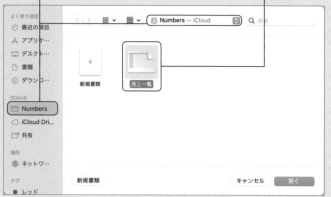

Hint iCloud 内のファイルを 削除するには

iCloudに保存したファイルは、[ファイル]
メニューから [開く] を選択して表示され
る図の画面でファイルを右クリックし❶、
[ゴミ箱に入れる] を選択すると削除でき
ます❷。

❶ iCloud内のファイルを右クリックし、　❷ ここを選択します。

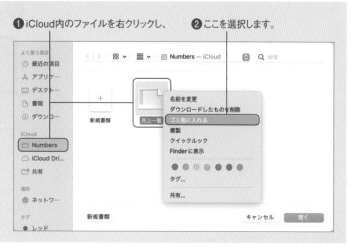

⭐ StepUp　操作がわからないときは「ヘルプ」を使おう

操作方法や用語、トラブルの解決方法を調べることができる「ヘルプ」機能の使い方を覚えておきましょう。ヘルプ機能を使うには、[ヘルプ] メニューを選択し❶、[検索] 欄にキーワードを入力します❷。すると該当するメニュー項目が表示されます❸。

❶ ここをクリックし、

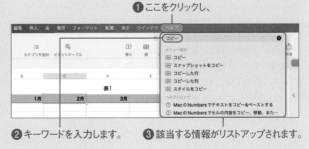

❷ キーワードを入力します。　❸ 該当する情報がリストアップされます。

メニュー項目にポインタを合わせると❹、そのメニューの所在が表示され、どこを選択して実行すればよいかがわかります❺。

❹ ポインタを合わせると、

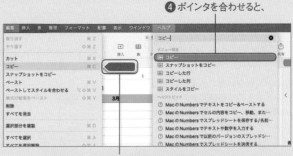

❺ メニューの所在が表示されます。

キーワードを入力せずに [Numbersヘルプ] を選択すると❻、ヘルプの画面が表示されます❼。[目次] をクリックし❽、表示されるカテゴリをクリックして情報を表示できます❾。

❻ [Numbersヘルプ] を選択すると、

❼ ヘルプが表示されます。

Numbersユーザガイド

テンプレートを使って始める

すべてのスプレッドシートは、テンプレート（基になるものとして使用できるモデル）から始まります。テンプレートのグラフやデータを独自の内容に置き換えたり、新しい表や数式などを追加したりすることができます。

スプレッドシートを作成する 〉

❽ [目次] をクリックし、

❾ カテゴリをクリックして情報を表示します。

Chapter 2

Pagesでおしゃれな書類作成

Pagesってどんなソフト?

Pagesは、さまざまな文書の作成に対応する機能を備えた文書作成ソフトです。シンプルなビジネス文書はもちろん、画像や表などが入った複雑なレイアウトの文書も簡単にできます。ここではPagesでできること、その便利さを紹介します。

素早い書式設定で文書作成を効率化

Pagesでは、あらかじめ用意されたテキストのスタイルを使うことで、テキストの書式の設定を効率的に行うことができます。スタイルの書式は簡単な操作で自由に変更できます。

スタイルを適用して素早く書式を整えられます。

複雑なレイアウトにも対応

テキストボックス単位で文字を管理することで、テキスト、画像、表などを組み合わせたさまざまなレイアウトを実現できます。配置ガイドや[レイアウトを表示]機能など、複雑なレイアウトの文書作成をサポートする機能が備わっています。

テキストボックスと画像を組み合わせて多彩なレイアウトを実現できます。

画像の加工もPagesでOK

枠線や影などを組み合わせた「イメージのスタイル」や、さまざまな飾り線などを適用するだけで、画像の印象を簡単にアップできます。不要な部分の切り取りや背景の削除など、画像の加工も行えます。

スタイルを選択するだけで画像の印象をアップできます。

表やグラフも作成できる

簡単な操作で表やグラフの作成が可能です。より多彩な文書作りに活用しましょう。用意されたスタイルを切り替えるだけで、印象の異なる美しい表やグラフを利用できます。表は、関数を使った計算などにも対応しています。

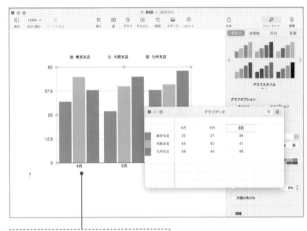

簡単な操作でグラフを挿入できます。

正確な文書作りに役立つ機能も

美しさだけでなく、ミスのないことも文書作りではとても重要です。Pagesでは文書の校正に役立つ変更箇所のトラッキングやコメントの挿入機能、目次を自動抽出できる機能など、正確な文書作りに役立つ機能も備わっています。

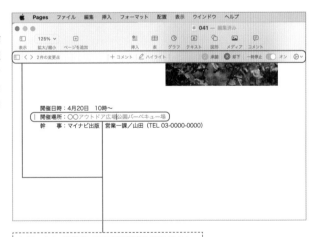

トラッキング機能では変更箇所が記録され、後から管理しやすいよう配慮されています。

Pagesの画面を見てみよう

Pagesの基本画面を見て、各部分の名称とその機能を確認しましょう。文書の作成に役立つ各種表示の切り替え方、種類も併せて紹介します。表示の切り替えは、[表示] メニューから簡単にできるので、必要に応じて使いましょう。

► Pages の基本画面

Pagesの画面を構成する要素を見てみましょう。大きな白い部分が文書を作成するスペースです。この部分を用紙に見立て、文書を作成していきます。

メニューバー
機能を選択して操作を実行できます。

タイトルバー
文書のタイトルが表示されます。

ツールバー
利用頻度の高い機能がボタンで表示されています。

インスペクタ
選択した項目を編集するための機能が集められています。
選択している項目に応じて表示される内容が変化します。

Pagesには、より緻密なレイアウトの調整に便利な「レイアウトを表示」や、スペースやタブなど普段は見えない情報を記号化する「不可視文字を表示」といった表示方法も用意されています。状況に応じて使い分けるとより作業がしやすくなります。各表示方法とも、[表示]メニューから選択してオン・オフを切り替えできます❶。

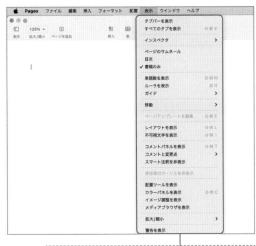

❶ここで選択して表示方法を切り替えできます。

レイアウトを表示した状態
ヘッダ・フッタ、テキストボックス、本文など、さまざまなテキスト領域が淡い灰色の線で表示されます。
レイアウト調整時の目安にできます。

不可視文字を表示した状態
通常は表示されない空白や改行、タブなどが記号化されます。例えば図は1行目にスペース3つと改行、2行目にタブが挿入されていることがわかります。

フルスクリーンにした状態
Pagesのウィンドウがデスクトップいっぱいに広がり、作業領域を拡大できます。メニューも非表示となり、上部にポインタを合わせたときだけ表示されます。

用紙のサイズや向きを設定するには

作成した文書を用紙に印刷することの多いPagesでは、用紙のサイズや向きを設定してから作成を開始すると効率的です。用紙や余白についての設定は、インスペクタでまとめて行うことができます。

1 [書類]タブを表示する

用紙のサイズや余白の設定は、インスペクタの[書類]タブで行います。ツールバーの[書類]をクリックしましょう❶。

❶ここをクリックします

2 用紙のサイズを選択する

[プリンタと用紙サイズ]にあるプルダウンメニューで、利用したい用紙の大きさを選択しましょう❷。図ではA4を選択しています。

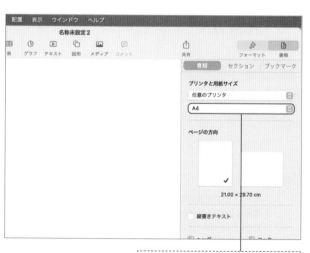

❷用紙のサイズはここで選択します。

💡 Hint 見開きページとして設定するには

手順5の[書類の余白]の下にある[見開きページ]にチェックを付けると、書類を見開きページとして設定でき、左右のページで違うヘッダ、フッタ、マスターオブジェクトを利用できます。印刷後に冊子にしたい場合などに便利です。

3 用紙の向きを選択する

用紙の向きは［ページの方向］で指定できます。利用したい方向をクリックしましょう❸。選択中の方向にチェックマークが付きます。

❸用紙の向きをクリックします。

4 ヘッダの有無と位置を指定する

［ヘッダ］［フッタ］では、チェックボックスのオンオフでそれぞれの有無を選択できます❹。不要な場合はチェックを外しましょう。また［上］では書類の上端からヘッダまで、［下］では書類の下端からフッタまでの間隔を設定できます❺。

Point ［書類本文］とは本文用のボックス

Pagesで作成した白紙の文書には、あらかじめ大きなテキストボックスが本文用として作成されています。図の［書類本文］のチェックを外すとこの初期設定されたテキストボックスを削除できます。通常の場合はそのまま利用して問題ありません。

❹ヘッダ、フッタのオンオフを切り替えられます。

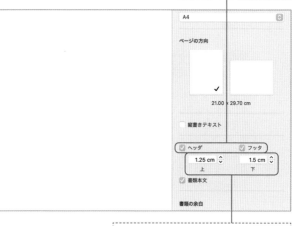

❺ヘッダとフッタの位置を指定できます。

5 余白を設定する

［書類の余白］では上下左右の各余白を設定できます❻。

Hint ［ハイフン処理］と［リガチャ］とは

［書類の余白］の下にある［ハイフン処理］にチェックを付けると、単語が自動的に行末ハイフン処理されます。また［リガチャ］にチェックを付けると、対応フォントの使用時に書類内でリガチャ（1つの活字を作るために2つの文字を装飾的に結合した文字）を使用できます。

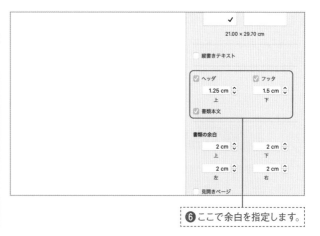

❻ここで余白を指定します。

文字をコピーするには

同じ文字を何度も入力するときは、コピー&ペースト機能を利用しましょう。一度コピーした文字を何度もペーストできるので、作業がとても効率的です。

1 元の文字列を選択する

文字列をコピーして他の場所に貼り付けることができるコピー&ペースト機能を使ってみましょう。ここでは1行目の「バーベキュー大会」をコピーして、「<」の横に貼り付けます。コピーしたい文字列をドラッグして選択しましょう❶。

StepUp 文字選択の便利テクニック

[shift]キーを押しながら[→]キーや[↓]キーをクリックしても文字を選択できます。また始点としたい箇所をクリックし、[shift]キーを押しながら終点をクリックすると間の部分を、[編集]メニューから[すべてを選択]を選択すると、すべての文字を選択することも可能です。

❶ドラッグして文字列を選択します。

2 文字列をコピーする

[編集]メニューから[コピー]を選択します❷。これで選択した文字列がコピーされました。

Hint ショートカットでもコピーできる

文字列を選択した状態で[command ⌘]キー＋[C]キーを押しても文字列をコピーできます。また手順3のペーストは、[command ⌘]キー＋[V]キーを押しても行えます。

❷ここを選択します。

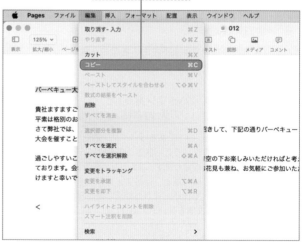

3 文字列を貼り付ける

文字列を貼り付けたい位置をクリックして
カーソルを合わせ❸、［編集］メニューから
［ペースト］を選択します❹。

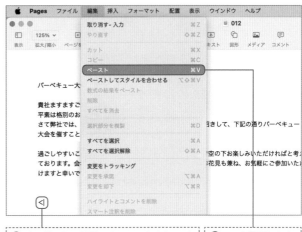

❸貼り付けたい位置にカーソルを合わせて、　❹ここを選択します。

Hint 貼り付け先の書式に合わせたいときは

コピーした文字と貼り付け先の文字の書式
が異なる場合、貼り付け時に［編集］メ
ニューから［ペーストしてスタイルを合わ
せる］を選択すると、貼り付け先と同じ書
式に変換されて貼り付けられ、後から書式
を揃える手間が省けます。

---

4 文字列がコピーされた！

コピーした文字列が、選択した位置に貼り付
けられました❺。手順3のペーストの操作を
繰り返すと、同じ文字を何カ所にも貼り付け
ることができます。

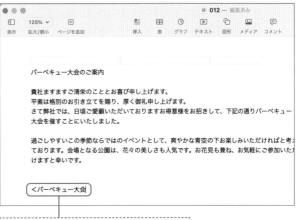

❺コピーした文字列が貼り付けられました。

Hint 文字列を移動させるには

文字列を移動させたい場合は、［編集］メ
ニューから［カット］を選択して文字を切り
取り、手順3の要領でペーストしましょう。

StepUp ドラッグでの移動とコピー

Pagesではドラッグでも文字の移動やコピーが可能で
す。選択した文字の上をクリックし❶、ドラッグして
みると図のように文字が移動します❷。移動先までド
ラッグして手を離しましょう。また option キーを押し
ながらドラッグすると、コピーになります。

❶選択した文字列をクリックし、　❷ドラッグすると移動できます。

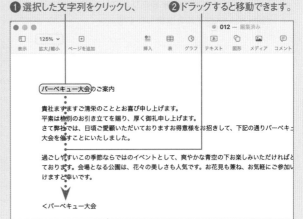

用意された段落スタイルで
素早く見た目を整えるには

Pagesでは、一般的な文書の作成に便利な書式が「段落スタイル」としてあらかじめ登録されていて、その仕組みを理解しておくと文書の編集がよりスムーズに行えます。まずは段落スタイルの基本をマスターしましょう。

1 「段落スタイル」とは?

フォントの種類やサイズ、色の設定を組み合わせたものを「スタイル」と言います。Pagesにはあらかじめ「本文」や「タイトル」「見出し」など、文書作成で利用頻度の高い項目に適したスタイルがいくつか用意されていて、これらを適用することで素早く文書の体裁を整えることができます。段落内を選択すると、フォーマットインスペクタ(表示されていないときはウインドウ右上の[フォーマット]をクリック)の[テキスト]タブの上部に利用中のスタイルが表示されます❶。初期設定では、入力したすべての文字に自動的に[本文]の段落スタイルが適用されています。

❶ 適用中のスタイルが表示されます。

2 段落スタイルを選択する

スタイルを変更するには、対象の段落を選択し❷、段落スタイルの▼をクリックして❸、適用したいスタイルを選択します❹。

❷ 対象の段落を選択し、

❸ ここをクリックして、

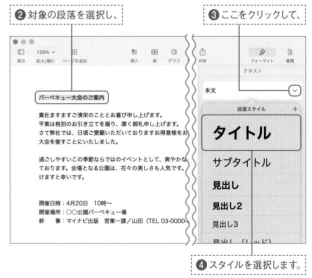

❹ スタイルを選択します。

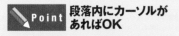

Point 段落内にカーソルがあればOK

図ではわかりやすいよう選択していますが、対象の段落が1つの場合は、段落内にカーソルがあればOKです。

3 スタイルが変わった！

選択した段落スタイルが適用されました❺。[タイトル] の段落スタイルを選択したので、文書のタイトルらしく文字が大きく太くなりました。このように複数の書式をまとめて設定できるのが段落スタイルの便利な点です。

❺ [タイトル] のスタイルが適用されました。

Hint 段落スタイルでできること、できないこと

たとえば [タイトル] の段落スタイルを赤色にするなど、段落スタイルの書式は変更できます。またその変更を、同じスタイルを適用したすべての文字列にまとめて反映できるのも便利な点です。段落スタイルの作成・編集方法はP.44で詳しく紹介しています。
一方段落スタイルは、段落内の一部の文字のみに適用することはできません。文字単位で書式を変更したいときは、P.34〜39で紹介している方法で変更を加えましょう。

[タイトル] の段落スタイルの文字色が赤に変更されています。

StepUp Pagesの書式設定はココに注意！

Pagesでは、入力した文字列には [本文] の段落スタイルが自動的に適用され、手順2の操作でスタイルを変更しない限りそれは変わりません。たとえば図の文書は数カ所の書式を個別に編集していますが、段落スタイルは変えていないのですべてが [本文] のままです。この状態で[本文]の段落スタイルをアップデート（P.46参照）すると、個々に設定した内容の有無に関わらず、まとめて書式が変わってしまうので注意しましょう。
本文スタイルに必要なアップデートを先に済ませてから個別に編集する、個別に書式を編集したい箇所には後からアップデートする予定のないスタイルを適用しておくなど対策しておくと、せっかく行った作業が無駄になりません。
P.44の操作で作成・変更した箇所を別のスタイルとして保存してから、本文スタイルをアップデートする方法も有効です。

すべての文字列に初期設定の [本文スタイル] が適用されています。

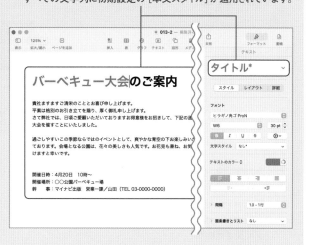

文字のフォントやサイズを変更するには

文字の種類やサイズを変え、強調したい点を目立たせるなどの編集を行うと、文書はより見やすくなります。まずはフォントの種類とサイズの変更方法をマスターしましょう。

1 文字列を選択する

文書のタイトルとなっている文字を目立たせる場合を例に、フォントとサイズの変更方法を見ていきましょう。対象の文字を選択したら❶、フォーマットインスペクタの[スタイル]をクリックし❷、フォント選択用のプルダウンメニューをクリックします❸。

✐ Point インスペクタが自動表示されないときは

文字を選択してもフォーマットインスペクタが自動表示されないときは、ツールバーの[フォーマット]をクリックして表示しましょう。

❶ 文字列を選択し、

❷ ここをクリックして、

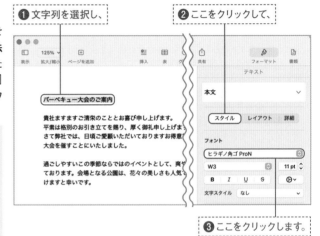

❸ ここをクリックします。

2 フォントを選択する

表示されるリストから、フォントの種類を選択します❹。ここでは[ヒラギノ丸ゴ ProN]を選択しました。

❹ フォントを選択します。

💡 Hint 1文字単位で変更できる

図の例ではタイトルの行すべてを選択していますが、1文字のみなど文字単位で書式の変更が可能です。

3 フォントが変わった！

選択した文字列のフォントが変わりました
❺。

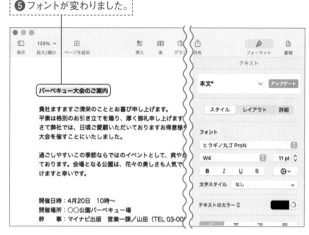

❺フォントが変わりました。

Hint 段落スタイルの仕組みを理解しておこう

Pagesには、ここで紹介するように文字単位で個別に書式を設定する以外に、「段落スタイル」と呼ばれる書式の組み合わせを使って書式を設定する方法があります。どちらを利用してもかまいませんが、双方を組み合わせる場合は作業の順序に注意が必要です。P.33下段コラムの説明をチェックしておきましょう。

4 文字が大きくなった！

文字を選択した状態で数値を指定すると、文字のサイズを変更できます❻。図は［25pt］に変更した状態です。文字がずいぶん大きくなりました❼。

StepUp 文字にふりがなを付けるには

対象の文字を選択し、［フォーマット］メニューから［振り仮名］を選択し、表示される画面でふりがなを入力、または選択すると設定できます。

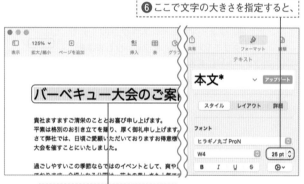

❻ここで文字の大きさを指定すると、

❼文字のサイズが変わります。

StepUp デフォルトのフォントは変更できる

書類の新規作成時に使用されるデフォルトのフォントは、以下の要領で変更できます。毎回決まったフォントを使用する場合、デフォルトのフォントに設定しておくと後から変更する手間が省けます。なお、変更できるのは、文書作成時に選択するテンプレートで「基本」に分類されているもの（空白テンプレートなど）です。設定を元に戻すには、［新規基本書類のフォントとサイズを設定］のチェックを外します。

❶「Pages」メニューから「設定」を選択して、

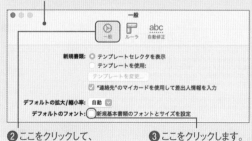

❷ここをクリックして、　　❸ここをクリックします。

❹デフォルトにしたいフォントを選択し、　❺サイズを指定して、

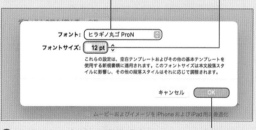

❻ここをクリックすると、以後作成するファイルから適用されます。

文字に色や飾りを付けるには

文字色や文字飾りの設定方法をマスターし、見やすさや華やかさのアップに役立てましょう。フォーマットインスペクタの［テキスト］タブで簡単に各種設定が行えます。

▶ 文字色の設定

1 文字色を選択する

文字の色を変えるには、対象の文字列を選択し❶、フォーマットインスペクタの［テキスト］タブで［スタイル］をクリックします❷。［フォント］にあるカラー選択用のアイコンをクリックし❸、色を選択します❹。

StepUp より多くの文字色から選択するには

右図で利用しているアイコンから選択できる色数は限られています。より多くの色から自由に選択するには、隣にあるカラーホイール◯をクリックして色を選びましょう。

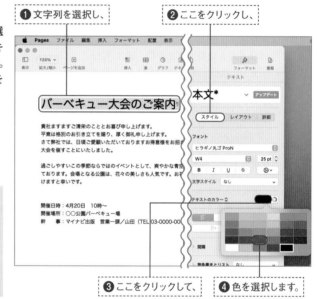

❶ 文字列を選択し、

❷ ここをクリックし、

❸ ここをクリックして、

❹ 色を選択します。

2 色が変わった！

選択していた文字列の色が変わりました❺。

StepUp ドロップキャップを設定できる

［スタイル］の下の方にある［ドロップキャップ］にチェックを付けると、段落の最初の文字を大きくするドロップキャップを簡単に設定できます。対象の段落を選択して操作しましょう。ドロップキャップのスタイルや文字の大きさ、文字数なども設定できます。

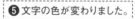

❺ 文字の色が変わりました。

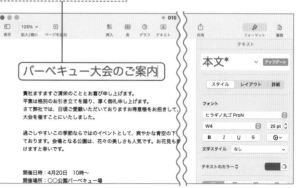

太字や下線を利用する

[スタイル] にあるボタンをクリックして、太字❶、斜体❷、下線❸を設定できます。設定中はボタンがオレンジ色になります。なお、斜体は、日本語のフォントではほとんど効果が得られません。英数字に利用しましょう。

Hint 取り消し線を設定できる

文字に取り消し線を設定するには、対象の文字を選択し、[スタイル] の [文字のスタイル] から [取り消し線] を選択します。

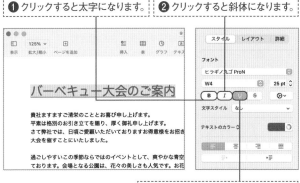

❶ クリックすると太字になります。　❷ クリックすると斜体になります。

❸ クリックすると下線が引かれます。

1 背景色を選択する

Pagesでは、段落単位で背景色を設定できます。対象の段落を選択したら❶、フォーマットインスペクタの [レイアウト] をクリックし❷、[枠線とルール] の [段落の背景] にあるアイコンをクリックして色を選びましょう❸❹。なお、より自由に色を選びたいときはカラーホイール◯を利用しましょう。好みの色の作成も可能です❺。

Point 複数の段落や文書全体でもOK

背景の色、枠線は、複数の段落に対しても設定できます。[編集] メニューから [すべてを選択] を選択してから設定すれば、文書全体に対して背景や枠線を設定することもできます。

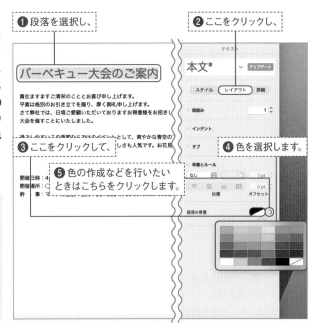

❶ 段落を選択し、

❷ ここをクリックし、

❸ ここをクリックして、

❹ 色を選択します。

❺ 色の作成などを行いたいときはこちらをクリックします。

2 背景に色が付いた！

選択していた段落の背景に色が付きました❻。

❻ 背景に色が付きました。

Next ⊖

Chapter 2

文字色・文字飾り・背景色・枠線

1 線の種類を選択する

枠線の設定も前ページの背景色と同じ画面で行います。対象の段落を選択したら❶、[枠線とルール] にあるポップアップメニューで種類を選択します❷。図では実線を選択しました❸。

❶段落を選択し、

❷ここで線の種類を選択すると、

❸枠線が追加されます。

> **Hint** 区切り線としても使える
>
> 図の例では手順3で段落を囲む線に変更していますが、[位置] の選択次第で図のように段落の下または上だけに線を引くと、区切り線にできます。

2 線の色・太さを設定する

色選択用のアイコンをクリックして線の色を選択します❹。さらに線の太さも指定しましょう❺。設定が反映され、線の色や太さが変わります❻。

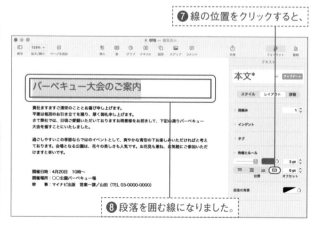

❹ここをクリックして色を指定し、

❺ここで太さを指定すると、

❻線の色や太さが変わります。

3 段落が囲まれた！

[位置] で線の位置をクリックします❼。図では段落を囲むよう右端のボタンをクリックしました。すると線の位置が変わります❽。

❼線の位置をクリックすると、

❽段落を囲む線になりました。

> **StepUp** 枠線と文字との間隔を調整する
>
> 図の [枠線とルール] にある [オフセット] で数値を指定すると、段落と枠線との間隔を変更できます。

StepUp デザインにこだわった文字も簡単に作成できる

より凝った文字を作る機能を4つまとめて紹介します。ここではPagesを利用していますが、Keynote、Numbersでも同様に利用できます。デザインにこだわった書類やプレゼンの作成に役立ちます。なお、ここではわかりやすいよう、文字の選択を解除した状態の図を載せていますが、設定の際には対象の文字を選択した状態で操作してください。

「イメージ塗りつぶし」と「グラデーション塗りつぶし」

P.36の［スタイル］にある［テキストのカラー］を変更して設定できます。「イメージ塗りつぶし」は、用意した画像で文字を塗りつぶす機能で、文書のイメージに合う文字を簡単に作成できます。グラデーションは、文字単体ではなく、選択した文字全体（図の場合は2文字）に対して設定される点がポイントです。

❶［テキストのカラー］を
［イメージ塗りつぶし］に変更して、

❷ここをクリックして使用する
画像を選択します。

❶［テキストのカラー］を［グラデーション塗りつぶし］に変更して、

❷始まりの色と終了の色を選択します。

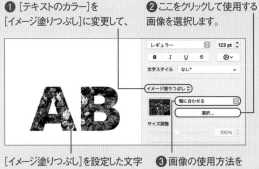

［イメージ塗りつぶし］を設定した文字

❸画像の使用方法を
選択できます。

［グラデーション塗りつぶし］を
設定した文字

❸グラデーションの
角度を選択できます。

「アウトライン」と「シャドウ」

P.36の［スタイル］にある［詳細オプション］用のボタンから設定できます。「アウトライン」は、図のような点線の他、手書き風の線なども設定できます。文字の色はP.36の方法で設定してください。「シャドウ」は黒い影だけでなく、図のように影の色も選ぶことができます。

❶ここをクリックして、

❷ここにチェックを付けて、

❶ここをクリックして、

❷ここにチェックを付けて、

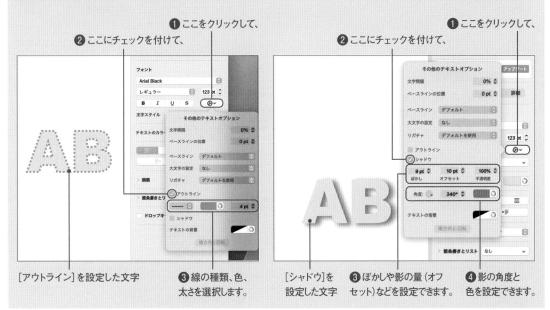

［アウトライン］を設定した文字

❸線の種類、色、
太さを選択します。

［シャドウ］を
設定した文字

❸ぼかしや影の量（オフセット）などを設定できます。

❹影の角度と
色を設定できます。

Chapter 2 ≫文字間隔・行間

PAGES

文字の間隔・行間を調整するには

文字と文字の間隔と行間は変更できます。不自然になっている箇所に調整を加えることで、文書の見やすさをワンランクアップできます。

▶ 文字の間隔を変更する

1 文字を選択する

ここでは図の「開催日」の幅を「開催場所」に揃える場合を例に文字と文字の間隔を変更する方法を見てみましょう。まずは対象の文字列を選択します❶。フォーマットインスペクタの [テキスト] タブ❷で [スタイル] をクリックし❸、[フォント] で詳細設定用のボタン [⚙️▾] をクリックします❹。

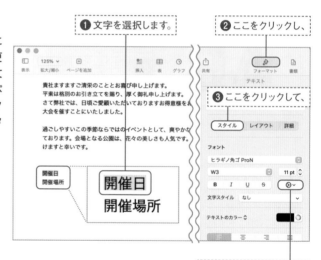

❶ 文字を選択します。

❷ ここをクリックし、

❸ ここをクリックして、

❹ ここをクリックします。

2 文字間隔を指定する

[文字間隔] の▲または▼アイコンをクリックして数値を変更すると❺、文字の間隔が変更されます❻。ちょうどよくなるよう調節しましょう。

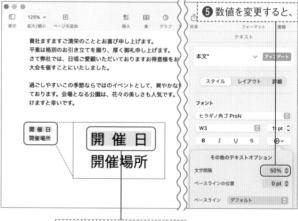

❺ 数値を変更すると、

❻ 文字の間隔が変わります。

1 行間の自動調節機能

Pagesでは、段落単位で行間の設定ができます。通常は文字のサイズに合わせて自動的に調節されますが、図のように一部の文字が大きい場合など❶、その他の段落と行間がずれてしまうことがあります❷。

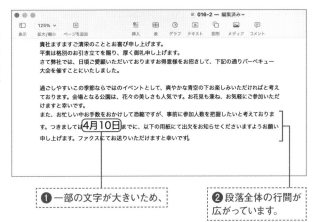

❶ 一部の文字が大きいため、

❷ 段落全体の行間が広がっています。

2 対象の段落を選択する

対象の段落を選択します❸。フォーマットインスペクタの［テキスト］タブで［スタイル］をクリックし❹、［間隔］の▶をクリックして展開します❺。

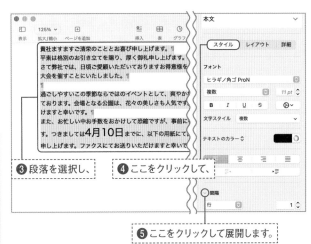

❸ 段落を選択し、

❹ ここをクリックして、

❺ ここをクリックして展開します。

> **StepUp 段落前後の間隔を設定するには**
>
> ［間隔］の［段落の前］［段落の後］では、段落間のスペースをポイント数で指定できます。改行を入れて1行単位で空白を設けるより細かにレイアウトを調節できます。

3 行間を指定する

行間を自分で指定した数値にするには、［固定値］を選択し❻、数値を入力します❼。ここでは［22pt］としました。すると行間が変更されます。選択していたすべての段落に適用され、行間が揃いました❽。

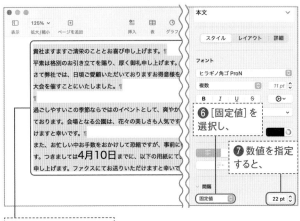

❻ ［固定値］を選択し、

❼ 数値を指定すると、

❽ 行間が変更されます。

修正したい言葉を 一度に入れ替えるには

特定の文字列をまとめて別の文字に置き換える「置換機能」を利用してみましょう。同じ言葉を何度も利用する文書や、ページ数の多い文書の作成時には特に活用度の高い機能です。

1 置換とは?

「置換」機能を使うと、指定した文字列をまとめて別の文字列に置き換えることができます。ここでは図の文書内に3回登場する「バーベキュー」という言葉を「BBQ」に置き換えてみます❶。文書内のすべての該当文字列をまとめて置き換えられるので、該当文字列を一つ一つ探し出し訂正する手間が省けます。まずはツールバーの [表示] をクリックします❷。

❶「バーベキュー」という文字をまとめて置き換えます。

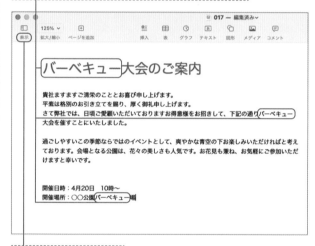

❷ ここをクリックします。

2 [検索と置換] を表示する

表示される一覧から [“検索と置換”を表示] を選択します❸。

Hint より厳密に 検索するには

完全に一致する単語や大文字小文字も一致する単語だけを検索したいときは、次ページ中段コラムの要領でボタンをクリックし、[完全一致] または [大文字／小文字を区別] を選択して、検索や置換を行いましょう。

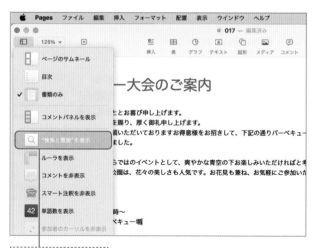

❸ ここを選択します。

3 置換条件を設定する

上段に検索する文字列❹、下段に置換後の文字列を入力し❺、[すべて置き換え] ボタンをクリックします❻。

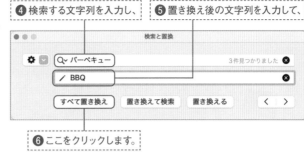

❹ 検索する文字列を入力し、

❺ 置き換え後の文字列を入力して、

❻ ここをクリックします。

Point 入力と同時に検索される

上段の検索用文字列の入力欄に文字を入力すると、自動的に検索が実施され、該当する文字が強調表示されます。

Point [検索] 欄のみが表示されたときは

図のように検索欄のみが表示されているときは、入力欄左側のボタンをクリックし❶、[検索と置換] を選択しましょう❷。なお、文字列の検索のみを行いたい時は、図の状態のまま対象文字列を入力して検索できます。

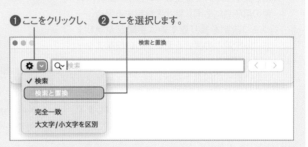

❶ ここをクリックし、 ❷ ここを選択します。

4 文字列が置換された！

指定したとおり、「バーベキュー」という文字列がすべて「BBQ」に置き換わりました❼。

Hint 一つずつ置換するには

[検索と置換] 画面で右下にある < > ボタンをクリックすると、該当文字列が順に黄色に強調表示されます。そうして [置き換え] ボタンをクリックすると、強調表示されていた一つの文字列だけを置換できます。また [置き換えて検索] をクリックすると、強調表示していた文字列を置換し、次の該当文字列を強調します。

❼ 文字列がまとめて置き換わりました。

同じ書式を効率よく利用するには

同じ書式を別の段落にも使いたいときは、段落スタイル機能を利用すると便利です。新しい段落スタイルを作成すれば、オリジナルの書式を簡単に他の段落にも適用できます。また、段落スタイルを変更すれば、適用箇所の書式をまとめて変えることも簡単です。

► 段落スタイルの作成

1 段落スタイル追加用のボタンをクリックする

図の一番上の用語名「圧縮／解凍」は、文字色と文字サイズを変更しています。文書内の他の用語名にも同じ書式を設定する場合、一つ一つ設定を繰り返すのは手間がかかります。設定済みの書式を元に新しい段落スタイルを作りましょう。段落スタイルとして設定したい書式の段落を選択し❶、フォーマットインスペクタに表示された段落スタイルをクリックして❷、[+] ボタンをクリックします❸。

❶ 登録したい書式を設定した段落を選択し、　❷ ここをクリックして、

❸ ここをクリックします。

2 スタイル名を入力する

すると新しい段落スタイルが追加されます。わかりやすいスタイル名を入力しましょう❹。

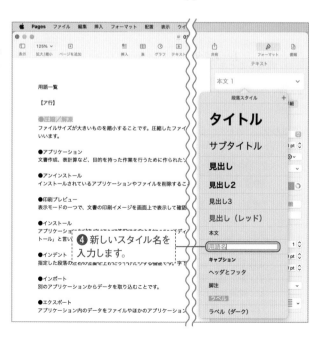

❹ 新しいスタイル名を入力します。

3 オリジナルの段落スタイルができた!

新しい段落スタイルができ**⑤**、元とした文字列には作成した段落スタイルが適用された状態になりました**⑥**。

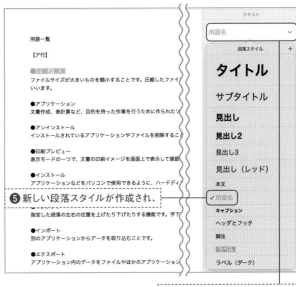

⑤ 新しい段落スタイルが作成され、

⑥ 適用スタイルも変わりました。

4 他の文字列に適用する

P.32で紹介した方法で、必要な箇所に段落スタイルを適用しましょう。複数の段落の書式を簡単に揃えることができました**⑦**。

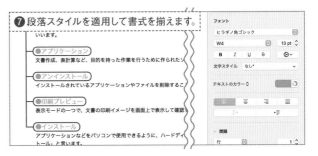

⑦ 段落スタイルを適用して書式を揃えます。

Point 段落スタイルを削除するには

不要になった段落スタイルは削除できます。フォーマットインスペクタに表示されている段落スタイル名をクリックし**❶**、削除したい段落スタイルにポインタを合わせ**❷**、表示される▶をクリックして**❸**、[スタイルを削除] を選択しましょう**❹**。

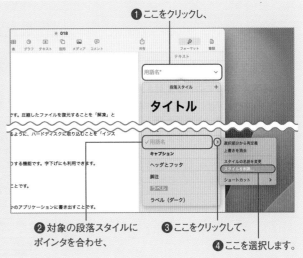

❶ ここをクリックし、

❷ 対象の段落スタイルにポインタを合わせ、

❸ ここをクリックして、

❹ ここを選択します。

Next⊕

**1 段落スタイルの適用された
段落の書式を変える**

段落スタイルに変更を加えると、適用されて
いる段落の書式をまとめて修正できます。ま
ずはいずれか1カ所、対象の段落スタイルが
適用されている段落の書式を変更しましょう
❶。変更箇所はどこでもかまいませんが、段
落内のすべての文字列を変更する必要があ
ります。段落内の一部に変更を加えただけで
はアップデート用のボタンが表示されません
ので注意しましょう。

❶ 変更後に利用したい書式に変えました。

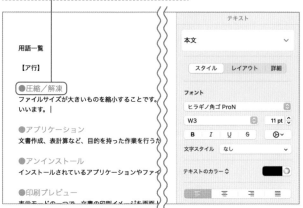

2 [アップデート]ボタンをクリックする

手順1の要領で変更を加えた段落内を選択す
ると❷、フォーマットインスペクタの段落ス
タイル名の横に［アップデート］のボタンが
表示されます。段落スタイル情報を更新する
ため、これをクリックします❸。

❷ 段落内を選択し、　　　　❸ ここをクリックします。

3 段落スタイルの書式が変わった!

段落スタイルの内容が変更され、適用されて
いるすべての段落に変更後の段落スタイル
の書式が適用されました❹。このように多く
の段落に利用している書式をまとめて簡単に
変更できます。

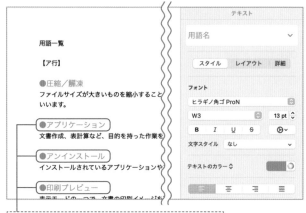

❹ 段落スタイルが変更され、書式が変わりました。

1 スタイルをコピーする

たとえば図の例のように同じ書式を流用したい箇所が少ない場合、わざわざ段落スタイルを作成するのは逆に手間がかかります。そんなときはスタイルをコピーしましょう。スタイルをコピーしたい段落を選択したら❶、[フォーマット] メニューから [スタイルをコピー] を選択します❷。

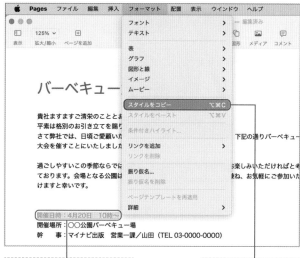

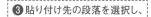

❶ 元としたい段落を選択し、

❷ ここを選択します。

2 スタイルをペーストする

コピーしたスタイルを使いたい段落を選択し❸、[フォーマット] メニューから [スタイルをペースト] を選択します❹。

❸ 貼り付け先の段落を選択し、 ❹ ここを選択します。

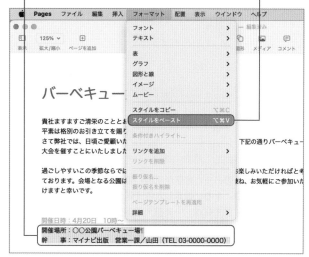

Point 文字単位でOK

図の例では段落全体を対象にしていますが、対象にしたい文字のみを選択して操作すれば、段落内の特定の文字列だけに書式をペーストできます。

3 スタイルが適用された！

コピーされたスタイルが適用され、書式が揃いました❺。

❺ スタイルが適用されました。

過ごしやすいこの季節ならではのイベントとして、爽やかな青空の下お楽しみいただければと考えております。会場となる公園は、花々の美しさも人気です。お花見も兼ね、お気軽にご参加いただけますと幸いです。

開催日時：4月20日　10時〜
開催場所：○○公園バーベキュー場
幹　　事：マイナビ出版　営業一課／山田（TEL 03-0000-0000）

≫ 段落の配置

段落の位置を変更するには

初期設定ではすべての段落が左揃えになっていますが、この配置は変更できます。ボタンをクリックするだけで、文書の中央や右側に簡単に移動可能です。

► 文字列の中央揃え

1 中央揃え用のボタンをクリックする

Pagesでは、段落ごとに文字列の配置を指定することができます。まずは図の文書のタイトルを中央に配置してみましょう。対象の段落をクリック（複数の段落の場合は選択）し①、フォーマットインスペクタの［スタイル］をクリックして②、［配置］の中央揃え用のボタン をクリックします③。

❶ 段落内にカーソルを合わせ、

❷ ここをクリックして、

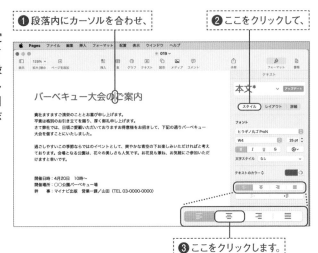

❸ ここをクリックします。

2 文字が中央に移動した！

カーソルのあった段落が用紙の中央に移動しました④。なお、設定した中央揃えから元の左揃えに戻すには、中央揃え用ボタンの左側にある左揃え用のボタン をクリックします⑤。

❹ 文字が中央に移動しました。

❺ ここをクリックすると左揃えに戻ります。

Point 段落の左端・右端の位置を調節するには

対象の段落を選択し、フォーマットインスペクタの［レイアウト］にある［インデント］で段落の最初の行、左端、右端の位置をそれぞれ数値で指定できます。

1 右揃え用ボタンをクリックする

次は文字列を右に寄せてみます。対象の段落内をクリック（複数の段落の場合は選択）して❶、右揃え用ボタン 三 をクリックします❷。

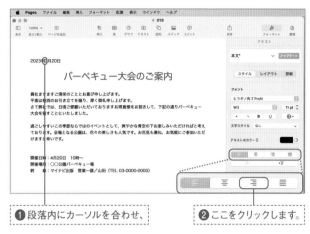

❶ 段落内にカーソルを合わせ、

❷ ここをクリックします。

2 文字が右端に移動した！

文字列が用紙の右端に移動しました❸。

❸ 文字が右端に移動しました。

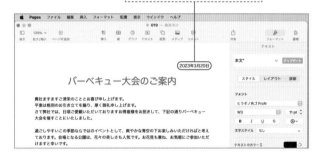

StepUp テキストボックス内での上下の配置を変更する

フォーマットインスペクタの［テキスト］パネルでは、テキストボックス内の文字の縦位置の配置も段落単位で設定できます。対象としたい段落を選択し、[スタイル]の[配置]にある縦位置の指定用ボタンをクリックしましょう。初期設定のテキストボックスの上側だけでなく、中央❶❷、下側に揃えることができます❸❹。

❶ ここをクリックすると、

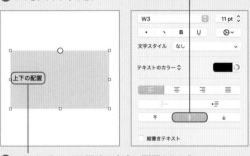

❷ テキストボックスの天地の中央に配置されます。

❸ ここをクリックすると、

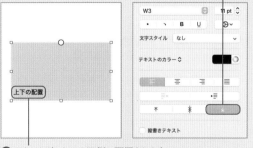

❹ テキストボックスの下側に配置されます。

段落の配置

Chapter 2

文字を縦書きにするには

Pagesでは、簡単な操作で文字を縦書きにできます。文書全体を縦書きにするほか、テキストボックス単位で縦書きにすることもできます。

▶ 文書全体を縦書きにする

1 [縦書きテキスト] をクリックする

文書全体を縦書きにするには、[書類] インスペクタをクリックして表示して❶、[書類] タブを開き❷、[縦書きテキスト] をクリックします❸。

❶ ここをクリックし、

❷ ここをクリックして、

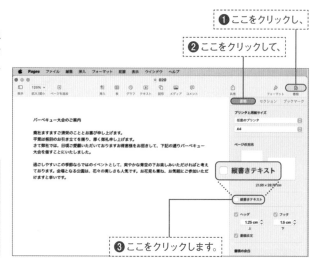

❸ ここをクリックします。

Hint テンプレート時点で選択もできる

Pages起動時のテンプレート選択画面で、[空白（縦書き）] を選択すると、文書全体が縦書きの新文書を作成できます。

2 縦書きになった！

[縦書きテキスト] にチェックが付き、縦書きの文書になりました❹。[縦書きテキスト] のチェックを外せば、横書きの文書に戻ります。

❹ 縦書きになりました。

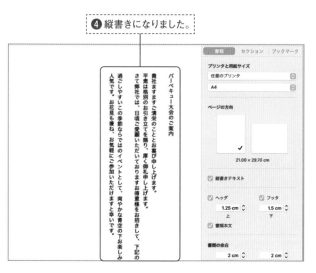

Hint iPadなどで縦書きにするには

iPadやiPhoneのPagesなどで縦書きを使うには、優先する言語が日本語、中国語、または韓国語になっている必要があります。その他の言語を優先している場合は、[設定] → [一般] → [言語と地域] で優先する言語を変更してください。

▶テキストボックスを縦書きにするには

1 ［縦書きテキストをオン］を選択する

テキストボックス（作成方法はP.76参照）単位で縦書きを設定すると、横書きと縦書きの文字が混在した文書も簡単に作成できます。縦書きにしたいテキストボックスを右クリックし❶、［縦書きテキストをオン］を選択します❷。

Hint **Numbers、Keynote でも縦書きにできる**

ここではPagesを利用していますが、Numbers、Keynoteでも同様の操作でテキストボックスを縦書きにすることができます。

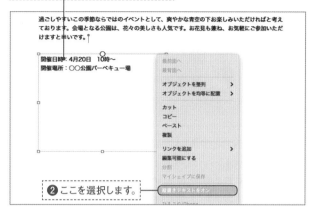

❶テキストボックスを右クリックして、

❷ここを選択します。

2 縦書きになった！

テキストボックス内の文字だけが縦書きになりました❸。

Hint **テキストボックスを 横書きに戻すには**

縦書きのテキストボックスを右クリックし、［縦書きテキストをオフ］を選択すると横書きになります。

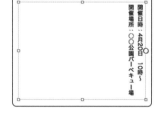

❸縦書きになりました。

StepUp **半角英数の文字の 向きを調節する**

縦書きにしたときは、半角英数字の向きに注意しましょう。1文字の数字は、全角にすると図のように縦書きになります❶。2〜4文字の半角英数字を縦書きで読みやすくするには、対象の文字を選択して右クリックし❷、［横方向に回転］を選択します❸。すると文字が回転し、縦書きでも読みやすくなりました❹。

❶全角の数字は縦書きでも読みやすい向きです。

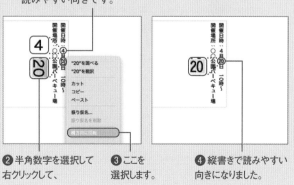

❷半角数字を選択して右クリックして、

❸ここを選択します。

❹縦書きで読みやすい向きになりました。

箇条書きにするには

箇条書きは文書作成時に頻繁に利用する書式です。ここでは箇条書きの入力に役立つ機能をまとめて紹介します。利用頻度の高い機能ですのでしっかりマスターしましょう。

1 [箇条書きとリスト] を表示する

Pagesでは、フォーマットインスペクタを使って簡単に箇条書きの設定ができます。設定してから入力すると、改行時に自動的に行頭記号が追加されてとても便利です。フォーマットインスペクタの [テキスト] パネルで、[スタイル] をクリックし❶、[箇条書きとリスト] の行頭の▶をクリックして内容を表示します❷。

Hint 入力済の文字列を箇条書きにする

入力済の文字列も簡単に箇条書きに変換できます。対象の文字列を選択したら、手順2の要領で行頭文字などを選択しましょう。

❶ここをクリックして、

❷ここをクリックします。

2 箇条書きの方法を選択する

箇条書きを入力したい位置にカーソルを合わせ、[箇条書きとリスト] で利用したい箇条書きの方法を選択します❸。図では[行頭記号]を選択しました。選択した方法により、以下の設定内容が変化します。内容を確認して設定しましょう。図の例の場合、使いたい行頭記号を選択しました❹。必要に応じて色や[サイズ][配置][インデント] なども調節可能です❺。

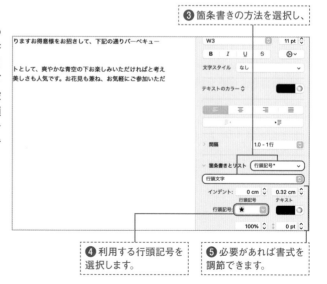

❸箇条書きの方法を選択し、

❹ 利用する行頭記号を選択します。

❺ 必要があれば書式を調節できます。

3 1行目を入力して改行する

手順2で設定した行頭記号が表示されるので❻、そこに続けて箇条書き内容を入力し❼、[return]キーを押して改行します❽。

Hint 行頭記号は変更できる

行頭記号は、後からでも変更できます。箇条書きが設定されている段落を選択し、手順2の操作で新しく利用したい箇条書きの方法や行頭文字を選びましょう。

❻ 行頭記号が表示されています。

> さて弊社では、日頃ご愛顧いただいておりますお得意様をお招きして、下記の記念大会を催すことにいたしました。
>
> 過ごしやすいこの季節ならではのイベントとして、爽やかな青空の下お楽しみいております。会場となる公園は、花々の美しさも人気です。お花見も兼ね、お気けますと幸いです。
>
> ★開催日時：4月20日　10時〜

❼ 箇条書きの内容を入力し、　❽ [return]キーを押して改行します。

4 行頭記号が自動入力された！

次の行の先頭に自動的に行頭文字が追加されました❾。次の箇条書きの内容を入力します。箇条書きの入力が終了したら、[return]キーを2回続けて押すと箇条書きの入力を解除できます。

Point 1つ目の行頭記号を手動で入力してもOK

「1.」「A.」「-」などの行頭記号を入力し、その後ろにスペースを入力すると、箇条書きとして認識されます。1行目の内容を入力して改行すると、自動的に行頭記号が表示されます。

> 貴社ますますご清栄のこととお喜び申し上げます。
> 平素は格別のお引き立てを賜り、厚く御礼申し上げます。
> さて弊社では、日頃ご愛顧いただいておりますお得意様をお招きして、下記の記念大会を催すことにいたしました。
>
> 過ごしやすいこの季節ならではのイベントとして、爽やかな青空の下お楽しみいております。会場となる公園は、花々の美しさも人気です。お花見も兼ね、お気けますと幸いです。
>
> ★開催日時：4月20日　10時〜
> ★

❾ 次の行にも行頭文字が自動表示されます。

StepUp [イメージ]でより凝った箇条書きに

手順2の [箇条書きとリスト] で [イメージ] を選択すると❶、より凝ったデザインの行頭記号を使った箇条書きが作成できます❷〜❹。行頭記号とテキストのバランスを整えたいときは、[現在のイメージ] の下にある [サイズ] と [配置] を調節しましょう。

❶ [イメージ] を選択します。　❷ ここをクリックして、　❸ イメージを選択すると、

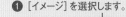

❹ 行頭記号として利用できます。

箇条書きに番号を振るには

箇条書きに自動的に連番を振る機能もあります。シンプルに連続する番号を振る場合と、箇条書き内に階層を設けたい場合の2つの方法を紹介します。

▶ 段落番号を設定する

1　[数字] を選択する

図のような箇条書きに連続する番号を振るには、対象の段落を選択し❶、フォーマットインスペクタの「スタイル」をクリックします❷。[箇条書きとリスト]をクリックして❸、[数字] を選択しましょう❹。

❶ 文字列を選択し、
❷ ここをクリックして、

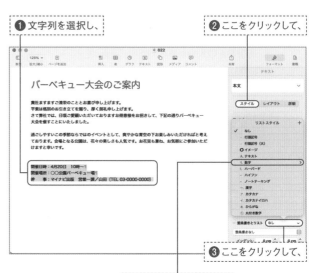

❸ ここをクリックして、
❹ [数字] を選択します。

2　数字が挿入された！

箇条書きの行頭に連続する番号が振られました❺。書式を選択して、「②」や「II」などを利用することもできます❻。

Point　文字の入力前に設定してもOK

図の例では入力済の文字列を利用していますが、前のページのように先に設定してから箇条書きを入力しても番号を振ることができます。

❺ 番号が振られました。

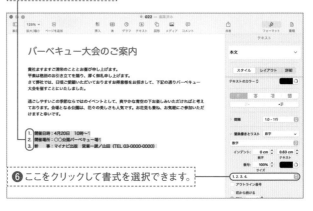

❻ ここをクリックして書式を選択できます。

1 [アウトライン番号] に チェックを付ける

箇条書き内に階層を用いるには、アウトライン番号が便利です。箇条書きの1行目を入力したら❶、[箇条書きとリスト] で [数字] を選択し❷、[アウトライン番号] にチェックを付けます❸。その後改行すると、連続する番号が自動的に入力されます❹。一つ下の階層にカーソルを移動するには、[tab]キーを押します❺。

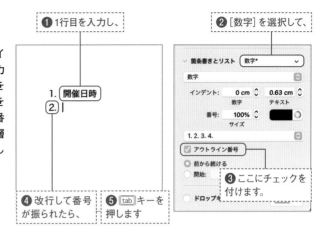

❶1行目を入力し、

❷[数字] を選択して、

❸ここにチェックを付けます。

❹ 改行して番号が振られたら、

❺ [tab]キーを押します

2 下の階層の番号が挿入された！

図のように番号が変化し❻、元の箇条書きの一つ下の階層に文字を入力できます。その後改行すると、階層を維持して連続する番号が自動的に入力されます❼。

❻ 下の階層の番号に変わり、

❼ 改行すると階層内で連続の番号が振られます。

Hint 元の階層の番号を振るには

図の状態で[shift]キーと[tab]キーを一緒に押すと、一つ上の階層の番号に変化します。

Chapter 2

段落番号・アウトライン番号

StepUp 番号の振り方のコツ

2カ所の箇条書きに別々に番号を振ると、図のようにそれぞれ1から始まる連番が振られます❶。下の段落を選択し❷、[前から続ける] にチェックを付けると❸、すべての段落の番号が連続したものに変化します❹。なお、1以外の番号から連番を振りたい場合は、[開始] を選択し、右側の欄で希望する開始番号を指定しましょう❺。

❶それぞれが1から始まる連番です。

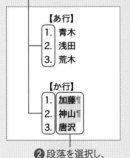

❷ 段落を選択し、　❸ここをクリックすると、

❹上の段落番号から連続した番号になります。

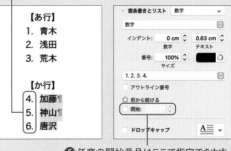

❺任意の開始番号はここで指定できます。

055

箇条書きの項目を 同じ位置に揃えるには

「タブ」機能を使うと、設定したタブストップの位置にカーソルや文字列を素早く移動でき、箇条書きの項目の出だしを揃えたいなどといったときに便利です。ルーラを使って簡単に設定する方法をマスターしましょう。

1 タブストップを追加する

タブを設定したい段落を選択します❶。ルーラ上でタブストップを追加したい位置をクリックします❷。なおルーラが表示されていないときは、ツールバーの[表示]をクリックし、[ルーラを表示]を選択して表示できます。

Point 箇条書き書式の前に使用しよう

箇条書きの書式（P.52参照）を設定した段落は、タブがうまく機能しない場合があります。両機能を併用したいときは、先にタブを使って位置を整え、その後箇条書きの書式に変更するとうまくいきます。

❶ 対象の段落を選択し、

開催日：4月20日　10時〜¶
開催場所：○○公園バーベキュー場¶
幹事連絡先：マイナビ出版　営業一課／山田（TEL 03-0000-0000）¶

❷ タブストップを作成したい位置をクリックします。

2 [tab]キーを押す

クリックした位置にタブストップが追加されました❸。このタブ位置に文字列を移動してみます。タブを挿入したい位置にカーソルを合わせ❹、[tab]キーを押します❺。

Hint タブストップを移動、削除するには

タブストップの位置を変更するには、タブストップをクリックし、ルーラ上でドラッグします。希望の位置まできたら手を離しましょう。また不要になったタブストップは、ルーラの外までドラッグすると削除できます。

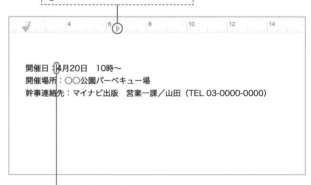

❸ タブストップが追加されました。

開催日：4月20日　10時〜
開催場所：○○公園バーベキュー場
幹事連絡先：マイナビ出版　営業一課／山田（TEL 03-0000-0000）

❹ 挿入したい位置にカーソルを合わせ、　　❺ [tab]キーを押します。

3 文字が移動した！

タブが挿入され、タブストップの位置まで文字が移動しました❻。同様に他の行にもタブを利用すると、項目の位置が簡単に揃います❼。さらにタブを設定した行で改行すると、そのあとの行には同じタブストップが設定されています❽。項目名を入力して tab キーを押すと、タブストップの位置にカーソルが移動し、そこに文字を入力できます❾。

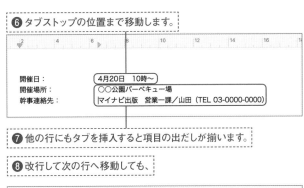

❻ タブストップの位置まで移動します。

❼ 他の行にもタブを挿入すると項目の出だしが揃います。

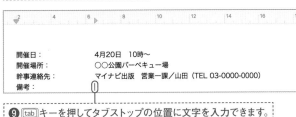

❽ 改行して次の行へ移動しても、

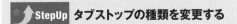

❾ tab キーを押してタブストップの位置に文字を入力できます。

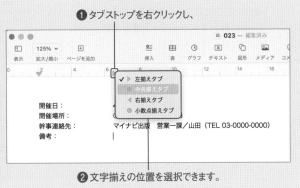

⤴ StepUp タブストップの種類を変更する

初期設定されている「左揃えタブ」以外に、テキストの中央をタブストップに揃える「中央揃えタブ」、テキストの右端をタブストップに揃える「右揃えタブ」、小数点記号をタブストップに揃える「小数点揃えタブ」が利用できます。図の要領で変更しましょう❶❷。また、ルーラー上のタブストップをダブルクリックすると、左揃え（▶）→ 中央揃え（◆）→ 右揃え（◀）→小数点揃え（◉）の順でタブストップの種類が切り替わります。

❶ タブストップを右クリックし、

❷ 文字揃えの位置を選択できます。

⤴ StepUp タブをリーダーで結ぶには

フォーマットインスペクタの［レイアウト］❶の［タブ］❷では、より細かな設定もできます。対象の段落を選択し、設定されているタブの［リーダー］で線の種類を選択すると❸、タブの間を線で結ぶこともできます❹。また、ここの[配置]で文字の揃え方を選択したり、[＋][－]のボタンをクリックしてタブの追加と削除を行うことも可能です。

❶ ここをクリックして、　❷ ここをクリックします。

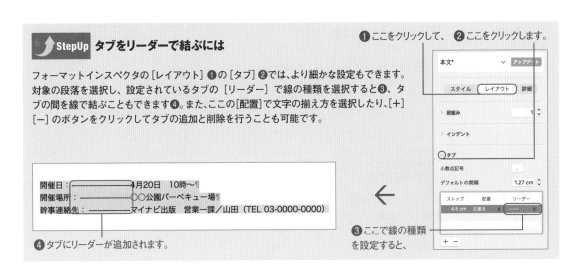

❹ タブにリーダーが追加されます。

❸ ここで線の種類を設定すると、

>> ページ番号

ページ番号を入れるには

数ページにわたる文書を作成するときは、ページ番号を入れておきたいものです。Pages では、書式を選択するだけで自動的にページに連続した番号を振ることができます。

1 フッタをクリックする

ページ番号を挿入するには、ヘッダまたはフッタ（P.60参照）が便利です。ここではページの下中央にページ数を挿入するため、フッタを利用していきます。ページの下の余白部分にポインタを合わせると❶、フッタを示す枠線が表示されます。ページ番号を挿入したい部分（ここではフッタの中央の枠）をクリックし❷、表示される［ページ番号を挿入］ボタンをクリックします❸。

❶ ページ下部の余白にポインタを合わせ、

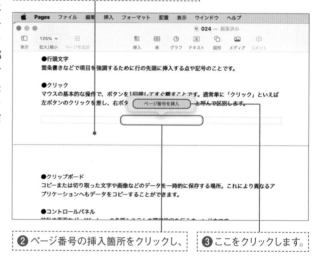

❷ ページ番号の挿入箇所をクリックし、

❸ ここをクリックします。

2 番号の書式を選択する

利用したいページ番号の書式を選択します❹。ここではページ番号のみのタイプを選択しました。

❹ 利用したい書式を選択します。

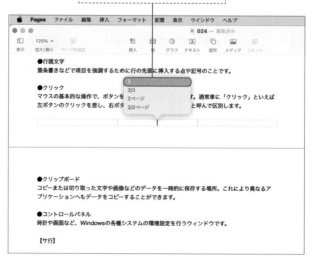

Hint メニューからのページ番号の挿入

［挿入］メニューから［ページ番号］を挿入してもページ番号を挿入できます。ヘッダやフッタ以外の場所にページ番号を挿入したいときにはこちらを利用しましょう。

3 **ページ番号が挿入された！**

ページ番号が挿入されました❺。フッタの枠線外をクリックしてフッタの編集を解除しましょう❻。他のページを見てみると、該当するページ番号がきちんと挿入されています❼。

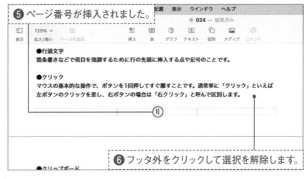

❺ ページ番号が挿入されました。

❻ フッタ外をクリックして選択を解除します。

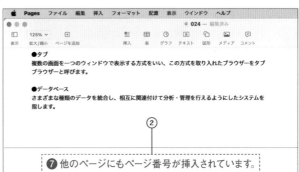

❼ 他のページにもページ番号が挿入されています。

Point 複数のヘッダ・フッタを使い分けるには

設定したヘッダやフッタの内容は、自動的に全ページに適用されるよう初期設定されています。たとえば数ページずつ別のヘッダにしたいときは、セクションを分けることで対応できます。方法はP.63下段コラムで紹介します。

Chapter 2

ページ番号

StepUp 最初のページの
ヘッダ・フッタをなくすには

表紙が作成されている場合など、文書の1ページ目のみヘッダやフッタが不要になることはよくあります。[書類]インスペクタ❶の[セクション]タブを表示し❷、[セクションの最初のページでは非表示にする]にチェックを付けると❸、最初のページのヘッダやフッタが非表示になります❹。なお、文書内に複数のセクションを設けている場合（P.61下段コラム参照）は、そのセクションの最初のページが対象となります。

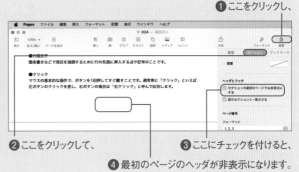

❶ ここをクリックし、

❷ ここをクリックして、

❸ ここにチェックを付けると、

❹ 最初のページのヘッダが非表示になります。

StepUp ページ番号を
1以外から開始するには

別のファイルから内容が続いている場合など、ページ番号を1以外から振りたい場合は、上記[セクション]タブの[開始番号]をクリックし❶、利用したい開始番号を指定します❷。するとその番号からページ番号が振られます。

❶ ここをクリックし、　❷ 開始番号を指定します。

> ヘッダ・フッタ

全ページに日付や文書名を
入れるには

用紙上部の余白を「ヘッダ」、下部の余白を「フッタ」と呼び、ヘッダとフッタに設定したものは全ページに自動的に挿入されます。文書名など、すべてのページに入れておきたい情報の挿入も一度の操作で済み、効率的です。

1 ［日付と時刻］を選択する

作業している日時を簡単に挿入できる機能を使い、ヘッダに日時を挿入してみます。用紙の上部にポインタを合わせ❶、表示されるヘッダから日時を挿入したい箇所（ここでは右側）をクリックします❷。［挿入］メニューから［日付と時刻］を選択します❸。

Hint 本文部分にも挿入できる

図の例では全ページに日付を入れるためヘッダに挿入していますが、本文部分にも同様の方法で日付と時刻を挿入できます。

❶ ページ上部の余白にポインタを合わせ、

❷ 挿入箇所をクリックし、

❸ これを選択します。

2 日時を挿入できた！

日時が挿入されました❹。ヘッダの選択を一度解除し、日付の入ったヘッダを再度選択すると図のような設定画面が表示され❺、［日付フォーマットを選択］で日時の書式を変更できます❻❼。

Hint フォントやサイズも変更できる

ヘッダやフッタに挿入した文字列も本文の場合と同様の操作でフォントやサイズの設定が可能です。あらかじめ［ヘッダとフッタ］段落スタイルが適用されているので、同じスタイルの文字列の書式もまとめて変更できます。

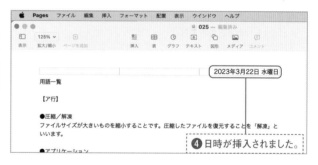

❹ 日時が挿入されました。

❺ 一度選択を解除してから再度クリックし、

❻ ここで書式を選ぶと、

❼ 日時の表示方法が変わります。

③ 自由な文字を入力する

ヘッダやフッタには、自由に文字を入力することもできます。たとえば文書名を全ページの左上に挿入する場合、左側のヘッダをクリックし⑧、文字を入力すればOKです⑨。

Hint ヘッダ・フッタの位置を調節する

ヘッダ・フッタの位置は、書類インスペクタの［書類］タブで設定可能です（P.29参照）。紙の上端、または下端からヘッダおよびヘッダまでの位置を数値で指定できます。

Point 最初のページのヘッダをなくすには

表紙になる場合も多い文書の最初のページは、ヘッダが不要になることもあります。P.59中段コラムで紹介した方法で非表示にできることを覚えておきましょう。

⑧ 挿入箇所をクリックし、 ⑨ 直接入力しても設定できます。

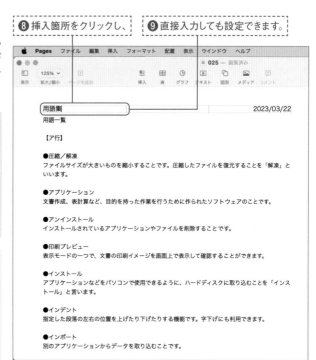

用語集　　　　　　　　　　　　　2023/03/22

用語一覧

【ア行】

●圧縮／解凍
ファイルサイズが大きいものを縮小することです。圧縮したファイルを復元することを「解凍」といいます。

●アプリケーション
文書作成、表計算など、目的を持った作業を行うために作られたソフトウェアのことです。

●アンインストール
インストールされているアプリケーションやファイルを削除することです。

●印刷プレビュー
表示モードの一つで、文書の印刷イメージを画面上で表示して確認することができます。

●インストール
アプリケーションなどをパソコンで使用できるように、ハードディスクに取り込むことを「インストール」と言います。

●インデント
指定した段落の左右の位置を上げたり下げたりする機能です。字下げにも利用できます。

●インポート
別のアプリケーションからデータを取り込むことです。

⭐StepUp 文書内で複数のヘッダを使いわけるには

ヘッダやフッタは、セクション単位で設定できます。セクションの追加と新セクションのヘッダの設定方法を覚えておきましょう。たとえば図の文書で3ページ目以降を新たなセクションにして別のヘッダにするには、3ページ目のヘッダをクリックし①、書類インスペクタの［セクション］タブの［新しいセクションを作成］で［このページから開始］を選択します②。すると前のページの最後にセクション区切りが追加されます③。セクション区切りは通常表示されませんが、図のように不可視文字を表示（P.63手順3コラム参照）してみると追加されたことがわかります。［前のセクションと一致させる］のチェックを外し④、新セクションに適用したいヘッダを設定しましょう⑤。

① 新セクションを始めたいヘッダをクリックし、

② これを選択します。

③ セクション区切りが挿入され、　　　④ ここのチェックを外すと、

⑤ 前のセクションとは別のヘッダを利用できます。

任意の箇所で改ページするには

Pagesでは、ページに収まる量の行数を超えると自動的に次ページが作成されますが、文書の内容を考えて切りのよいところで改ページされるわけではありません。任意の場所でページを区切る方法を覚えておきましょう。

1　ページを区切りたい位置をクリックする

任意の位置で改ページを行う方法を見てみましょう。ここでは図の最後の1行を次ページに送ります。まずはページを区切りたい箇所にカーソルを合わせます❶。

【カ行】

●行頭文字
箇条書きなどで項目を強調するために行の先頭に挿入する点や記号のことです。

❶クリック

❶ ページを区切りたい位置をクリックします。

マウスの基本的な操作で、ボタンを1回押してすぐ離すことです。通常単に「クリック」といえば左ボタンのクリックを差し、右ボタンの場合は「右クリック」と呼んで区別します。

●クリップボード
コピーまたは切り取った文字や画像などのデータを一時的に保存する場所。これにより異なるア

StepUp　自動改ページ位置の決まりを調節するには

自動で行われる改ページにある程度の決まりを設定することができます。たとえば図の例では、用語とその解説が別のページにわかれてしまって不自然です。これを自動で解消するには、対象の段落を選択し❶、フォーマットインスペクタの[詳細]タブで[次の段落も同じページに入れる]にチェックを付けます❷。すると次の段落と同じページ内に自動的に移動します❸。この改ページ時の決まりは段落スタイルに含まれるので、段落スタイル機能とうまく組み合わせて活用することで、後から改ページ位置を調節する手間が省けます。

❶対象の段落を選択し、　　　　　　　　　　　　　　　　　　　　　　❷ここにチェックを付けると、

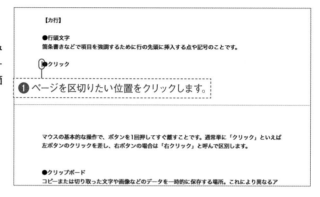

❸改ページ位置が調節されます。

2 [ページ区切り] を選択する

[挿入] メニューの [ページ区切り] を選択します❷。

❷ ここを選択します。

3 改ページされた！

指定した位置にページ区切りが挿入され、以降の文字列が次ページに移動しました❸。このように簡単な操作で任意の場所に改ページを設定することができます。

❸ ページ区切りが挿入され、次ページに送られました。

Point 改ページの方法を確認するには

通常の状態で見ただけでは、自動で改ページされたのか、任意のページ区切りが挿入されたのか、見分けがつきません。[表示] メニューから [不可視文字を表示] を選択すると、ページ区切りの記号を表示できます。

Hint ページ区切りを削除するには

挿入したページ区切りを削除したいときは、改ページされたページの一番上にカーソルを合わせて delete キーを押します。

ここにカーソルを合わせて delete キーを押してページ区切りを削除します。

段組みを設定するには

文書を複数列に分割するレイアウトを「段組み」といいます。初期設定で設定されている
1段組みの文書を2段組みに変える場合を例に、段組みの設定方法を見ていきましょう。

1 対象の段落を選択する

1段組みレイアウトで作成された図の文書を2段組みに変更してみます。段数を変更したい範囲を選択します❶。

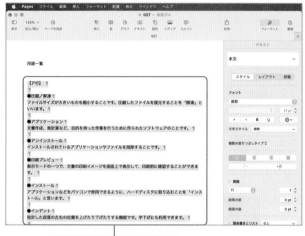

❶対象の範囲を選択します。

> **Point** 全体が対象の場合は選択は不要
>
> 図の文書の場合、見出しとなる「用語一覧」部分を除いて2段組みにした方が見栄えがよくなるので範囲を限定しましたが、文書全体をまとめて2段組みにする場合は対象箇所の選択は不要です。

2 [レイアウト]を表示する

フォーマットインスペクタの[レイアウト]をクリックします❷。

❷ここをクリックします。

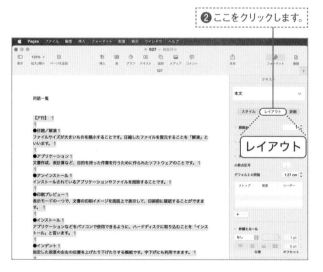

レイアウト

3 段数を変更する

[段] の数値を変更します❸。例では2段組みにしたいので [2] に変更しました。すると選択範囲の段数が変わります❹。

❸ 段数を指定すると、

❹2段組みになりました。

🌙 StepUp　任意の位置で改段するには

段組み設定時は、1段に収まりきらない分は次の段へと自動的に改段されます。改段位置を手動で設定したい場合は段組み区切りを挿入しましょう。たとえば図の場合、用語名のみが1段目に残り不自然です。この用語名を2段目に移動するには、改段したい箇所にカーソルを合わせて❶、[挿入] メニューから [段組み区切り] を選択します❷。すると改段位置が変わり、用語名部分も2段目に移動しました❸。

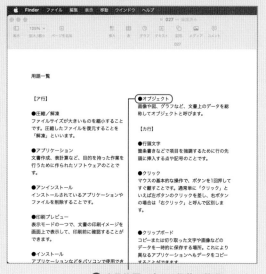

❶改段したい位置をクリックし、　　　❷ここを選択すると、　　　❸改段位置が変わり段落が移動しました。

文書内に図形を挿入するには

Pagesでは、選択するだけで簡単に図形を挿入できます。四角や丸、矢印や星といった基本的な図形に加え、動物や食べ物、人などイラストのような図形も豊富に用意されていて、文書のアクセントとして活用できます。

1 ［図形］をクリックする

Pagesでは、形を選択するだけで簡単に図形を挿入できます。四角形の場合を例に方法を見ていきます。ツールバーの［図形］をクリックしましょう❶。

❶ ここをクリックします。

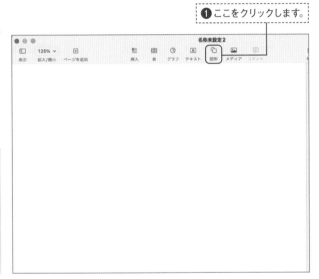

Hint オリジナルの図形を描くには

描画した図形を編集する、組み合わせるなどして、オリジナルの形を描くこともできます。本書ではKeynoteを使いP.260で紹介していますが、Pagesでも同じように利用できます。

2 カテゴリと形を選択する

図形の見本が表示されます。左側の一覧でカテゴリを選択し❷、挿入したい図形（ここでは四角）をクリックします❸。

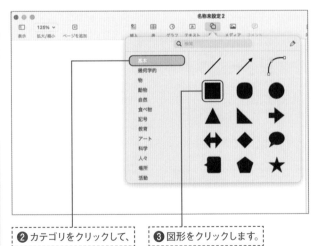

Point 線の挿入と描画

図の［基本］カテゴリの一番上に表示されている線をクリックすると、直線や矢印線を挿入できます。また、図形の選択画面の右上にあるペン型のアイコンをクリックすると、ペンツールが起動し、クリックとドラッグで自由に線を描画できます。

❷ カテゴリをクリックして、

❸ 図形をクリックします。

3 四角形が挿入された！

選択した形の図形が挿入されました❹。挿入した図形は、四辺四隅に表示されるハンドルをドラッグしてサイズを変更できます。大きさを調節しましょう❺。フォーマットインスペクタの［配置］タブの［サイズ］で指定してもOKです。

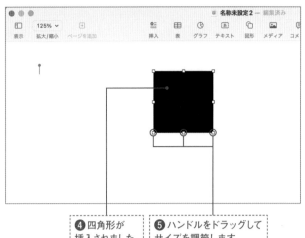

Hint 図形を傾けたり反転するには

図形の角度は、フォーマットインスペクタの［配置］タブの［回転］で変更できます。また［反転］のボタンを使って、図形を反転することもきます。

❹四角形が挿入されました。　❺ハンドルをドラッグしてサイズを調節します。

Hint イラストのような図形も利用できる

図形の選択画面で［基本］以外のカテゴリを選択すると❶、図のようにイラストのような図形を挿入できます❷。文書の視認性をアップするイラスト入りの文書が簡単に作成できます。また、こうして追加した図形は、分割して形を変えたり、強調したい箇所だけ色を変えたりもできます（P.359参照）。

❶［物］カテゴリをクリックすると、

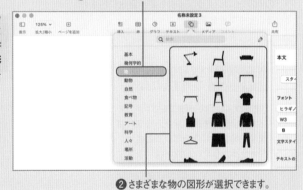

❷さまざまな物の図形が選択できます。

StepUp 図形の形を変更できる

図形選択時に緑のハンドルが表示されている図形は、形を変えることもできます。緑のハンドルをドラッグしてみましょう❶❷。図のように形を大きく変えるだけでなく、吹き出しの引き出し部分の向きや長さも緑のハンドルで調節できます。

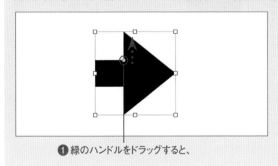

❶緑のハンドルをドラッグすると、

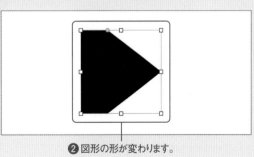

❷図形の形が変わります。

図形の色や質感を変えるには

図形の色を変更する方法をマスターしましょう。質感や枠線の設定もできるので、より文書のイメージに合う図形を作成できます。

1 色を選択する

前ページの方法で挿入した図形の色を変えるには、対象の図形を選択し❶、フォーマットインスペクタの［スタイル］タブを表示します❷。［塗りつぶし］にある色変更アイコンをクリックし❸、色を選択します❹。すぐ右の◉アイコンをクリックして、自由に色を作ることもできます。

Point　［塗りつぶし］を展開するには

［塗りつぶし］の行頭にある▶をクリックすると、項目の表示・非表示を切り替えできます。非表示になっているときは、表示してから操作しましょう。

❶ 図形をクリックし、

❷ ここをクリックします。

❸ ここをクリックして、

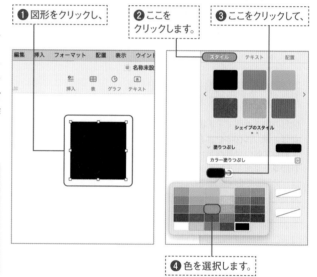

❹ 色を選択します。

2 色が変わった！

図形の色が変わりました❺。

Hint　シェイプのスタイルも活用しよう

［塗りつぶし］の上部にある［シェイプのスタイル］に希望するスタイルがある場合、クリックして適用できます。

❺ 色が変わりました。

3 グラデーションにする

塗りつぶしの種類で［グラデーション塗りつぶし］を選択すると⑥、図形にグラデーションを設定できます⑦。グラデーションの色や角度などの詳細も設定可能です⑧。

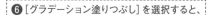

⑥［グラデーション塗りつぶし］を選択すると、

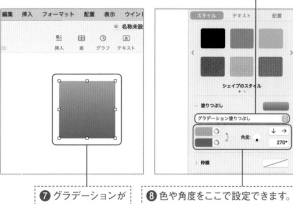

Hint 枠線を設定するには

図の［スタイル］タブの［枠線］で枠線の種類を選択すると図形に枠線を設定できます。線の太さや色も自由に設定でき、飾り枠の利用も可能です。飾り枠の付け方は画像の場合と同じです（P.89参照）。

⑦ グラデーションが設定されます。

⑧ 色や角度をここで設定できます。

StepUp 影や反射の設定を変更する

［スタイル］タブの［シャドウ］では、影の設定を選択して①、種類やぼかしの幅など詳細を設定できます②。また、［反射］にチェックを付けると③、図形に反射が設定されます④。

① 影の設定を選択します。　② 影の詳細を調節できます。

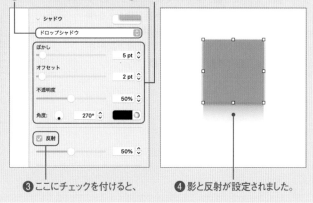

③ ここにチェックを付けると、　④ 影と反射が設定されました。

StepUp 質感を変更できる

［塗りつぶし］で［詳細イメージ塗りつぶし］を選択し①、色などを選択すると②、図形に独特の質感が加わります③。図形をより目立たせたいときなどに活用できます。

① ［詳細イメージ塗りつぶし］を選択し、

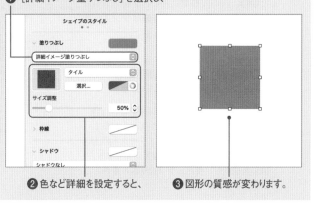

② 色など詳細を設定すると、　③ 図形の質感が変わります。

≫テキスト折り返し

図形の配置を調節するには

図形とテキストの配置を整えるのに役立つ機能を見てみましょう。図形とテキストを混在させることが多いPagesでは、特に重宝する機能です。ぜひマスターしましょう。

►テキストの折り返し方法を設定する

1 ドラッグで移動する

図形の周りにどのようにテキストを配置するかは、[テキスト折り返し] で設定できます。図形を選択し❶、フォーマットインスペクタの [配置] タブ❷の [テキスト折り返し] を確認してみましょう❸。図では初期設定の [自動] が選択されています。この状態で図形をドラッグして移動してみます❹。

❶ 図形を選択し、
❷ ここをクリックして、
❸ ここを確認します。

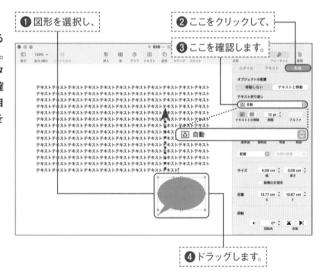

❹ ドラッグします。

2 テキストが折り返された!

図形を回り込むようにテキストが配置されました❺❻。図形の移動に伴い、テキストも自動的に調節されるので、文書のバランスを見ながら簡単に配置を整えられます。

❺ 図形が移動し、
❻ テキストが折り返されました。

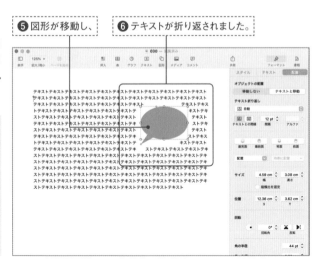

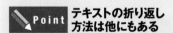 **テキストの折り返し方法は他にもある**

[テキスト折り返し] には、初期設定の [自動]以外にも、図形の上下にテキストを配置する [上下]、回り込みを行わずテキストの上に図形を配置する [なし] などがあります。図形を選択し、使用したい折り返し条件を選択すると変更できます。

3 ［テキストとの間隔］を設定する

図では吹き出しの輪郭に沿うようにテキスト
が配置されています❼。これを四角形に変更
するには、「テキストとの間隔」の左側のボタ
ン 🔲 をクリックします❽。

❼ 輪郭に沿ってテキストが配置されています。

❽ ここをクリックします。

4 四角く囲むようにテキストが変化した！

図形を四角く囲む形にテキストの折り返しが
変化しました❾。［テキストとの間隔］で右側
のボタン 🔲 をクリックすると、再度輪郭に
沿って折り返しできます。作成する文書に
よって使いわけましょう。

❾ 文字の折り返しが
四角く変化しました。

Hint 図形と文字の間隔を変更するには

［テキストとの間隔］横の ［間隔］で数値を
変更すると、図形と回り込んでいるテキス
トの間隔を調節できます。

🌙StepUp グループ化を活用しよう

図形をグループ化すると、複数の図形を一つの図形
として扱うことができます❶。例えば図のような地図
を作成した場合、四角形や線を個別に移動して配置
を整えるのは面倒です。グループ化することで地図
全体をドラッグで移動できるようになります。グルー
プ化の方法はP.254で紹介しています。Pagesの場合
も同じ要領でグループ化できます。
また図のように地図全体に対してテキストを折り返し
たい場合、枠線となる四角形を描画し、［テキスト折
り返し］を［周辺］にすると簡単に配置が整います❷。

❶ 複数の図形をグループ化すると、
一つの図形として扱うことができます。

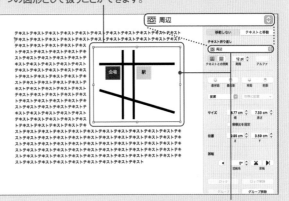

❷ 枠線を設けてその周囲にテキストを折り返すと簡単に整います。

N̲ext⊖

▶オブジェクトの配置方法を指定する

1 **[移動しない]の設定で
文字数を変更する**

文字の増減に応じて、図形を移動するか否かの設定方法をマスターしましょう。図形を選択し❶、フォーマットインスペクタの［配置］タブを表示します❷。図の例では、図形の位置を固定する［移動しない］が選択されています❸。この状態で図形より前にテキストを追加してみます❹。

❶図形を選択し、

❷ここをクリックします。

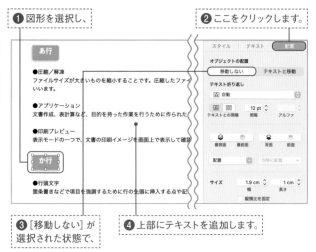

❸［移動しない］が
選択された状態で、

❹上部にテキストを追加します。

2 **図形の位置は変わらない**

文字の量は増えましたが、文書内の図形の位置は変わりません❺。

❺図形の位置は動きません。

> **Hint 画像でも同様に
> 利用できる**
>
> ここでは図形で紹介していますが、画像の場合も同様に［オブジェクトの配置］を設定できます。

3 **[テキストと移動]をクリックする**

次は文字量に応じて図形が自動的に移動するよう変更してみます。図形を選択し❻、［配置］タブの「オブジェクトの配置」で［テキストと移動］をクリックします❼。その後上部にテキストを追加します❽。

❻図形を選択し、

❼ここをクリックして、

❽上部にテキストを追加します。

> **Hint [テキストと移動]時は
> マーカーを目安にする**
>
> ［テキストと移動］を設定した図形を選択すると表示されるブルーのマーカー（縦線）は、図形を配置する位置を示しています。図形をドラッグすると同時にマーカーも移動します。

4 **図形が移動した！**

本文の増加に応じて図形も移動しました**❾**。例のように文字と図形の位置関係を変えたくない文書の編集では、図形の配置を後から整える手間を省略できます。

あ行

●圧縮／解凍
ファイルサイズが大きいものを縮小することです。圧縮したファイルを復元することを「解凍」といいます。

●アプリケーション
文書作成、表計算など、目的を持った作業を行うために作られたソフトウェアのことです。

●アンインストール
インストールされているアプリケーションやファイルを削除することです。

●印刷プレビュー
表示モードの一つで、文書の印刷イメージを画面上で表示して確認することができます。

か行

●行頭文字
箇条書きなどで項目を強調するために行の先頭に挿入する点や記号のことです。

❾ テキスト量に応じて図形が移動しました。

Point **状況に応じて使い分けよう**

図の例とは反対に、文書内での図形の位置を固定したいにも関わらず、テキストの編集に伴い図形が動いてしまうというときは、[オブジェクトの配置]が[移動しない]になっているか確認しましょう。

StepUp **インラインオブジェクトとは**

テキストの折り返し方法（P.70）で[インライン（テキストあり）]を選択したオブジェクト（テキストボックスや画像・図形）は、文字と同様に扱われます。また、テキストボックスや図形内にオブジェクト（画像や図形、ビデオ、方適式）をペーストすると、自動的にインラインオブジェクトになります。図の例の場合、緑色の図形はインラインオブジェクトのため、テキストボックス内の文字と同様に移動します。テキストボックスの前面に別の図形を配置した場合と異なり、文字の増減やテキストボックスの移動時に、図形の位置を調節する手間が省けます。

❶ 利用したいオブジェクトをコピーまたはカットして、

Pagesの
注目ポイント

テキスト入力

❷ テキストボックス内にカーソルを合わせてペーストします。

StepUp **任意の位置に配置ガイドを常に表示するには**

Pagesでは、図形などをドラッグし、他のオブジェクトと一直線や等距離に並んだときに配置ガイドが自動表示されるよう初期設定されています。加えて図の操作で、継続して表示されるガイドを追加できます**❶**〜**❸**。ルーラが表示されていないときは、[表示]メニューから[ルーラを表示]を選択して表示できます。なお[Pages]メニューから[設定]を選択し、[ルーラ]にある[ルーラの表示中には常に縦のルーラを表示]にチェックを付けると、縦のルーラを表示でき、縦の配置ガイドも利用できます。

❶ ルーラー上をクリックしてページ上にドラッグすると、

❷ 配置ガイドが追加できます。

❸ 不要になったガイドはページの外にドラッグすると削除できます。

図形・画像の重なり順を変更するには

文書内の図形や画像は、後から挿入したものが前面に配置されますが、この重なり順は変更できます。凝ったレイアウトの文書を作る際などにとても便利な機能ですのでぜひ覚えておきましょう。

1 [配置] タブを表示する

緑の円、青い四角の順に図形を描画したため、丸の前面に四角が配置されています❶。緑の丸を前面に移動するため、まずは対象の図形を選択します❷。

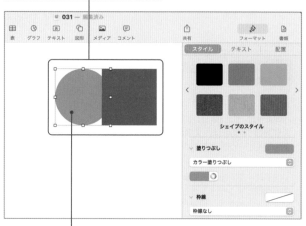

❶ 四角が前面に配置されています。

❷ 図形を選択します。

Point 画像の場合も同じ

ここではわかりやすいよう図形同士を重ねていますが、写真などの画像も同様の操作で重なり順を変更できます。

---

2 [前面] をクリックする

フォーマットインスペクタの [配置] タブをクリックし❸、[前面] をクリックします❹。

❸ ここをクリックして、

❹ ここをクリックします。

Hint 多くの図形が重なっているときは

多くの図形が重なっているときは、[前面] をクリックした回数分だけ重なり順も前に移動していきます。また [最前面] ボタンをクリックして一番前面に移動することもできます。

3 前面に移動した！

緑色の円が前面に移動し、重なり順が変わりました❺。

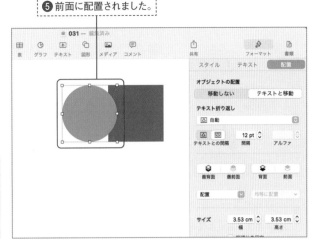

❺前面に配置されました。

Point 背面に移動するには

[前面] の左にある [背面] をクリックすると、選択している図形を背面に移動できます。

StepUp 図形の透明度を変更するには

フォーマットインスペクタの [スタイル] タブでは❶、図形の [不透明度] を変更できます❷。不透明度を下げると背面の図形やテキストが透けて見えます❸。対象の図形を選択して操作しましょう。

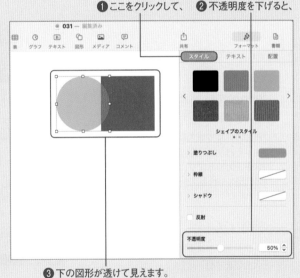

❶ここをクリックして、 ❷不透明度を下げると、

❸下の図形が透けて見えます。

Hint テキストを重ねたい場合

本文部分のテキストは最背面から移動することができません。図形や画像の上にテキストを重ねたレイアウトを利用したいときは、テキストボックス（P.76参照）を利用しましょう。テキストボックスは、図形と同じ操作で前面、背面への移動が可能です。

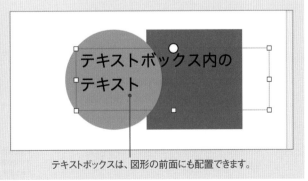

テキストボックス内のテキスト

テキストボックスは、図形の前面にも配置できます。

> ▶▶テキストボックス

文書内に独立したコラムを作成するには

テキストボックスを挿入すると、独立したコラムのような扱いでテキストを配置できます。特に目立たせたい内容を独立させたいときや、より自由度の高いレイアウトでテキストを配置したいときなどに活用しましょう。

1 テキストボックスを作成する

テキストボックスを使い、図の文書にコラムを追加してみます。テキストボックスを挿入したい位置をクリックして❶、ツールバーの[テキスト]をクリックします❷。

❶ 挿入位置をクリックして、 ❷ ここをクリックします。

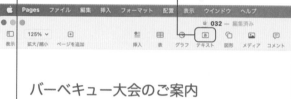

StepUp 図形にも文字を挿入できる

P.66の方法で挿入した図形をダブルクリックすると、図形内にカーソルが点滅して文字を入力できます。吹き出しなど四角以外の図形にもテキストを挿入できます。

2 文字を入力する

テキストボックスが作成されるので❸、文字を入力します❹。

❸ テキストボックスが作成されたら、 ❹ 文字を入力します。

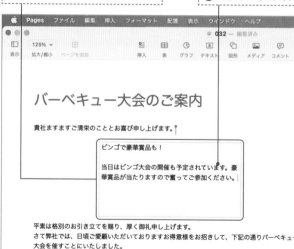

Point フォントやサイズは通常と同じ方法で設定OK

テキストボックス内の文字列にも通常の文字と同じ方法で書式の設定が行えます。必要に応じてフォントやサイズ、文字色などを調節しましょう。

3 枠線を設定する

テキストボックスを選択し、フォーマットインスペクタの [スタイル] タブ❺の [枠線] で、線の種類や色を選択すると❻❼、テキストボックスに枠線を設定できます❽。線の種類で [飾り枠] を選択すると、より凝った枠線を利用できます。

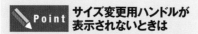

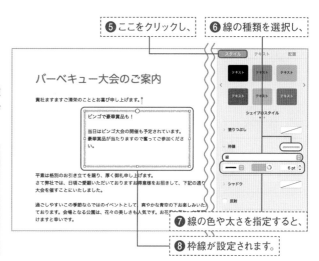

❺ここをクリックし、

❻ 線の種類を選択し、

❼ 線の色や太さを指定すると、

❽ 枠線が設定されます。

Point サイズ変更用ハンドルが表示されないときは

手順4のようにハンドルを利用したいときは、テキストボックス外をクリックして一度選択を解除してから、再度クリックして選択すると表示されます。

4 配置を整える

テキストボックスを選択し、四辺四隅のハンドルをドラッグするとサイズを変更できます❾。ドラッグで移動し配置を整えましょう❿。[配置] タブの [テキストの折り返し] を [周辺] (場合によっては [自動] でもOK) にすると⓫、テキストボックスの横にテキストを流し込むこともできます⓬。

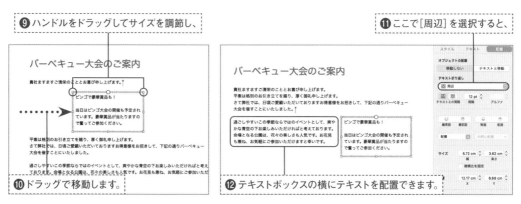

❾ ハンドルをドラッグしてサイズを調節し、

⓫ここで [周辺] を選択すると、

❿ ドラッグで移動します。

⓬ テキストボックスの横にテキストを配置できます。

StepUp テキストボックス同士をリンクできる

テキストボックスをリンクさせると、溢れたテキストがリンク先のテキストボックスに自動的に流し込まれます。テキストボックスのサイズを変更し、溢れる文字数が変化しても自動的に次のテキストボックスに表示されます。リンクの設定は、テキストボックスを選択し、丸いハンドルをクリックして行います。

溢れている文字があることを示す「＋」マーク

❶ 丸いハンドルをクリックして1つ目のテキストボックスに設定します。

❷ 別のテキストボックスの丸いハンドルをクリックしてリンクを設定すると、

❸ 1つ目のボックスで溢れた文字が流し込まれる。

文書に表を挿入するには

表組みは、見やすい文書の作成によく利用される機能の一つです。Pagesでは、用意されたスタイルを使った美しいデザインの表を簡単に挿入できます。作成した表は、関数を含む表計算も行えます。

1 [表] ボタンをクリックする

Pagesで表を挿入するには、ツールバーの[表] ボタンをクリックします❶。左右の三角をクリックしてスタイルを確認し❷、利用したい表のスタイルをクリックします❸。

❶ここをクリックし、

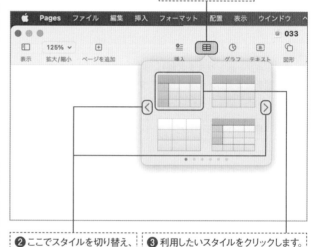

❷ここでスタイルを切り替え、　❸ 利用したいスタイルをクリックします。

 Point スタイルは変更できる

表のスタイルは後から変更も可能です。方法はNumbersの場合と同じでP.146で紹介しています。

2 表が挿入された!

クリックしたスタイルの表が挿入されました❹。

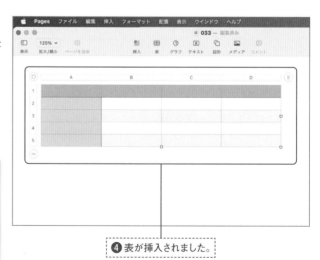

❹表が挿入されました。

Hint 表の移動方法

挿入した表は、ドラッグで自由に移動できます。図形の場合と同じ要領で [配置] タブの [テキスト折り返し] を [インライン (テキストあり)] 以外に変更してからドラッグしましょう。

Chapter 2

Pages でおしゃれな書類作成

3 行数・列数を変更する

列番号の右に表示されたボタン □ をクリックし❺、列数を指定すると❻、列の数が変わります❼。行数の変更は、行番号の下に表示されたボタン □ を使い列の場合同様に設定できます❽。また、フォーマットインスペクタの［表］タブにある［行］［列］で数値を指定して設定することもできます。

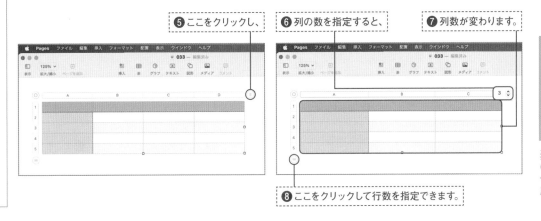

❺ ここをクリックし、　　❻ 列の数を指定すると、　　❼ 列数が変わります。

❽ ここをクリックして行数を指定できます。

4 表のサイズを変更する

列数・行数を保ったまま表のサイズを変更することもできます。クリックして表を選択し❾、表示されるサイズ変更ハンドルをドラッグして❿、拡大または縮小しましょう⓫。

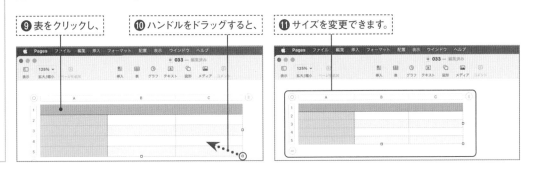

❾ 表をクリックし、　　❿ ハンドルをドラッグすると、　　⓫ サイズを変更できます。

5 表に文字を入力する

表にはセル（マス目）単位で文字やを数値を入力できます。入力したいセルをクリックし、入力しましょう⓬。

⓬ セルをクリックして文字を入力します。

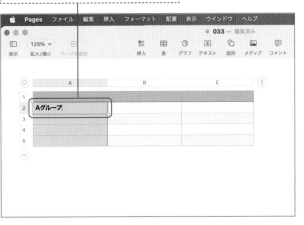

> **Hint 便利な自動入力や数式にも対応**
>
> Pagesの表では、Numbersの表とほぼ同じ機能が利用できます。自動入力機能や並べ替え、関数を含む表計算など、便利な機能がたくさんあるので、Chapter 3のNumbersの表機能の利用方法を参考に活用してみましょう。

≫画像の挿入

写真やイラストを挿入するには

写真やイラストなどの画像を使うと、文書はより華やかにわかりやすくなります。Pages で画像ファイルを挿入する方法を見ていきましょう。保存先のフォルダに加え、写真アプリ内の画像も簡単に挿入できます。

1 [メディア] ボタンをクリックする

写真アプリ内の写真を文書に挿入する方法を見ていきます。ツールバーの [メディア] をクリックし❶、[写真] をクリックします❷。

Point 連携カメラ機能で写真を挿入できる

❷で「写真を撮る」を選択すると、iPhone や iPad でカメラ App が開きます。写真を撮影し、表示される「写真を使用」をタップすると、撮った写真をすぐに文書に挿入できます。なお、この機能は、デバイス同士が近くにあり、Mac（macOS Mojave以降）とiOS デバイス（iOS 12以降）の両方で BluetoothとWi-Fiがオンになっていて、2ファクタ認証が有効になっている同一の Apple ID で iCloud にサインインしている場合に利用できます。

❶ここをクリックし、　❷ここをクリックして、

2 写真を選択する

アルバム内の写真が表示されるので、挿入したい写真をクリックします❸。なお、画面左側に表示される写真アプリ内のライブラリ一覧でアルバムなどをクリックすると、表示される写真を絞り込むこともできます。

StepUp イメージギャラリーを追加できる

イメージギャラリーは、複数の写真を登録し、ページ上で紙芝居のように1枚ずつ順番に表示できる機能です。❷で [イメージギャラリー] を選ぶと追加できます。

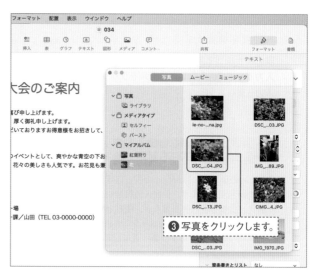

❸写真をクリックします。

3 画像が挿入された！

すると文書に画像が挿入されます❹。なお、写真選択用の画面が自動で閉じない場合は、[閉じる] ボタンをクリックして閉じましょう。

❹ 画像が挿入されました。

StepUp 動画も挿入できる

手順1の [メディア] から [ムービー] やYouTubeなどの [Webビデオ] を選んで、動画の挿入もできます。Keynoteと同じ要領で操作できるので、P.244やP.250を参考にしてください。

P.244やP.250を参考にしてください。

4 サイズを調節する

挿入された画像は、必ずしも希望する大きさではありません。サイズを調節しておきましょう。サイズの変更は、画像をクリックすると表示されるハンドルをドラッグして行います❺❻。

❺ ハンドル（いずれか）をドラッグして、

❻ サイズを変更できます。

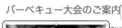

StepUp 写真アプリ以外から写真を挿入するには

写真アプリ内にない画像は、メディアボタンを使わずドラッグで挿入できます。写真が保存されたフォルダ（またはデスクトップ）を開き、画像ファイルを文書上にドラッグすると❶、挿入できます❷。また [挿入] メニューから [選択] を選択し、表示される画面で画像ファイルを選択しても追加できます。画像の保存場所に応じて便利な方を使いましょう。

❶ 画像ファイルをドラッグすると、

❷ 画像が挿入されます。

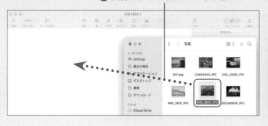

画像の配置を整えるには

挿入した画像の位置を調整しましょう。Pagesでは画像をドラッグして自由に移動できます。また、配置を整えるのに役立つ機能も併せて紹介します。

1 画像をドラッグする

Pagesでは、画像をドラッグで自由に移動できます。画像をクリックし、配置したい位置へとドラッグしましょう❶。

❶ドラッグします。

Hint 矢印キーでも移動できる

画像選択し、矢印キーを押すと1ポイント単位で移動できます。また[shift]キーを押しながら矢印キーを押すと、10ポイント単位で移動することもできます。

2 画像が移動した!

画像が移動しました❷。初期設定されているテキストの折り返し方法([自動])により、画像の移動に合わせて空いたスペースに文字が移動しています❸。

❷ 画像が移動し、

Point テキストの折り返しを変更するには

初期設定の[自動]ではうまく折り返されない、画像の横には文字を配置したくないといったときは、テキストの折り返し方法を変更しましょう。設定方法は図形の場合と同じです(P.70)。

❸ 空いたスペースに合わせてテキストも移動します。

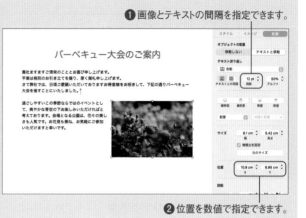

❶画像とテキストの間隔を指定できます。

💡Hint 数値での位置指定やテキストとの間隔も指定できる

フォーマットインスペクタの［配置］タブには、画像とテキストとの間隔を指定できる［間隔］や❶、配置場所を数値で指定できる［位置］など❷、画像を配置するのに役立つ機能が集められています。利用方法は図形の場合と同じですので、P.71〜72も参考に使ってみましょう。

❷位置を数値で指定できます。

💡Hint 配置を終えた画像はロックもできる

［ロック］機能を使うと、設定済みのオブジェクト（画像や図形）が誤って移動されるのを防止できます。画像をロックするには、対象を選択し❶、フォーマットインスペクタの［配置］タブで❷、［移動しない］をクリックし❸、［ロック］ボタンをクリックします❹。ロック中はサイズ変更用のハンドルが×印に変化し、その画像に対する移動、削除、変更の操作ができなくなります。ロックを解除するには、対象の画像を選択し、［ロック解除］をクリックします❺。

❶画像をクリックし、 ❷ここをクリックし、

❸ここをクリックして、

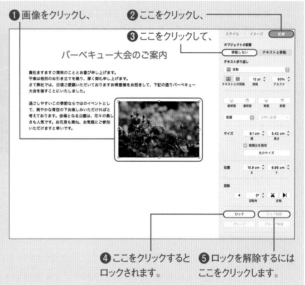

❹ここをクリックするとロックされます。

❺ロックを解除するにはここをクリックします。

🌙StepUp 複数の画像をまとめて扱うには

グループ機能を使うと、複数のオブジェクトを1つのオブジェクトとして扱うことができます。グループ化したい画像をshiftキーを押しながらクリックして選択し❶、フォーマットインスペクタの［配置］タブで［グループ］ボタンをクリックしましょう❷。こうしてグループ化した画像は1つの画像として扱え、移動などが楽になります。グループを解除するには、［グループ解除］ボタンをクリックします❸。

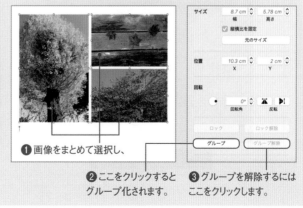

❶画像をまとめて選択し、

❷ここをクリックするとグループ化されます。

❸グループを解除するにはここをクリックします。

画像を切り取るには

Pagesには、画像を切り取るための機能も用意されています。写真内の必要箇所のみを大きく使うことでより見やすい文書の作成が可能になります。

1 [マスクを編集]をクリックする

マスク機能を使うと画像の表示範囲を変更できます。対象の画像を選択したら❶、フォーマットインスペクタの［イメージ］タブを表示し❷、[マスクを編集]をクリックします❸。

> **Hint　画像をダブルクリックでもOK**
>
> 画像をダブルクリックすると、[マスクを編集]をクリックしたときと同じく手順2のマスクコントロールが表示されます。

❶ 画像を選択し、

❷ ここをクリックして、

❸ ここをクリックします。

2 マスクのサイズを変更する

マスクコントロールが表示され、マスクのサイズを調節できます。初期設定ではマスクと画像は同じ大きさです。表示されているハンドルをドラッグし❹、写真の不要な部分が枠外になるようにサイズを調節します❺。

❹ ハンドルをドラッグし、

❺ 枠を縮小します。

3 表示箇所を調節する

写真をドラッグし、必要な部分がマスク内に収まるように位置を調節したら**⑥**、[終了] をクリックします**⑦**。

⑥ 写真をドラッグして表示範囲を定めたら、

⑦ ここをクリックします。

> **Point　再度表示もできる**
>
> マスク機能は、画像の表示範囲を限定するものです。手順1の操作でマスクコントロールを表示し、枠線のハンドルをドラッグして表示範囲を広げると、隠れていた部分を再度表示できます。

4 画像が切り取られた！

マスク外の部分が非表示になり、必要な部分のみを利用できます**⑧**。

> **Hint　丸や星などの形に切り取るには**
>
> 画像を選択し、[フォーマット] メニューから [イメージ] → [画像でマスク] →形を選択すると、楕円や星形などに切り取りできます。切り取り後の編集方法は四角の場合と同じです。

⑧ 画像が切り取られました。

Hint　サイズの変更もできる

手順2のマスクコントロール表示時に、つまみをドラッグすると**①**、画像を拡大または縮小することも可能です**②**。

① ここをドラッグすると、

② 画像のサイズを調節できます。

Chapter 2

Pages でおしゃれな書類作成

画像の背景を削除するには

「背景を削除」機能を使うと、写真の背景を削除し、対象のみを切り出すことができます。
より自由度の高いデザインの文書作りに活用してみましょう。

1 [背景を削除] をクリックする

「背景を削除」機能を使って背景部分を削除
してみます。対象の画像を選択したら❶、
フォーマットインスペクタの [イメージ] タブ
を表示し❷、[背景を削除] をクリックします
❸。

❶ 画像を選択し、

❷ ここをクリックして、

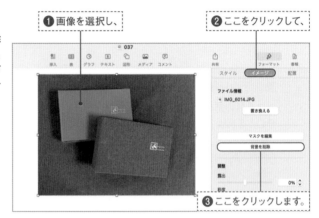

❸ ここをクリックします。

2 対象の範囲を選択する

切り取り対象として画像の背景が自動選択され、薄いグレーのマスクがかかります❹。この状態で問題がなければ、
終了をクリックします❺。すると画像の背景が削除できました❻。

❹ 切り取り対象が自動選択できた。

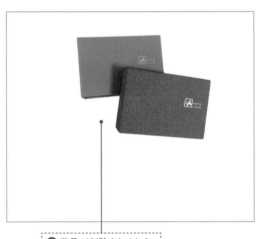

❺ ここをクリックします。

❻ 背景が削除されました。

💡 Hint 切り取りは追加できる

切り取り対象は手動でも追加できます。切り取りたい
色の上をドラッグしましょう❶。すると近くの同じ色
の部分が選択され、薄いグレーのマスクがかかりま
す❷。一度ですべてが切り取り対象に追加できない
ときは、追加したい箇所を何度かに分けてドラッグし
てください。また、[option] キーを押しながらドラッグ
すると、ドラッグしている箇所と同じ色をまとめて選
択範囲に追加することもできます。意図しない部分
が切り取り範囲に含まれてしまった場合は、[shift] キー
を押しながらドラッグすると除外できます。切り取り
対象が定まったら［終了］ボタンを押せば削除できま
す❸。

❶ 削除したい色をドラッグすると、

❷ 切り取り対象に追加されて薄いグレーになります。

❸ ここをクリックして削除できます。

💡 Hint 背景の削除を取り消すには

画像を選択して手順1の操作で［背景を削除］をクリッ
クし、［リセット］ボタンをクリックすると、背景の削
除を取り消しできます。

ここをクリックすると背景の削除を取り消しできます。

画像を加工するには

Pagesでは、挿入した画像にさまざまな加工を施すことができます。ここではその方法をいくつか見ていきます。画像加工用のソフトなどを使わずに画像のイメージを変えることができ大変便利です。

▶イメージのスタイルを利用する

1 スタイルを選択する

Pagesでは、枠線や影などいくつかの効果を組み合わせた画像用のスタイルが複数用意されていて、適用するだけで簡単に画像を加工できます。対象の画像を選択したら❶、フォーマットインスペクタの[スタイル]タブで❷、利用したいスタイルをクリックします❸。

❶ 画像を選択し、

❷ ここをクリックして、

❸ スタイルをクリックします。

2 スタイルが適用された！

スタイルが適用されました❹。簡単な操作で写真の見栄えがずいぶんとよくなりました。

❹ スタイルが適用されました。

1 [飾り枠] を選択する

「飾り枠」を使うと、額縁風の枠線を付けたり、テープで貼ったようなイメージにしたりといったことが簡単にできます。画像を選択したら❶、フォーマットインスペクタの［スタイル］タブをクリックし❷、［枠線］で［飾り枠］を選択します❸。

❶ 画像を選択し、

❷ ここをクリックして、

❸ [飾り枠] を選択します。

2 枠の種類を選択する

飾り枠設定用のアイコンをクリックし❹、利用したい飾り枠を選択します❺。設定されたことがわかりやすいよう、図では額縁のような枠線を選択しました。

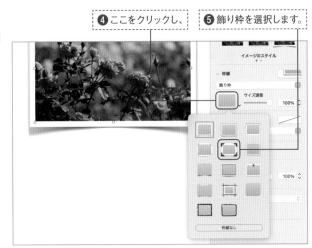

❹ ここをクリックし、

❺ 飾り枠を選択します。

3 飾り枠が設定された！

選択した飾り枠が設定されました❻。簡単な操作でインパクトのある画像になりました。

Hint 飾り枠の拡大・縮小

図の［サイズ調整］のように比率調節用のスライダが表示された場合は、倍率を指定して飾り枠の大きさを調節できます。なお飾り枠の種類によっては拡大縮小ができないものもあります。

❻ 飾り枠が設定されました。

Next⊖

Chapter 2

画像の加工

1 [線] を選択する

枠線や影などの設定を個別に行うと、よりオリジナリティのある画像の加工が可能です。枠線を設定するには、画像を選択し❶、フォーマットインスペクタの [スタイル] タブを表示します❷。まずは [枠線] で [線] を選択します❸。

❶ 画像を選択し、

❷ ここをクリックして、

❸ [線] を選択します。

2 種類や色を指定する

線の種類❹、線の色を選択し❺、太さを指定すると❻、枠線に反映されます❼。

❹ 線の種類を選び、

❺ 線の色を選択し、

❻ 太さを指定すると、

❼ 枠線が変わります。

3 影の種類を選択する

続いて影を設定してみます。[スタイル] タブの [シャドウ] にあるポップアップメニューをクリックして影の種類を選びましょう❽。例では [コンタクトシャドウ] を選んでみます。

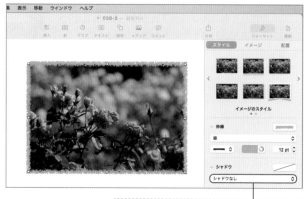

❽ ここをクリックして影の種類を選びます。

4 影の詳細を設定する

選択した影の種類に応じて詳細設定用のスライダなどが表示されます。影の濃さや色などを設定しましょう**9**。設定は画像にすぐに反映されます**10**。

9 濃さや色など詳細を指定すると、

10 影が設定されます。

5 反射を設定する

[スタイル] タブの [反射] をクリックしてチェックを付けると**11**、画像が床に映ったようになります**12**。

11 ここにチェックを付けると、

12 反射が設定されます。

⭐ **StepUp** [不透明度] を調節する

[スタイル] パネルの [不透明度] を調節すると**1**、画像の透明度の調節もできます**2**。

1 ここで割合を変更すると、

2 画像の透明度が変化します。

Next➔

Chapter 2

画像の加工

091

1 スタイル追加用ボタンをクリックする

前ページの要領で個別に設定した枠線や影などの設定を別の画像にも利用したいときは、オリジナルのイメージのスタイルとして追加しておきましょう。スタイルに追加したい設定がされた画像を選択し❶、［スタイル］タブのイメージのスタイルで▶をクリックして❷、表示されるスタイル追加用の［＋］をクリックします❸。

❶画像を選択し、

❷ここをクリックして、

❸ここをクリックします。

2 スタイルが追加された！

するとイメージのスタイルが追加されました❹。

❹スタイルが追加されました。

> **Point** スタイルを削除するには
>
> 不要になったスタイルを削除するには、［スタイル］タブの［イメージのスタイル］で対象のスタイルを右クリックし、［スタイルを削除］を選択します。

3 追加したスタイルを利用する

追加したスタイルも初期設定のスタイルと同様に利用できます。別の画像を挿入・選択し❺、［スタイル］パネルで追加したスタイルをクリックしましょう❻。スタイルが適用され、先の写真と設定が揃いました❼。

❺画像を選択し、 ❻追加したスタイルをクリックすると、 ❼スタイル通りに設定されます。

Chapter 2
Pages でおしゃれな書類作成

1 画像を傾ける

画像を選択し、[配置] タブを表示します❶。[回転] で角度を指定すると❷、画像を傾けることができます❸。

❶ ここをクリックし、

❷ ここで角度を指定すると、

❸ 画像が回転します。

Hint ドラッグで回転するには

画像を選択し、command ⌘ キーを押しながら四隅のハンドルをドラッグしても画像を回転できます。

2 画像を反転する

[配置] タブの [回転] にある左右反転用のボタン をクリックすると❹、画像が左右反転します❺。また、隣にあるボタン ▶ をクリックし、上下反転させることもできます。

❹ ここをクリックすると、

❺ 画像が左右反転します。

StepUp 露出や彩度も調整できる

フォーマットインスペクタの [イメージ] タブでは❶、[露出] と [彩度] をそれぞれ%で指定可能です❷❸。また [補正] ボタンをクリックすると、カラーの自動調整も行えます❹。

❶ ここをクリックし、

❷ 露出を設定できます。

❸ 彩度を設定できます。

❹ ここをクリックするとカラーを自動的に調整します。

Chapter 2

画像の加工

書式を保って画像を入れ替えるには

Pagesでは、サイズや配置に加え、スタイルや枠線、影や角度などの設定を保ったまま画像を入れ替えることができます。ここではその方法をマスターしましょう。一度行った設定を無駄にせず、効率的に画像を変更できます。

1 [置き換える]ボタンをクリックする

図の例では、画像に飾り線を設定し、角度を変更しています。この設定を保ったまま画像を入れ替えるには、対象の画像を選択し❶、フォーマットインスペクタの[イメージ]タブを表示して❷、[置き換える]ボタンをクリックします❸。

❶画像を選択し、

❷ここをクリックして、

❸ここをクリックします。

2 写真を選択する

画像選択用のダイアログが開くので、保存してあるフォルダを選択し❹、利用したい写真を選択して❺、[挿入]ボタンをクリックします❻。

❹フォルダを選択し、

❺ファイルを選択して、

❻ここをクリックします。

StepUp 写真アプリ内の画像について

図の画面左側の場所の一覧(グレーの部分)で、下の方にある[写真]を選択すると、写真アプリ内の画像との入れ替えも可能です。ただしアルバム単位での絞り込みはできません。アルバムを選んで写真を探すには次ページの方法が便利です。

3 写真が入れ替わった！

すると飾り枠、角度、画像の大きさは維持されたまま、選択していた写真が入れ替わりました❼。

❼ 写真が入れ替わりました。

StepUp 写真アプリ内の画像と入れ替えるには

写真アプリ内の画像を使って置き換えたいときは、手順2の時点で画面左側の場所部分を下までスクロールし❶、［写真］をクリックします❷。すると、画像選択用のダイアログボックス内に写真アプリの画像が表示されます。利用したい写真をクリックし❸、［挿入］ボタンをクリックすると❹、写真が入れ替わります❺。

❶ 下までスクロール

❷ ここをクリックします。

❸ 写真を選択して、

❹ ここをクリックすると、

❺ 写真が入れ替わります。

PAGES

画像や図形に
タイトルと説明を付けるには

画像などのオブジェクトは、簡単な操作でタイトルとキャプションを挿入できます。ここでは画像を例に紹介しますが、図形(線を除く)や表、グラフ、テキストボックス、描画、ムービーなど、ほとんどのオブジェクトで利用でき、文書のわかりやすさアップに活用できます。

1 [スタイル] タブを表示する

対象 (ここでは画像) を選択し❶、[フォーマット] インスペクタの [スタイル] タブを表示します❷。

❶画像を選択して、　❷ここをクリックします。

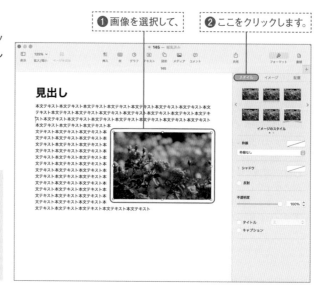

StepUp [スタイル] タブ以外で設定するケース

[表] の場合は [表] タブ、グラフは [グラフ] タブ、描画は[描画]タブ、イメージギャラリーは [ギャラリー] タブ、グループ化したオブジェクトは [配置] タブから設定できます。

2 タイトルを挿入する

[タイトル] にチェックを付けると❸、タイトルが挿入されます❹。このとき、画像に対する文字の回り込みなどは自動的に調節されます。

❸ここにチェックを付けて、

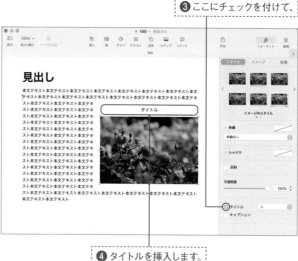

StepUp Numbers、Keynote でも利用可能

オブジェクトのタイトル、キャプション機能は、Numbers、Keynoteでも同様に利用できます。

❹タイトルを挿入します。

3 タイトルを入力する

タイトル部分をクリックして選択（枠線で囲まれた状態）し**⑤**、タイトルを入力します**⑥**。

⑤ クリックして選択し、

⑥ タイトルを入力します。

4 キャプションを挿入・入力する

再度画像を選択し**⑦**、[キャプション]にチェックを付けます**⑧**。キャプションが挿入され、タイトル同様に文字を入力できます**⑨**。

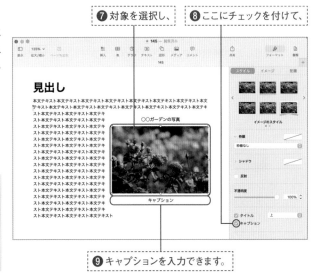

⑦ 対象を選択し、

⑧ ここにチェックを付けて、

⑨ キャプションを入力できます。

Hint タイトル・キャプションを非表示にするには

[タイトル][キャプション]のチェックを外すと非表示にできます。再度チェックを付けると、入力済みの内容が再表示されます。

StepUp 文字サイズなどを調節できる

タイトル選択時に表示される[タイトル]タブ、キャプション選択時に表示される[キャプション]タブで、文字のサイズや色など書式を設定できます**❶❷**。方法は本文の場合と同様です。図はキャプションを少し小さくした状態です。見やすくなるよう調節してみましょう。

❶ キャプションを選択すると、

❷ [キャプション]タブで書式を設定できます。

グラフを挿入するには

Pagesの文書にグラフを挿入する方法をマスターしましょう。多彩な種類のグラフがカラーバリエーション豊かに用意されていて、美しいグラフを素早く作成できます。

▶Pagesのグラフ作成機能を利用する

1 グラフの種類を選択する

Pagesのグラフ機能でグラフを作成するには、ツールバーの［グラフ］をクリックし❶、利用したい種類のグラフをクリックします❷。例では2Dの縦棒グラフを選択しました。

> **Hint 3Dグラフや色違いを選ぶには**
>
> グラフの選択画面の上部にあるタブをクリックすると、［3D］グラフ、［Interactive］グラフを選択できます。また、画面左右にある三角ボタンをクリックすると、カラーバリエーションを切り替えることも可能です。

❶ ここをクリックし、　❷ グラフの種類をクリックします。

2 グラフデータの編集画面を表示する

選択した種類のグラフが作成されます❸。グラフのデータを編集するため、［グラフデータを編集］ボタンをクリックします❹。［グラフデータを編集］ボタンはグラフの選択時のみ表示されるボタンです。表示されていない場合はグラフを選択してみましょう。

> **Hint レーダーグラフも利用できる**
>
> 複数のデータを1つのグラフに表示して傾向をつかむのに役立つ、レーダーグラフも利用可能になりました。

❸ グラフが挿入されます。　❹ ここをクリックします。

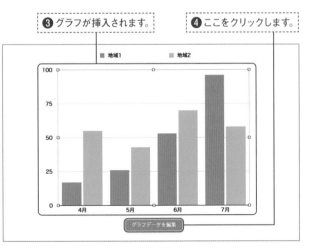

3 グラフデータを入力する

データ編集用の画面が表示されるので、グラフ化したいデータを入力していきます❺。

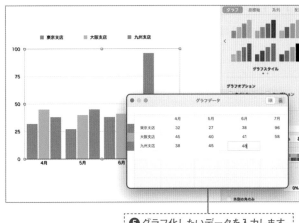

> **✏ Point** 行を増やすには
>
> 図の例であれば3行目のように、初期設定ではデータのなかった行にデータを入力すると、自動的にグラフデータの範囲に含まれます。

❺ グラフ化したいデータを入力します。

4 行や列を増減するには

初期設定のデータ数と作成したいグラフのデータ数が同じとは限りません。列の数を変更するには、列の一番上のセルにポインタを合わせ、表示される▼をクリックして❻、挿入や削除を選択します❼。また行を削除したいときは、行の左端の色の付いた部分にポインタを合わせると表示される▼から、列と同様に選択できます❽。

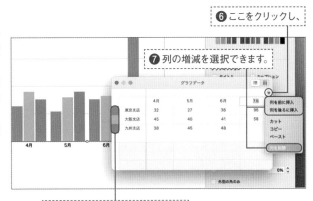

❻ ここをクリックし、

❼ 列の増減を選択できます。

❽ 行の削除はここから行えます。

🌙 StepUp データ系列を入れ替えるには

グラフデータの編集画面の右上にあるボタンをクリックすると、データ系列を切り替えることができます。図のように行を系列にした状態で、列を系列とするボタン ⅲ をクリックすると❶、系列を表す色の位置が変化し❷、グラフにも反映されます❸。

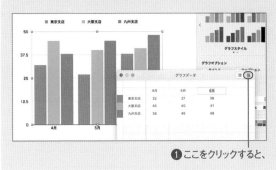

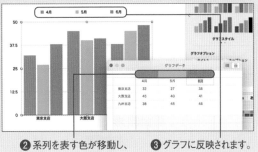

❶ ここをクリックすると、

❷ 系列を表す色が移動し、

❸ グラフに反映されます。

Next→

5 データの編集を終了する

データを編集し終えたら、閉じるボタンをクリックしてデータ編集用の画面を閉じます**❾**。

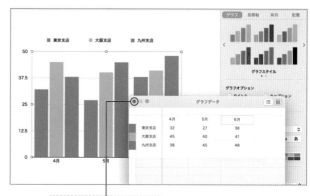

❾ここをクリックします。

6 グラフができた！

グラフが完成しました**❿**。こうして作成したグラフは、[グラフデータを編集] ボタンをクリックしていつでもデータを編集できます。

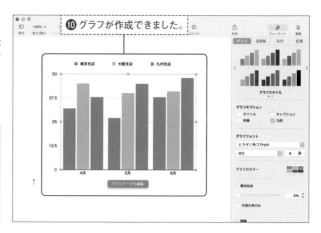

❿ グラフが作成できました。

> **Point** グラフの編集は Numbersを参考に
>
> グラフの要素や目盛、軸などの編集方法は、Numbersの場合とほぼ同じです（P.184、189参照）。

Hint グラフのサイズ変更や移動

Pagesのグラフは、画像や図形と同じくオブジェクトとして扱われます。画像などと同じく選択時に表示されるハンドルをドラッグしてサイズを変更したり**❶❷**、ドラッグで移動することが可能です。

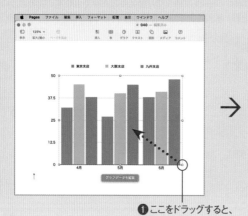

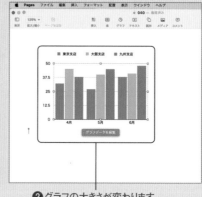

❶ここをドラッグすると、

❷グラフの大きさが変わります。

1 Numbersでグラフをコピーする

Numbersのグラフをコピーし、Pagesに貼り付けることができます。Numbersのファイルを開き❶、対象のグラフを選択したら❷、[編集] メニューから [コピー] を選択します❸。これでNumbersのグラフをコピーできました。

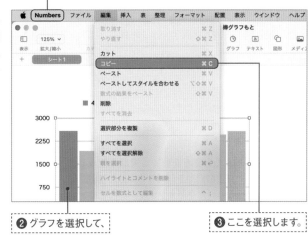

❶ Numbersのファイルを開き、

❷ グラフを選択して、

❸ ここを選択します。

2 Pagesでペーストする

グラフを流用したいPagesのファイルを開いたら❹、[編集] メニューから [ペースト] を選択します❺。

❹ Pagesのファイルを開き、

❺ ここを選択します。

3 グラフが挿入された！

コピーしておいたグラフが挿入されました❻。こうしてペーストしたグラフも [グラフデータを編集] ボタンをクリックしてデータの編集が可能です。

Point ペースト後は独立したグラフになる

紹介した方法でPagesにペーストしたグラフのデータは、以後自由に変更できます。コピー元のNumbersのグラフとはリンクされておらず、Numbersのグラフに変更を加えてもPagesのグラフには反映されません。

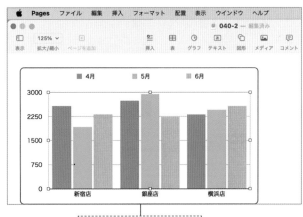

❻ グラフが挿入されました。

Chapter 2

グラフ

101

≫変更のトラッキング

加えた変更を記録しておくには

本文の変更をトラッキング（追跡）できる機能を使ってみましょう。変更を加えた箇所が周囲のテキストとは異なるカラーで表示され、どこがどのように変更されたかを後からでも素早く把握できます。

1 トラッキングを開始する

本文に加えた訂正を記録する機能を使ってみます。訂正の記録を開始するには、［編集］メニューから［変更をトラッキング］を選択します❶。「"Pages"から"連絡先"にアクセスしようとしています」と表示されたら［OK］をクリックします。

❶ここを選択します。

Point トラッキングを停止するには

変更のトラッキングを停止するには、［編集］メニューから［トラッキングを停止］（トラッキング実行中のみ表示される）を選択します。

2 変更が記録された！

するとレビューツールバーが表示されます。［トラッキング］が［オン］になり、変更が記録される状態だとわかります❷。文書に変更を加えると❸、変更箇所が異なる文字色で表示されました❹。例では「アウトドア広場」の文字を追加し、「公園バーベキュー場」を削除しています。

❷ここがオンになっています。

❸文字を変更すると、

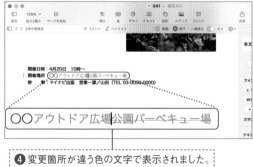

❹変更箇所が違う色の文字で表示されました。

3 変更を確認する

変更箇所にポインタを合わせると❺、変更の内容が表示され確認できます❻。レビューツールバーまたは変更の詳細内にある三角をクリックすると❼、前後の変更が表示され、変更箇所を順にチェックするのに役立ちます❽。

❺ 変更箇所にポインタを
合わせると、

❻ 詳細が
表示されます。

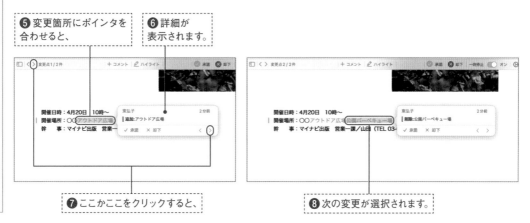

❼ ここかここをクリックすると、

❽ 次の変更が選択されます。

4 変更を承諾する

変更を加えた箇所にポインタを合わせ❾、[承諾]をクリックすると❿、変更が承諾されます⓫。一方[却下]をクリックすると、変更前の状態に戻ります。レビューツールバー右端の⚙ボタンをクリックし、[すべての変更を承諾]または[すべての変更を却下]を選択すると、文書内の変更箇所の承諾や拒否をまとめて行うこともできます。

❾ 変更箇所にポインタを合わせ、

⓫ 変更が承諾されます。

❿ ここをクリックすると、

 **変更の記録を
隠すには**

変更の記録を非表示にしたいときは、レビューツールバーの右端の⚙ボタンをクリックし❶、[最終版]を選択します❷。すると変更後の状態を確認できます。再度変更の記録を表示するには、同じボタンをクリックし[マークアップ]を選択しましょう❸。

❶ ここをクリックし、

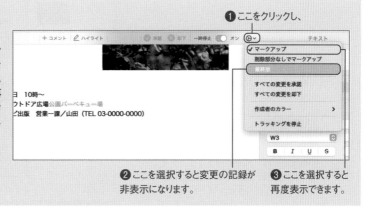

❷ ここを選択すると変更の記録が
非表示になります。

❸ ここを選択すると
再度表示できます。

文書を印刷するには

作成した文書の印刷方法を見てみましょう。プリントの詳細設定機能を使うと、1枚の用紙に複数のページを印刷することもできます。

1 [プリント] ダイアログボックスを表示する

文書を印刷するには、[ファイル] メニューから [プリント] を選択します❶。

❶ ここを選択します。

Point コメントを印刷するには

文書のコメント（P.356）も印刷できます。手順2の [Pages] にある、[コメントをプリント] にチェックを付けましょう。

2 プリントプレビューを確認する

ダイアログが表示され、印刷結果がプレビュー表示されます❷。内容を確認しましょう。

❷ 印刷結果を確認できます。

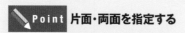

Point 片面・両面を指定する

初期設定では、両面印刷するよう設定されています。片面印刷にしたいときは、図の[両面] を [オフ] にします。

3 印刷部数と範囲を指定する

[部数] で印刷部数を指定します❸。[ページ] では印刷範囲を設定できます❹。図は全ページを選択した状態です。特定のページのみ印刷したいときは、[範囲] の前にあるボタンをオンにし、[開始] と [終了] のページをそれぞれ入力しましょう。指定を終えたら [プリント] ボタンをクリックすると印刷が始まります❺。

❸印刷部数を指定し、

❹印刷範囲を選択します。

❺クリックして印刷を開始します。

StepUp 1枚の紙に2ページ分印刷するには

[印刷] ダイアログではさまざまな設定が可能です。[レイアウト] を表示し❶、[ページ数/枚] を変更すると❷、1枚の用紙に複数ページを印刷することもできます❸。その他にも、丁合いなどの設定が可能な [用紙処理]、用紙の種類の選択などが行える [メディアと品質] なども用意されています。一度チェックしてみましょう。

❶クリックして [レイアウト] を表示し、

❷ここでページ数を選択すると、

❸1枚の用紙に複数ページを印刷できます。

≫セクションレイアウト

全ページ共通の背景を作成するには

画像などのオブジェクトやテキストボックスを「セクションレイアウト」に移動すると、全ページに自動的に配置でき、個別に挿入や設定を行う手間が省けます。ここではその利用方法を紹介します。

1 全ページに追加したい要素を配置する

ここでは例としてテキストボックスを「セクションレイアウト」に移動し、全ページに配置します。まずはセクションレイアウトに移動したいテキストボックスを配置しましょう❶。ここでは図の透かし文字を入れました。

> **Point 文字の透明度設定**
>
> 図のように文字の透明度を上げるには、対象の文字を選択し、[スタイル] タブの [不透明度] で不透明度を下げます。

❶全ページに配置したいテキストボックスを挿入します。

2 [オブジェクトをセクションレイアウトに移動] を選択する

対象のテキストボックスを選択し❷、[配置] メニューから [セクションレイアウト] → [オブジェクトをセクションレイアウトに移動] を選択します❸。

❷対象をクリックし、

❸ここを選択します。

3 セクションレイアウトに移動した

テキストボックスがセクションレイアウトに移動しました❹。セクションレイアウトは各ページ最背面に位置するので、ページの内容が図のように前面に配置されます。なお、このようにセクションレイアウトに移動したオブジェクトを「レイアウトオブジェクト」と呼びます。

❹ セクションレイアウトに移動しました。

用語一覧

【ア行】

●圧縮／解凍
ファイルサイズが大きいものを縮小することです。圧縮したファイルを復元することを「解凍」といいます。

●アプリケーション
文書作成、表計算など、目的を持った作業を行うために作られたソフトウェアのことです。

●アンインストール
インストールされているアプリケーションやファイルを削除することです。

●印刷プレビュー
表示モードの一つで、文書の印刷イメージを画面上で表示して確認することができます。

●インストール
アプリケーションなどをパソコンで使用できるように、ハードディスクに取り込むことを「インストール」と言います。

●インデント

4 全ページに配置された！

他のページを見てみると、セクションレイアウトの内容が反映され、テキストボックスが配置されています❺。

❺ 全ページに配置されました。

●タブ
複数の画面を一つのウィンドウで表示する方式をいい、この方式を取り入れたブラウザーをタブブラウザーと呼びます。

●データベース
さまざまな種類のデータを統合し、相互に関連付けて分析・管理を行えるようにしたシステムを指します。

●ドライバー
パソコンに接続された周辺機器を成業するプログラム。デバイスドライバーともいいます。

Hint セクション単位で設定できる

セクションレイアウトの情報はセクション単位で設定できます。設定した内容は、同じセクション内のすべてのページに適用されます。

StepUp レイアウトオブジェクトを編集・削除するには

誤った移動や削除を避けるため、レイアウトオブジェクトは初期設定でロックされており、レイアウトオブジェクトに設定したテキストボックスなどは、選択できなくなります。編集や削除を行いたいときは、[配置]メニューから[セクションレイアウト] → [レイアウトオブジェクトを選択可能に設定]を選択します。すると[レイアウトオブジェクトを選択可能に設定]の行頭にチェックが付き、レイアウトオブジェクトへの編集が可能となります。編集終了後は、再度[レイアウトオブジェクトを選択可能に設定]を選択しチェックを外すと再びロックできます。

レイアウトオブジェクトのロックを外すにはここを選択します。

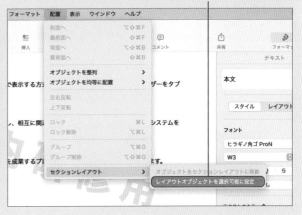

目次を作成・活用するには

Pagesには、目次を自動的に作成する機能があります。ここでは目次を使って文書内を移動できる「目次」ビューの使い方と、文書内への目次の挿入方法を紹介します。

1 段落スタイルを適用する

Pagesの目次作成機能は、適用されている段落スタイル（P.34参照）に応じて文字列が抽出されます。目次に書き出したい見出しなどにいずれかの段落スタイルを適用しておきましょう。図の例の場合、「用語一覧」部分に「見出し」の段落スタイル❶、「【ア行】」などの行名部分に「見出し2」の段落スタイルが適用されています❷。

❶「見出し」の段落スタイルが適用されています。

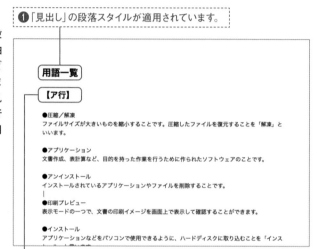

❷「見出し2」の段落スタイルが適用されています。

2 ［目次］ビューを表示する

［目次］ビューを表示するため、ツールバーの［表示］をクリックして❸、［目次］を選択します❹。

❸ ここをクリックして、　　❹ ここをクリックします。

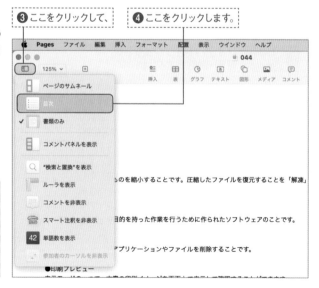

［目次］ビューを閉じるには

［目次］ビューを閉じるには、ツールバーの［表示］をクリックし、［書類のみ］を選択します。

3 目次を抽出する

[目次]ビューの[編集]をクリックして❺、目次として利用したいスタイル（図では［見出し2]）にチェックを付けます❻。するとチェックを付けたスタイルが目次として抽出されます❼。

❺ここをクリックして、

❻抽出するスタイルにチェックを付けると、

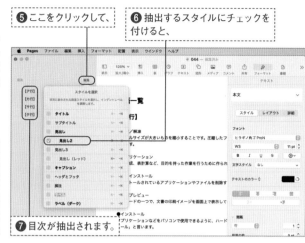

❼目次が抽出されます。

Point 文書内の移動に便利

[目次]ビュー内の目次をクリックすると、該当箇所をすばやく表示でき、ページ数の多い文書の作成時などに重宝します。

StepUp 文書内に目次を挿入する

[目次]ビューで作成した目次は、ページ数の付いた目次として文書内に挿入できます。目次を挿入したい箇所にカーソルを合わせて❶、図の要領で挿入しましょう❷❸。[目次]ビューと文書内の目次の内容を変えたいときは、目次の挿入時に表示される[スタイルをカスタマイズ]から調節できます❹。挿入した目次上をクリックして選択すると❺、[テキスト]タブが表示され、文字の間隔やインデントなどの設定が可能です❻。図のように項目とページ数を結ぶリーダーなども設定できます❼。なお、こうして文書に挿入した目次のページ数は、編集によりページ数が移動した場合も自動的に目次に反映されます。

❶目次の挿入箇所にカーソルを合わせ、

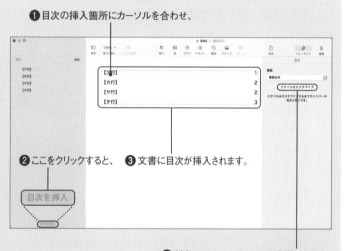

❷ここをクリックすると、　❸文書に目次が挿入されます。

❹対象のスタイルはここから変更できます。

❺文字の上をクリックして選択し、　❻ここで書式などを設定できます。

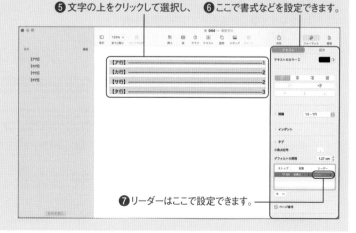

❼リーダーはここで設定できます。

>> 差し込み印刷

PAGES

作成した文書に宛名を自動で差し込むには

差し込み印刷機能を使うと、連絡先アプリやNumbersのスプレッドシートの情報を Pagesの文書に宛名として挿入できます。差し込みを印刷をしたい場所に「差し込みフィールド」を追加して利用します。

1 ［差し込み印刷］画面を表示する

ここでは例として、図の文書に連絡先アプリ内のデータを使って宛名を差し込み印刷します。まずは書類インスペクタの［書類］タブを表示し❶、［差し込み印刷］をクリックします❷。

> **Hint テンプレートでも活用できる**
>
> 招待状や賞状など、一部のテンプレートにはあらかじめ差し込みフィールドが含まれています。手順4以降の要領でデータを差し込んで利用できます。

❶ここをクリックして、

❷ここをクリックします。

2 差し込みフィールドを選択する

宛名を差し込みたい箇所にポインタを合わせたら❸、［差し込みフィールドを追加］をクリックします❹。連絡先アプリ内の項目が表示されるので、利用したいフィールド（ここでは［フルネーム］）を選択します❺。

> **Hint フィールドは複数の追加もOK**
>
> 例では1つだけですが、❸〜❺の操作を繰り返し、複数のフィールドを追加することもできます。

❸挿入したい箇所にポインタを合わせ、

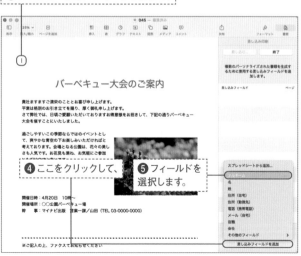

❹ここをクリックして、

❺フィールドを選択します。

3 差し込みフィールドが挿入できた

差し込みフィールドが追加できました**⑥**。追加した差し込みフィールドは、サイドバーの［差し込み印刷］でも確認できます**⑦**。ここでは［フルネーム］だけ差し込むので、敬称は別途入力しておきます**⑧**。

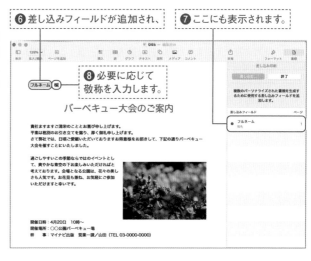

⑥ 差し込みフィールドが追加され、

⑦ ここにも表示されます。

⑧ 必要に応じて敬称を入力します。

4 データの差し込みを開始する

挿入したフィールドを使って差し込み印刷するには、サイドバーの［差し込む］をクリックします**⑨**。初回利用時に、Pagesからの連絡先へのアクセスの許可を求める画面が表示された場合は、画面の指示に従って許可してください。このとき、差し込み印刷フィールドが通常の文字列に戻ってしまった場合は、文字列を選択し、**⑦**のフィールドをクリックすると元に戻せます。

⑨ ここをクリックします。

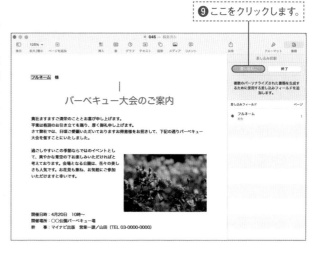

5 差し込むデータを選択する

差し込み印刷の画面が表示されるので、情報のソース（ここでは［連絡先］）を選択します**⑩**。連絡先をリストに分けている場合、対象とするリストを選択できます**⑪**。［差し込む］をクリックします**⑫**。

⑩ これを選択して、

⑪ 差し込みたい連絡先のリストを選び、

⑫ ここをクリックします。

 宛先をプレビューで確認するには

図の画面で［プレビュー］をクリックすると、差し込まれるデータをプレビュー画面で確認できます。

111

6 **差し込み印刷用の文書ができた**

差し込みフィールドにデータが差し込まれた新規文書ができました⓭。差し込んだデータ分のページが作られ、それぞれに別の宛先が差し込まれています⓮。通常の文書と同じく印刷できます。

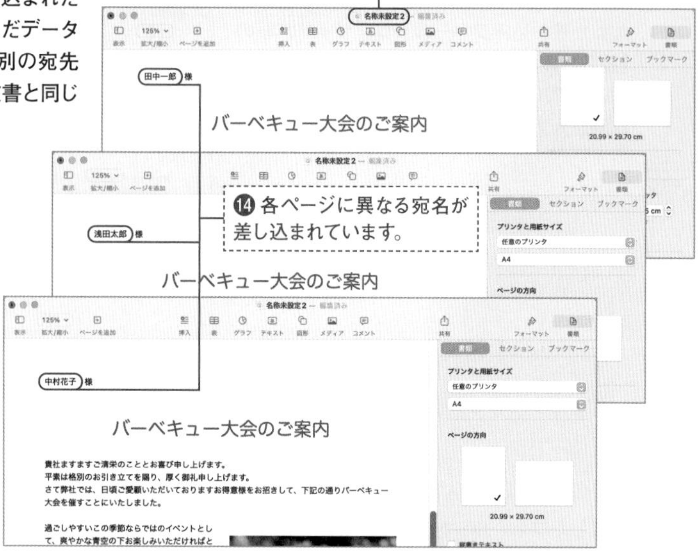
⓭新規文書が作成され、
⓮各ページに異なる宛名が差し込まれています。
田中一郎 様
浅田太郎 様
中村花子 様
バーベキュー大会のご案内

StepUp Numbersのデータを差し込むには

Numbersで作っている名簿などを差し込み印刷に利用することもできます。Numbersファイル内のデータを差し込みたいときは、P.110の手順2の❺で［スプレッドシートから追加］を選択します❶❷。表示される画面で、利用したいNumbersのファイルを選択し❸❹、続く画面で差し込みフィールドのソースとして利用したい表を選択します❺❻。すると［差し込みフィールドを追加］の選択肢として❼、Numbersの表の見出しが表示されます❽。あとは連絡先アプリの場合と同じ要領で、差し込みフィールドの挿入、データの差し込みが行えます。

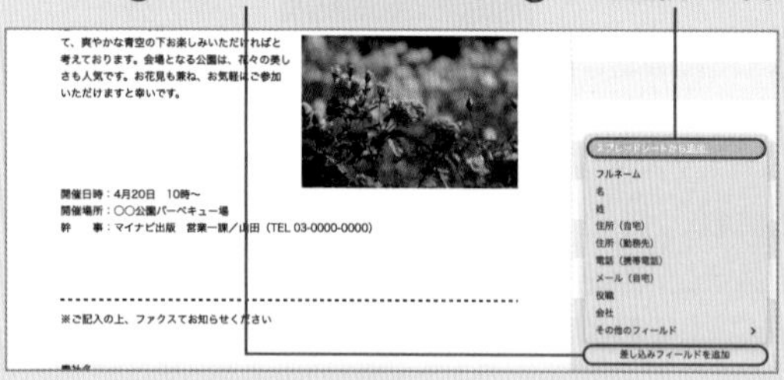
❶ここをクリックして
❷ここを選択します。

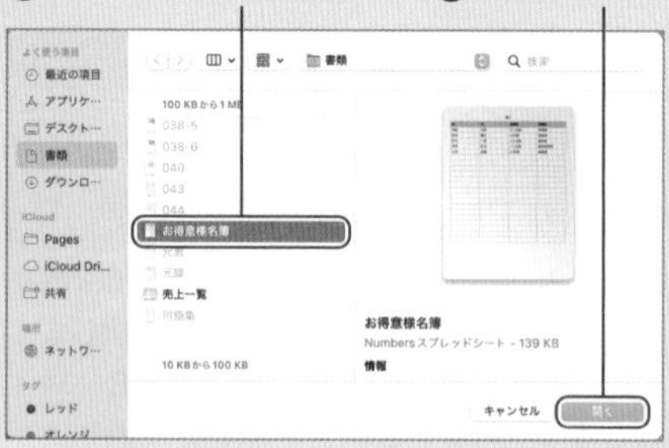
❸利用するファイルを選択し、
❹ここをクリックします。

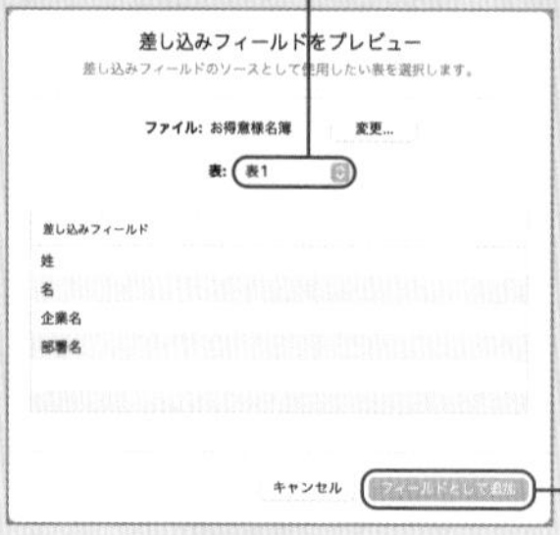
❺利用する表を選択して、
❻ここをクリックします。
差し込みフィールドをプレビュー

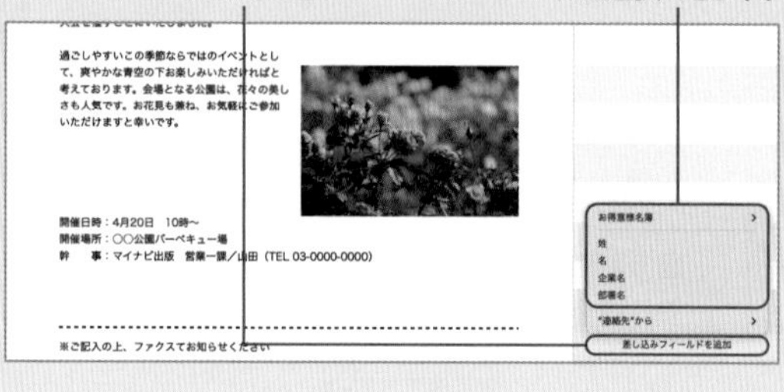
❼再度ここをクリックすると、
❽Numbers内の表のデータを選択できます。

Chapter 3

Numbersにビジネス表計算はおまかせ

Numbers ってどんなソフト?

Numbersは、表計算ソフトの機能を持ちつつ、自由なレイアウトで文書を作成できるソフトです。シート自体は白紙な点が、一般的な表計算ソフトとの大きな違いです。ここではNumbersでできること、その便利さを紹介します。

白紙のシートで自由なレイアウトが可能

シート自体がマス目状の一般の表計算ソフトとは違い、Numbersのシートは白紙です。白紙の上に表を配置することで、シートがマス目上の表計算ソフトでは不可能だったレイアウトを可能にします。

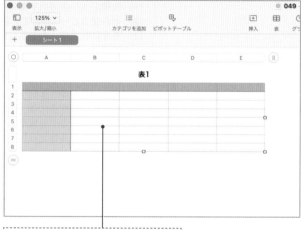

白紙のシートの上に表を挿入しています。

関数を含めた表計算機能が充実

Numbersの表は、充実した表計算機能を搭載しています。関数にも対応し、複雑な計算も可能です。さらに対象のセルを選択するだけで主だった計算の結果を随時表示できます。

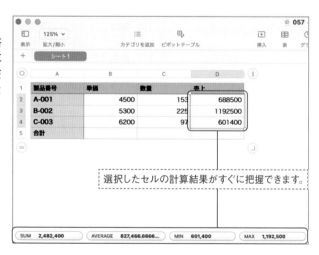

選択したセルの計算結果がすぐに把握できます。

データを簡単にグラフ化できる

作成した表は簡単な操作で美しいグラフにできます。表計算の結果をそのままグラフ化できるのでとても効率的です。

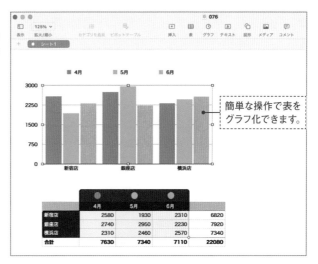

簡単な操作で表を
グラフ化できます。

効率的なデータ入力機能

オートフィルやポップアップメニュー、チェックボックスをはじめとしたコントロールの挿入など、データ入力の効率化に役立つ機能が備わっています。表をデータベース的に利用する際にも重宝します。

データの入力に役立つ機能も豊富です。

データベースとしても利用できる

データの並べ替え、絞り込みのための機能も備わっています。大きな表にデータを入力すれば、データベースとしても利用可能です。

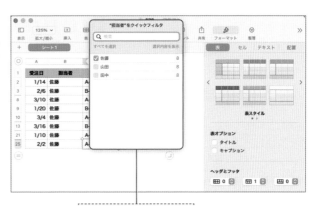

表内のデータの並べ替え、
絞り込みも簡単です。

Numbersの画面を見てみよう

Numbersの基本画面を見て、各部分の名称とその機能を確認しましょう。また、表作りに欠かせないセルの構造についても理解しておきましょう。

Chapter 3

Numbers にビジネス表計算はおまかせ

1 Numbersの基本画面

スプレッドシートを構成する要素を見てみましょう。図のシートは、テキストボックス、表、グラフといった複数のオブジェクトが配置されていて、グラフが選択された状態です。

メニューバー
機能を選択して操作を実行できます。

タイトルバー
スプレッドシートのタイトルが表示されます。

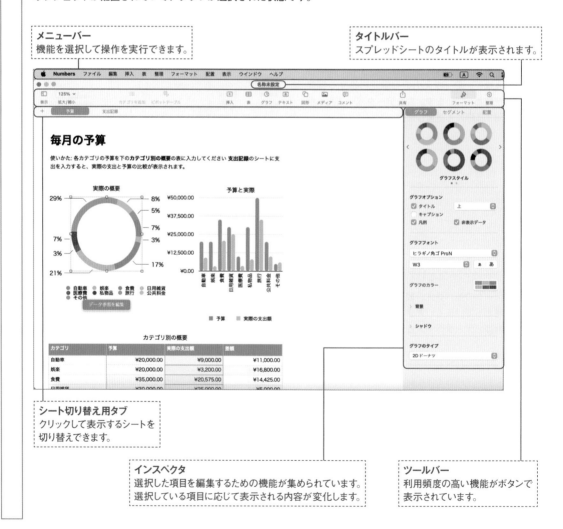

シート切り替え用タブ
クリックして表示するシートを切り替えできます。

インスペクタ
選択した項目を編集するための機能が集められています。選択している項目に応じて表示される内容が変化します。

ツールバー
利用頻度の高い機能がボタンで表示されています。

2 表の仕組みと基本

Numbersに欠かせない表について、その仕組み、名称などを覚えておきましょう。シート内に複数の表を挿入した場合、表ごとに行番号や列番号が表示されます。また行番号などが表示されるのは表を選択している間だけです。選択を解除すると、左ページの図のように行番号などが非表示になります。

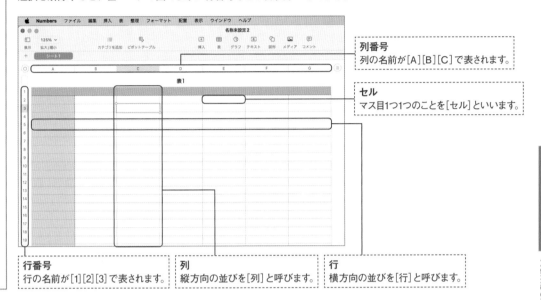

列番号
列の名前が[A][B][C]で表されます。

セル
マス目1つ1つのことを[セル]といいます。

行番号
行の名前が[1][2][3]で表されます。

列
縦方向の並びを[列]と呼びます。

行
横方向の並びを[行]と呼びます。

3

表の作成では、セル単位でデータの入力を行うため、選択しているセルがわかりやすいよう配慮されています。基本となる用語を覚えておきましょう。

アクティブセルの列番号と行番号には色が付いて強調されます。

アクティブセル
現在選択されているセル。緑色の枠線で囲まれ他のセルと区別されます。

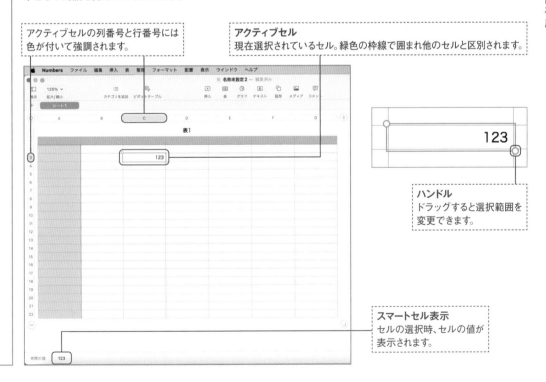

ハンドル
ドラッグすると選択範囲を変更できます。

スマートセル表示
セルの選択時、セルの値が表示されます。

スプレッドシートとシートの関係

Numbersではファイルのことを「スプレッドシート」と呼び、「スプレッドシート」内には複数の「シート」を作ることができます。「スプレッドシート」はバインダーで、「シート」はその中に収められている1枚1枚の書類のようなものと考えるとわかりやすいでしょう。

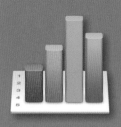

1 シートを切り替えて表示する

作業するシートを切り替えるには、画面上部に表示されたシートのタブをクリックします。下図は左から［シート1］がクリックされた状態❶、［シート2］がクリックされた状態❷、［シート3］がクリックされた状態です❸。表示されるシートが変わっても、タイトルバーは同じ名前（ファイル名）のままです❹。

❶［シート1］をクリックした状態

❷［シート2］をクリックした状態

❸［シート3］をクリックした状態

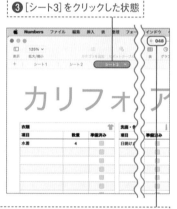

❹ どのシートを表示してもタイトルバーの名前は変わりません。

2 シートに名前を付ける

シートの名前はわかりやすく変更することができます。変更したいシートのタブをダブルクリックするとシート名が選択されます❺。新しいシート名を入力し❻、returnキーを押して確定しましょう❼。

❺ シートのタブをダブルクリックし、

❻ シート名を入力して、

❼ returnキーを押します。

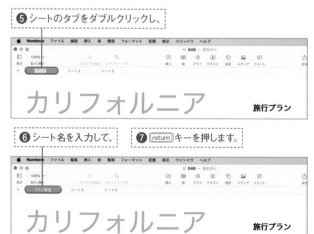

3 シートを追加する

シートは追加できます。シートのタブの左端にある⊞のボタンをクリックしましょう❽。

❽ここをクリックします。

Hint シートを削除するには

シートを削除するには、シートのタブを右クリックして［削除］を選択します。

4 シートを移動する

シートを移動して、並び順を変えることもできます。シートのタブをクリックし❾、目的の位置にドラッグ＆ドロップすると移動できます❿。

❾シートのタブをクリックして、

❿目的の位置にドラッグ＆ドロップします。

Point シートがまとまった状態を「スプレッドシート」と呼ぶ

複数のシートがまとまったものを「スプレッドシート」といいます。通常のアプリケーションで「ファイル」と呼ばれるものが、Numbersでは「スプレッドシート」と呼ばれるということを覚えておきましょう。

複数のシートがまとまって「スプレッドシート」となっています。

Chapter 3 スプレッドシート・シート

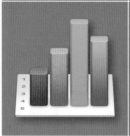

表の大きさと配置を変更するには

白紙のシートの上に表やグラフを挿入することで、表計算ソフトでありながら自由度の高いレイアウトを実現できるのはNumbersの大きな特徴です。そんなNumbersでは必須といえる、表のサイズや配置を整える方法をマスターしましょう。

Chapter 3

Numbers にビジネス表計算はおまかせ

1 表を選択する

[空白] テンプレートで作成したスプレッドシートには、図のように大きな表があらかじめ作られています。その大きさのためシート全体がセル状のように見えますが、Numbersの表は大きさを変更できるのが大きな特徴です。まずは表内をクリックし、表を選択しましょう❶。

❶表内をクリックします。

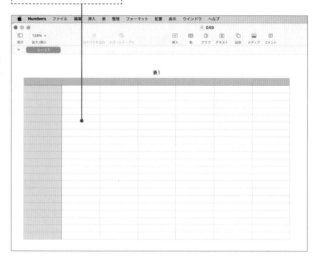

2 アイコンをドラッグする

表が選択され、右下にアイコン▣が表示されます。これをドラッグすると行数、列数を増減できます❷。行、列ともに減らすには、図のように斜め左上にドラッグします。

❷ドラッグします

Point 行数と列数を数値で指定する

表を選択し、[フォーマット] インスペクタの [表] タブにある [行] [列] で、行数と列数を数値で指定できます。大きな表を作るときはこちらが便利です。

3 表が小さくなった！

行と列が少なくなり、表が小さくなりました
❸。

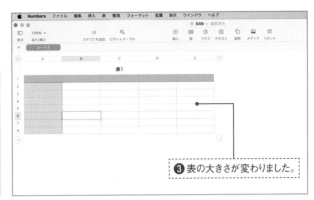

❸ 表の大きさが変わりました。

Hint 行数、列数のどちらか
のみ増減するには

表の選択時に列番号の右側に表示されるアイコン□をドラッグすると、列数のみ増減できます。また行番号の下に表示されるアイコン□をドラッグすると行数のみ増減できます。

4 表を移動する

表の選択時に左上に表示されるアイコン◎を❹ドラッグすると❺、表を移動できます❻。

❹ここをクリックして、

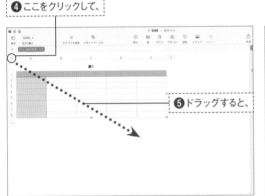

❺ドラッグすると、

❻ 表が移動します。

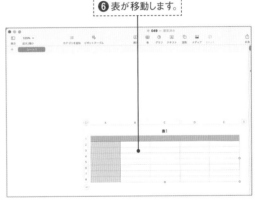

StepUp 行・列の数を変えずに
表を拡大縮小するには

表の選択時に左上にあるアイコン◎をクリックすると❶、表の罫線部分にハンドルが表示されます。このハンドルをドラッグすると❷、列数・行数はそのままに表の大きさを拡大・縮小することができます❸。

❶ここをクリックして、　　❷ここをドラッグすると、　　❸表が縮小されました。

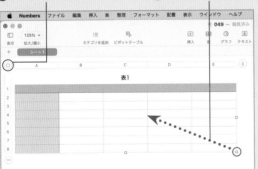

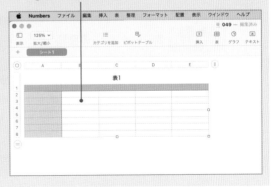

シートに表を追加するには

Numbersでは、1つのシートに複数の表を挿入できます。シートに表を追加する方法を覚えておきましょう。[表] ボタンからレイアウトを選択するだけで簡単に追加できます。

1 [表] をクリックする

シートに表を追加するには、ツールバーにある [表] をクリックします❶。

❶ここをクリックします。

2 表のレイアウトを選択する

6種類のレイアウトが表示されるので、利用したいレイアウトをクリックします❷。

❷レイアウトを選択します。

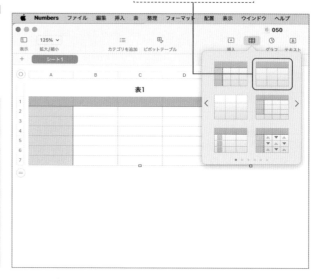

✎Point 表のレイアウトの種類

作成時に選択できる表のレイアウトは、1行目と1列目が見出しとして色分けされた「ヘッダ」、1行目のみ色分けされた「基本」、見出しの行や列がない「標準」、1行目と1列目の見出しに加え一番下に合計行がある「合計」、1列目にチェックボックスがある「チェックリスト」、株価一覧用のテンプレート「株価」の6種類です。

3 表が追加された！

選択したレイアウト（図では「基本」）の表が追加されました❸。P.120で紹介した方法でサイズや位置を調節しましょう。

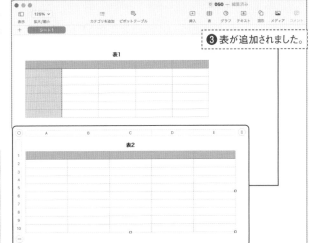

❸ 表が追加されました。

💡Hint 表を削除するには

表を削除するには、表の左上にあるアイコン ⊙ をクリックして表全体を選択し、[delete] キーを押します。

💡Hint スタイルも複数用意されている

表の追加時のレイアウトには、複数のスタイルが用意されています。手順2の画面で左右の三角をクリックすると❶、他のスタイルを選択できます❷。

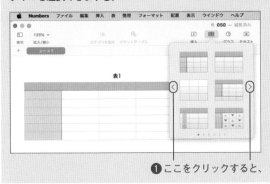

❶ ここをクリックすると、

❷ 違うスタイルを選択できます。

🌙StepUp 表の名前とキャプションの設定

表に表示されている名前は変更できます。名前をダブルクリックして選択し、新しい名前を入力しましょう❶。なお、1つのシート上には同じ名前の表を複数配置することはできません。それぞれに異なる名前を付けましょう。また表の名前は、［フォーマット］インスペクタの［表］タブにある［タイトル］で表示・非表示を切り替えできます。非表示にしたい場合はチェックを外しておきましょう❷。その下の［キャプション］にチェックを付けると、表のキャプションを入力できます。

❶ ダブルクリックして表の名前を変更できます。

❷ 表の名前とキャプションの表示・非表示を設定できます。

セルにデータを入力するには

Numbersでもっとも利用頻度の高い要素と言えばやはり表です。表ではセル単位で
データを入力・管理できます。まずは基本となるセルへの文字の入力方法を見てみましょ
う。また削除方法も併せて覚えておきましょう。

1 セルをクリックする

セルにデータを入力するには、まず対象のセ
ルをクリックして選択します❶。クリックし
たセルは、緑色の線で囲まれます。このよう
に選択された状態のセルを「アクティブセル」
と呼びます。

❶ セルをクリックして選択します。

2 日本語を入力する

[かな]キーを押して日本語入力を選択し、文
字を入力します。必要に応じて漢字に変換し
ましょう。ここでは「新宿店」と入力しました
❷。右図のように文字に下線が付いた状態
は、変換の確定前であることを表しています。

❷ 文字を入力します。

3 データの入力を確定する

[return]キーを押して漢字への変換を確定します❸。さらにもう一度[return]キーを押すと❹、アクティブセルが1つ下に移動して入力が確定されます❺。

❸ [return]キーを押して変換結果を確定します。

❹ もう一度[return]キーを押すと、

❺ アクティブセルが移動し、データ入力が確定します。

Point 半角英数字の場合

半角英数字など、変換が不要な入力モードで入力した場合は、[return]キーを一度押せば入力内容が確定されます。

Hint 文字を削除するには

対象のセルを選択し❶、[delete]キーを押すと❷、セル内の文字を削除できます❸。なおこの操作で削除されるのは、文字や数値などのデータのみで、セルの色などの設定（例の場合は水色の塗りつぶし）はそのまま残ります。セルの色も一緒に削除するには、[編集]メニューから[すべてを消去]を選択しましょう❹❺。なお、表全体に適用したスタイルによる設定は、この方法では削除されません。個別に色の変更などが必要です。

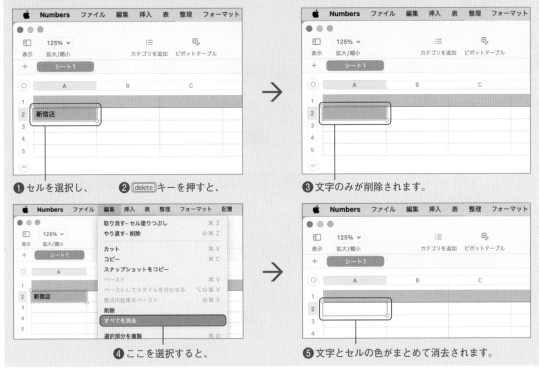

❶ セルを選択し、　　❷ [delete]キーを押すと、　　❸ 文字のみが削除されます。

❹ ここを選択すると、　　❺ 文字とセルの色がまとめて消去されます。

連続したデータを
簡単に入力するには

「1月・2月・3月」「月・火・水」などの連続したデータは、ドラッグするだけで自動的に入力できます。とても便利な機能ですので、ぜひ覚えておきましょう。

1 最初のデータを入力する

自動入力機能を使い、連続したデータの入力を行ってみます。まずは最初のデータになる項目を入力します。ここでは「4月」と入力しました❶。

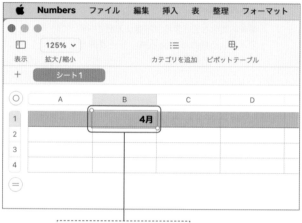

Point 数字は半角で!

自動入力を行う場合、数字部分は半角で入力します。

❶最初のデータを入力します。

2 ハンドルにポインタを合わせる

最初のデータを入力したセルをクリックして選択します❷。連続したデータを入力したい方向のセルの枠線（図の例の場合は右側）にポインタを合わせ、黄色ハンドルを表示します❸。

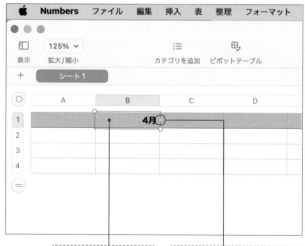

**Point 自動入力の方向は
上下左右ともOK**

自動入力は、基本となるセルの上下左右どの方向にも行うことができます。下方向に入力したいときは、セルの枠線の下側にポインタを合わせるなど入力したい方向に応じて黄色のハンドルを表示させましょう。

❷セルをクリックして、

❸枠線にポインタを合わせて黄色のハンドルを表示します。

126

3 連続データを作成したい方向へ
ドラッグする

黄色のハンドルをクリックし、連続データを
作成したい方向へドラッグすると❹、各セル
に連続するデータが表示されていきます❺。
右か下にドラッグすると値は増加し、左か上
にドラッグすると値は減少します。

❹黄色のハンドルをドラッグすると、

❺入力されるデータが表示されます。

4 連続データが入力された！

データの入力を終了したいセルまでドラッグ
したら、マウスを離します。これで連続デー
タが入力できました❻。

Point フォーマットや
塗りつぶしも適用される

最初のデータを入力したセルに設定されて
いるフォーマットや塗りつぶしの色は、自
動入力したセルにも適用されます。

❻連続データが入力できました。

StepUp 数値のみの連続データを
入力するには

「1」「2」「3」など数値だけの連続データを自動入力
するには、はじめに2つの数値を入力、選択して操
作します。この最初に選択した2つの数値と同じ間
隔で自動入力は行われます。たとえば1から順に1ず
つ増えていく連続データを作成するには、「1」と「2」
を入力したセルを選択し❶、黄色のハンドルをド
ラッグします❷❸。5ずつ増える連続データなら「5」
と「10」、10ずつ増える連続データなら「10」と「20」
というように、最初に入力する数を変更しましょう。

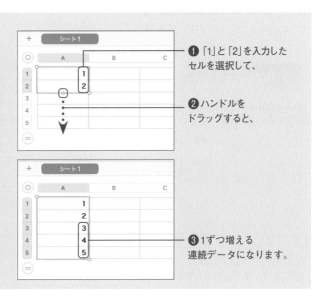

❶「1」と「2」を入力した
セルを選択して、

❷ハンドルを
ドラッグすると、

❸1ずつ増える
連続データになります。

127

複数のセルを選択するには

表の編集において、セルの選択は欠かすことのできない操作です。対象のセルを効率よく選択する方法を覚えておくと、作業の効率アップに役立ちます。

► 広い範囲の選択

1 ドラッグして選択する

1つのセルを選択する際は対象のセルをクリックするのに対し、複数のセルの選択はドラッグで行います。始点となるセルから❶、終点となるセルまでドラッグしましょう❷。

> **Point　選択範囲を変更するには**
>
> たとえば右図のようにセルを選択した状態から「あと1行分選択範囲を広げたい」というときは、選択範囲を示す緑色の枠線の左上または右下にあるハンドル（○印）をドラッグすると選択範囲を変更できます。

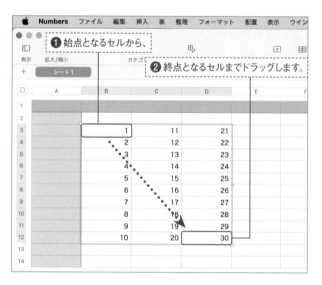

❶始点となるセルから、

❷終点となるセルまでドラッグします。

StepUp　大きな範囲の選択には shift キーが便利

始点となるセルを選択し❶、shift キーを押しながら終点となるセルをクリックすると❷、その間にあるセルをまとめて選択できます❸。画面のスクロールを必要とするような広い範囲を選択する場合は、ドラッグで選択するより簡単です。

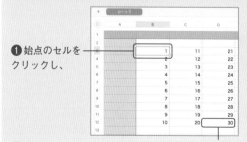

❶始点のセルをクリックし、

❷ shift キーを押しながら終点のセルをクリックすると、

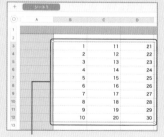

❸間のセルが選択されます。

1 行番号をクリックする

行や列をまとめて選択する場合、ドラッグより簡単な方法があります。行全体をまとめて選択するには、行番号をクリックします❶。

Hint 選択範囲を解除するには

選択範囲を解除するには、どこか1つのセルをクリックします。選択範囲内、範囲外どちらでもかまいません。

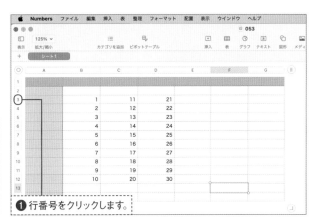

❶ 行番号をクリックします。

2 行全体が選択された!

行全体をまとめて選択できました❷。なお行番号をドラッグすると、複数の行をまとめて選択することも可能です。

Point 列の選択は列番号をクリックする

行の選択と同様に、列全体もまとめて選択できます。「A」「B」と表示された列番号をクリックすれば選択できます。

❷ 行が選択されました。

StepUp 離れたセルは command ⌘ キーを押しながらクリックする

離れたセルを選択するには、command ⌘ キーを押しながら選択したいセルを順にクリックします。するとすでに選択されているセルの選択状態を保ったまま、次のセルも選択されます。右図のようにランダムにいくつものセルを選択したい場合に使いましょう。

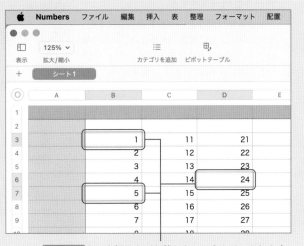

command ⌘ キーを押しながら離れたセルをクリックします。

Chapter 3

セル・行・列の選択

129

セルをコピー・移動するには

コピーまたはカットしたセルは、ペーストという操作で他のセルに貼り付けることができます。セルを複製したり、他の位置へ移動したりといったことが簡単にできるのでぜひ覚えておきましょう。空白のセルはもちろん、すでにデータのあるセルにも上書きできます。

1 セルをコピーする

図の店舗名の入ったセルをコピーし、下の表に貼り付けてみます。セルをコピーするには、対象のセルを選択して❶、［編集］メニューから［コピー］を選択します❷。

> **✎ Point　セルの移動は「カット」を選択する**
>
> 元の位置にあるデータを消して他のセルに移したいときは、［編集］メニューから［カット］を選択しましょう。ペーストの操作はコピーの場合と同じです。

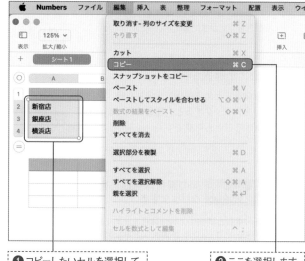

❶ コピーしたいセルを選択して、

❷ ここを選択します。

2 データをペーストする

データを貼り付けたいセルを選択します❸。なお、例のように複数のセルをコピーした場合でも、ペースト先は左上に当たるセルを1つだけ選択すればOKです。［編集］メニューから［ペースト］を選択します❹。

❸ 貼り付け先のセル（先頭のみで可）を選択して、

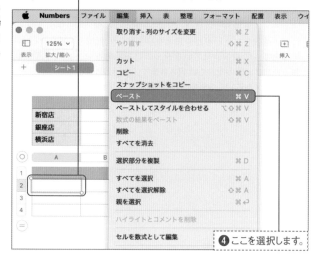

❹ ここを選択します。

3 データがコピーできた！

選択していたセルに、コピーしておいたデータが貼り付けられました❺。文字などのデータに加え、セルの塗りつぶしの色など書式もペーストされます。同じ表内の別のセルにも同様の操作でペーストできます。

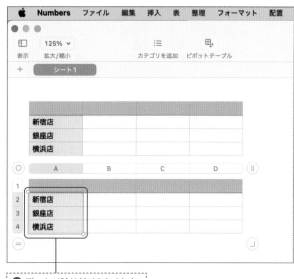

❺データが貼り付けられました。

Point 貼り付け先の書式に合わせてペーストするには

右図の場合、貼り付け先のセルにはもとは塗りつぶしの色が設定されていません。この設定を保ち、データのみをペーストするには、手順2で［編集］メニューから［ペーストしてスタイルを合わせる］を選択します。すると黄色の塗りつぶし設定はペーストされません。

StepUp ショートカットやドラッグでもOK

コピーやペーストなど利用頻度の高い機能は、ショートカットを覚えておくと便利です。コピーは command ⌘ + C キー、カットは command ⌘ + X キー、ペーストは command ⌘ + V キーとなります。

またNumbersではドラッグでもセルの移動、コピーできます。対象のセルを選択したら、数秒クリックし続けます❶。セルが浮き上がってきたら❷、ドラッグして移動できます❸。コピーしたいときは option キーを押しながらドラッグしましょう。

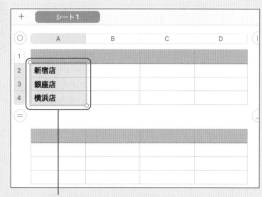

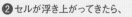❶セルを選択し、クリックし続けます。

❷セルが浮き上がってきたら、

❸ドラッグで移動しましょう。

セルに数式を入力するには

Numbersの表はさまざまな計算に対応しています。数式を利用すれば、見積書や請求書といった文書の作成もとても効率がよくなります。まずはセルへ任意の数式を入力する方法を見ていきましょう。

1 「=」を入力する

右図の「単価」と「数量」にある値を掛け算し❶、「売上」の金額を算出する場合を例に数式の入力方法を見ていきます。数式を入力したいセルを選択し、「=」を入力しましょう❷。すると手順2のような「数式エディタ」が表示されます。

Hint 数式利用時は半角が便利

入力バーへ入力する「=」などの記号や数字は、半角・全角ともに認識されますが、全角の数字は変換を確定するまでセルに表示されません。変換の必要がない半角の方が使い勝手がよくおすすめです。

❶ この数値を掛け算します。

❷ 数式を入力したいセルに「=」を入力します。

2 参照セルをクリックする

掛け算に使うセルをクリックします❸。すると数式エディタに選択したセルの情報（図では「単価A-001」）が表示されます❹。このように数式に使うセルのことを「参照セル」と呼びます。

Point セル番号が表示される場合もある

Numbersの新規白紙文書にあらかじめ作成されている表は、1行目と1列目がヘッダ（項目名など見出しとして使うセル）として設定されています。図の例のようにヘッダにデータを入力しておくと、その情報が参照セル名に反映され、どのような計算をしているかがよりわかりやすくなります。ヘッダの情報がない表の場合は、「B2」などセル番号で表示されます。

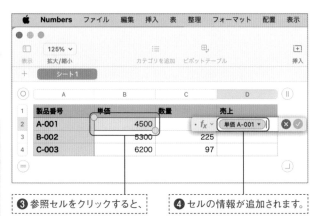

❸ 参照セルをクリックすると、

❹ セルの情報が追加されます。

3 演算子を入力する

ここでは掛け算を行いたいので、「×」を入力します。Numbersでは「*」を入力すると「×」に変換されるので「*」を入力しましょう❺。なおテンキーを使わず「*」を入力するには、英数入力モードで shift キーと : キーを押します。

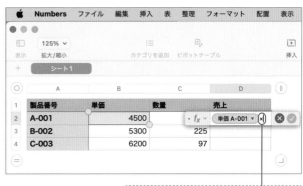

❺ 「*」を入力すると「×」に変更されます。

Hint その他の演算子の入力方法

割り算を行うには、「/」を入力します。するとNumbersでは「÷」と変換されます。足し算は「+」、引き算は「-」を入力すればOKです。

4 次の参照セルをクリックする

次の参照セルをクリックすると❻、計算式にセルの情報が追加されます❼。計算式の入力が終了したので return キーを押して入力内容を確定します❽。

❻ 次の参照セルをクリックすると、

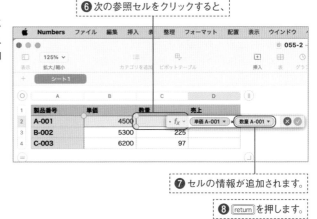

❼ セルの情報が追加されます。

❽ return を押します。

5 計算結果が表示された!

2行目にある「単価」と「数量」を掛けた結果が「売上」として表示されました❾。セルを選択した状態で画面下部のスマートセル表示を確認すると、実際には計算式が入力されていることがわかります❿。

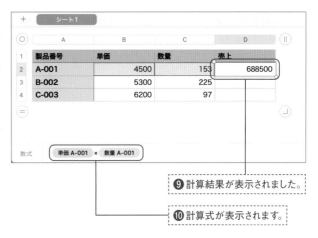

❾ 計算結果が表示されました。

❿ 計算式が表示されます。

Point 参照セルに色が付く

数式を入力したセルを選択中は、右図のように参照セルに色が付き、数式に利用されているセルが一目でわかります。数式のあるセルの選択を解除するとこの色は消えます。

数式をコピーするには

セルを参照して入力した数式も、文字列や数値と同じようにコピーすることができます。
参照するセルがずれてしまいそうですが、普通にコピーするだけで自動的に調整されます。

1　コピー元の数式を選択する

Numbersの表で数式をコピーすると、「相対参照」により参照セルが自動的に調整されます。その方法と仕組みを見ていきましょう。ここでは製品番号が「A-001」の単価と数量を掛け算する式を❶、その下の2つのセルにコピーしてみます❷。元の数式のあるセルを選択し、セルの下辺の枠線にポインタを合わせ、黄色のハンドルを表示させます❸。

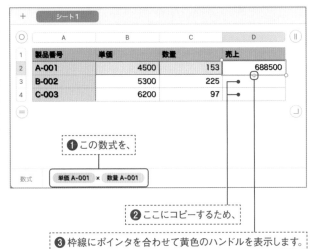

❶ この数式を、

数式　　単価 A-001　×　数量 A-001

❷ ここにコピーするため、

❸ 枠線にポインタを合わせて黄色のハンドルを表示します。

Point　相対参照って何？

数式をコピーした場合、コピー先のセルの位置をNumbersが相対的に解釈し、参照セルの番地が自動的に調整される仕組みを「相対参照」と言います。たとえばA2とB2のセルを合計する数式がC2にあるとします❶。C2のセルから見ると「2つ左と1つ左のセルを足す」という式です。これをすぐ下のC3のセルにコピーすると❷、相対参照されてA3とB3のセルの合計を求める数式になります❸。C3から見て「2つ左と1つ左のセルを足す」という数式に自動的に変更されるのです。

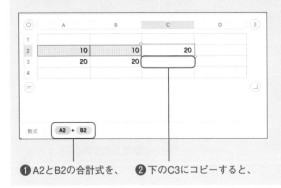

❶ A2とB2の合計式を、　　❷ 下のC3にコピーすると、　　❸ A3とB3の合計を求める数式に自動変換されます。

2 ドラッグしてコピーする

下辺に表示された黄色いハンドルを下方向にドラッグしてコピーします❹。

Hint **メニューやショートカットキーでもコピーできる**

数式のコピーも文字列の場合と同じです。P.130で紹介したようにメニューの［コピー］［ペースト］やショートカットキーを使ってコピーすることもできます。

❹ 黄色のハンドルをここまでドラッグします。

3 数式がコピーされた！

ドラッグした範囲に数式がコピーされ、計算結果が表示されました❺。

❺ 計算結果が表示されました。

4 参照セルを確認する

コピーした数式の参照セルが間違いないか確認してみましょう。製品番号B-002の売上セルを選択して❻、スマートセル表示を見てみると製品番号B-002の単価と数量を掛ける式が入力されていることがわかります❼。

❻ ここをクリックすると、

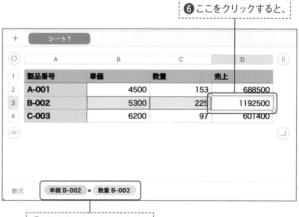

❼ 製品番号B-002の単価と数量の掛け算が入力されていることがわかります。

合計や平均を簡単に求めるには

たくさんのセルの合計を出す場合、一つ一つ足し算するのでは大変です。簡単に合計を求められる「SUM」という関数を使ってみましょう。クイック計算機能を使えば、こうした関数もドラッグだけで簡単に利用できます。

1 対象範囲を選択する

合計（SUM）や平均（AVERAGE）といった一般的に利用頻度の高い数式の挿入にはクイック計算がとても便利です。ここでは右図のD5セルに売り上げの合計を算出する場合を例にクイック計算の使い方を見ていきます。合計の対象としたいセルを選択しましょう❶。

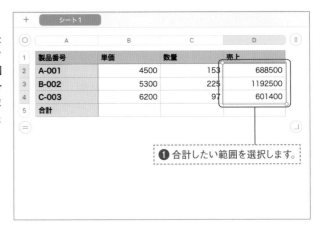

❶ 合計したい範囲を選択します。

2 クイック計算を確認する

すると選択したセルの合計結果を含むいくつかの計算結果が、クイック計算として表示されます❷。セルを選択するだけで計算結果を知ることができるので、計算範囲を変えて算出される数値を比較するといった使い方も簡単にできます。

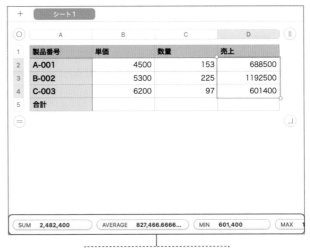

❷ クイック計算が表示されます。

Point 数式の説明を表示できる

初期設定で表示されているクイック計算は、SUM（合計）、AVERAGE（平均）、MIN（最小値）、MAX（最大値）、COUNTA（空ではないセルの数）です。それぞれのクイック計算にポインタを合わせると、その数式の説明を表示できます。

3 クイック計算をドラッグ&ドロップする

利用したいクイック計算（図の場合は合計を算出する「SUM」）を❸、数式を挿入したいセルにドラッグ&ドロップします❹。

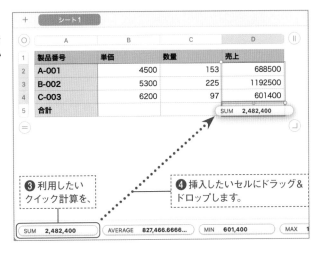

❸ 利用したい
クイック計算を、

❹ 挿入したいセルにドラッグ&
ドロップします。

4 数式が挿入された！

数式が挿入され、計算結果が表示されました❺。スマートセル表示を確認すると、D2セルからD4セルまでを合計するSUM関数が挿入されたことがわかります❻。

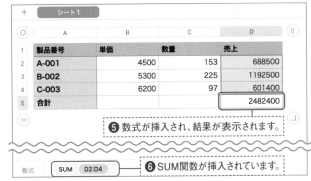

❺ 数式が挿入され、結果が表示されます。

❻ SUM関数が挿入されています。

StepUp クイック計算には数式を追加できる

初期設定で表示されている以外の関数をクイック計算として利用することもできます。クイック計算バーの右端のアイコン ⚙ をクリックし❶、関数を選択しましょう❷。するとクイック計算バーに追加され、同じようにドラッグでセルに挿入できます。

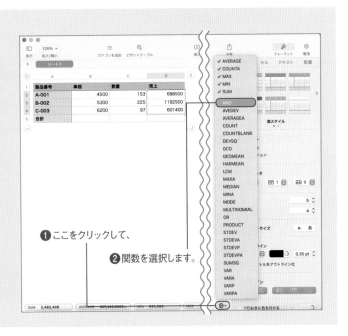

❶ ここをクリックして、

❷ 関数を選択します。

関数を入力するには

複雑な計算を行いたいときは「関数」が役立ちます。Numbersには、関数の検索と入力に役立つ「関数ブラウザ」という機能が用意されています。ここではその使い方と関数の書式について紹介します。

1 関数ブラウザを表示する

「AVERAGE」関数を使い、右図の1〜3月の売上の平均を求める場合を例に関数ブラウザの利用方法を見ていきましょう。関数を挿入したいセルを選択し❶、「=」を入力すると❷、関数ブラウザが表示されます❸。

Hint　AVERAGEはクイック計算でもOK

利用する機会の多いAVERAGE関数は、P.136で紹介したクイック計算からも利用できます。ここでは関数ブラウザの使い方をわかりやすく解説するため、馴染み深く、シンプルなAVERAGE関数をあえて例にとっています。

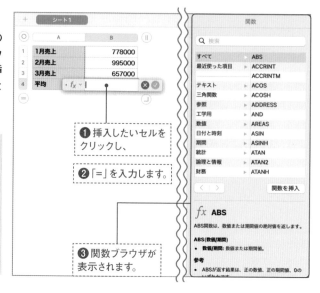

❶ 挿入したいセルをクリックし、

❷「=」を入力します。

❸ 関数ブラウザが表示されます。

2 関数を検索する

上部の検索欄に関数名やキーワードを入力すると❹、条件に該当する関数が表示されます❺。関数を選択するとその説明が表示され、選択の参考にできます❻。なお検索時に入力する関数名は、図の例のように名前の一部でもかまいません。また「平均」「金利」などといった言葉を入力しても関連する関数がピックアップされます。

Point　関数はアップデートで追加されることも

直近では、BITAND、BITOR、BITXOR、BITLSHIFT、BITRSHIFT、ISOWEEKNUM、CONCAT、TEXTJOIN、SWITCHなどの関数が追加され、値の比較やテキストの結合などが可能になりました。

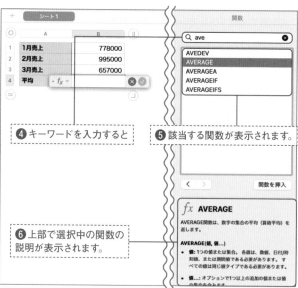

❹ キーワードを入力すると

❺ 該当する関数が表示されます。

❻ 上部で選択中の関数の説明が表示されます。

3 関数を挿入する

挿入したい関数をクリックして❼、[関数を挿入] ボタンをクリックしましょう❽。すると選択していたセルに関数が挿入されます❾。

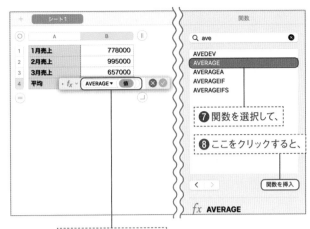

❼関数を選択して、

❽ここをクリックすると、

❾関数が挿入されます。

Point 関数の書式と引数の表示のされ方

関数はすべて「=関数名 (引数)」という書式で作成されますが、引数の数や種類は関数によって異なります。Numbersの数式エディタでは、必須の引数を濃いグレー、オプションの引数を薄いグレーで表示しています。また▼マークのあるものは、クリックして条件などの選択が行えます。

4 引数を指定する

入力された関数に必要な引数を指定していきます。対象の引数（ここでは「値」）をクリックし❿、参照させたいセルを選択すると⓫、引数として設定できます⓬。複数の引数が必要な関数の場合は、手順を繰り返して複数設定しましょう。なお引数の内容によっては、数値を入力することもできます。必要な引数を設定し終えたら、returnキーを押します⓭。

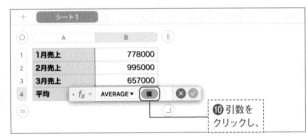

❿引数をクリックし、

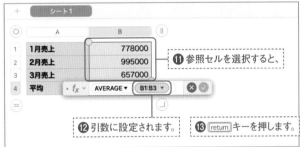

⓫参照セルを選択すると、

⓬引数に設定されます。

⓭returnキーを押します。

5 計算結果が表示された！

関数の挿入が完了し、計算結果が表示されました⓮。

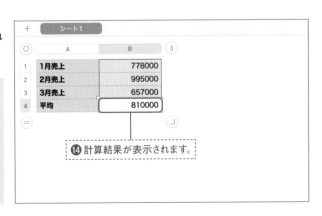

⓮計算結果が表示されます。

Hint 直接入力に役立つ便利機能も！

利用したい関数名がわかっているときは、セルに直接入力もできます。「=」に続けて関数名を入力してみましょう。最初の数文字を入力すると該当する関数の候補が表示され、クリックで簡単に入力できます。

常に同じセルを参照するには

P.134で紹介したように、表内の数式をコピーすると参照セルが自動的に調整されますが、この方法では希望する計算結果が得られない場合もあります。参照セルを固定させたいときは、「絶対参照」という参照方法を利用してみましょう。

1　相対参照の問題点とは？

全体の売上から製品別の売上比率を計算する式を例に、相対参照の問題点を見てみましょう。製品A-001の比率を計算する「D2（製品A-001の売上）÷D5（売上合計）」という式を入力し❶、下の2つのセルにコピーすると下図のようにエラーが表示されます❷。エラーが表示されたE3のセルを見ると❸、データのないD6のセルを参照していることがわかります❹。相対参照によりセルがずれたことが原因です。スマートセル表示にはエラーの原因が表示されています❺。

❶ このセルの「D2（製品A-001の売上）÷D5（売上合計）」という式を、

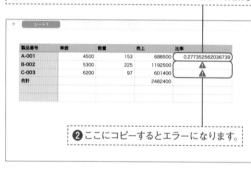

❷ ここにコピーするとエラーになります。

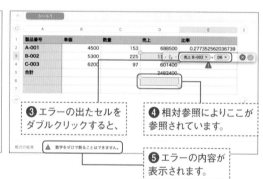

❸ エラーの出たセルをダブルクリックすると、

❹ 相対参照によりここが参照されています。

❺ エラーの内容が表示されます。

2　セルを絶対参照にする

手順1のようにセルがずれないようにするには、常に参照させたいセル（ここでは「売上合計」のセル）を絶対参照するように指定します。元の数式が入っているセルをダブルクリックし❻、常に参照させたいセルである「売上合計」の▼をクリックして❼、保持したい項目をクリックします❽。図の場合、相対参照により行がずれないようにしたいので［行を保持］をクリックします。

❻ 元となる数式のあるセルをダブルクリックし、

❼ ここをクリックして、

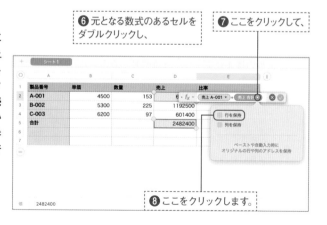

❽ ここをクリックします。

3 絶対参照になった

[行を保持]にチェックが付き**❾**、「合計」の前に「$」という文字が付きました**❿**。これは「合計」、つまり行の部分が絶対参照であることを表しています。[return]キーを押して内容を確定させましょう**⓫**。

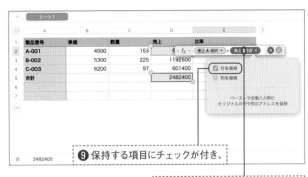

❾ 保持する項目にチェックが付き、

❿ $が付いて絶対参照になったら、

⓫ [return]キーを押して確定します。

Hint 行だけ、列だけ、両方を選べる

例のように行だけを絶対参照させるほか、列だけや行と列の両方を絶対参照させることもできます。コピーするセルと元となる数式の位置から、必要に応じて調節しましょう。

4 数式をコピーする

絶対参照を指定した数式を手順1と同様にコピーすると**⓬**、今度はエラーにならずに計算されました**⓭**。

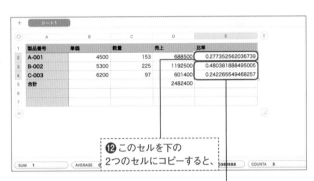

⓬ このセルを下の2つのセルにコピーすると、

⓭ 数値が算出されました。

5 正しい数式が入力された！

コピーされた数式を確認するため「E3」のセルをダブルクリックしてみると**⓮**、参照する売り上げが「B-002の売上（D3セル）」にずれたのに対し**⓯**、行がずれないよう絶対参照を設定した合計（D5）のセルはそのまま参照されていることがわかります**⓰**。

⓮ このセルをダブルクリックすると、

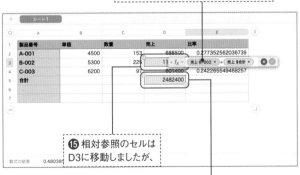

⓯ 相対参照のセルはD3に移動しましたが、

⓰ 絶対参照を設定したセルはD5から移動していません。

Chapter 3

絶対参照

141

数式を訂正するには

参照セルが誤っていたなど、作成した数式を訂正したいときは数式エディタを表示し修正できます。参照セルの訂正もドラッグで簡単に行えるよう工夫されています。

1 数式エディタを表示する

ごく単純な表を例に数式の訂正方法を見てみましょう。数式エディタを表示するため、修正したい数式のあるセルをダブルクリックします❶。

❶ 数式の入ったセルをダブルクリックします。

2 参照セルを確認する

数式エディタに現在の数式が表示されます❷。参照のセル番地と同じ色で対象のセルが塗られ、利用されているセルが一目で把握できます❸。

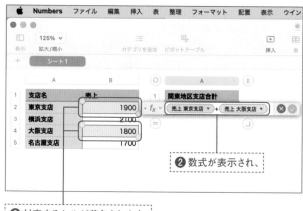

❷ 数式が表示され、

❸ 対応するセルが着色されます。

3 参照セルを移動する

「関東地区支店合計」を「東京支店」と「横浜支店」の合計、つまり「売上 東京支店＋売上 横浜支店」の式に変更したい場合、現在「売上 大阪支店」のセルにあるオレンジの範囲を移動します。オレンジの範囲をドラッグし、「売上 横浜支店」でドロップしましょう❹。

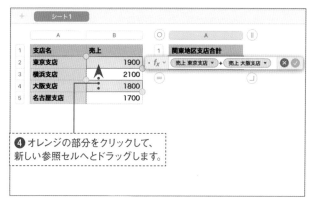

❹オレンジの部分をクリックして、新しい参照セルへとドラッグします。

4 数式が変更された！

参照セルを示すオレンジの範囲が移動し❺、数式エディタ内のセル番地も変わりました❻。[return]キーを押して変更を確定すれば、新たな数式での計算結果が表示されます❼。

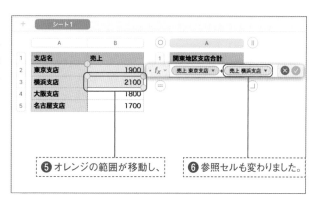

❺オレンジの範囲が移動し、　　❻参照セルも変わりました。

❼[return]キーを押して変更を確定します。

StepUp　数式内の参照セルを拡大・縮小するには

SUM関数など、複数のセルを対象とできる数式で参照セルの数を増やしたいときは、参照セルを示す色の付いた範囲を広げます。左上または右下に表示されているハンドルをドラッグし❶、範囲を調節すると❷、数式エディタ内の参照セルも一緒に変化します❸。参照セルを減らしたいときは、同じ要領で範囲を狭めればOKです。

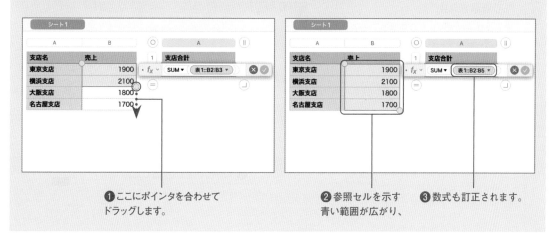

❶ここにポインタを合わせてドラッグします。

❷参照セルを示す青い範囲が広がり、　❸数式も訂正されます。

143

数値を％表示や通貨表示にするには

セル内の数値をパーセントや金額形式で表示すると、表の見やすさはぐっとアップします。表示形式は簡単に変更できるので、その方法をマスターしましょう。

1 [割合(%)]を選択する

右図の[比率]のように、数値をパーセンテージで表示した方がわかりやすい場合はよくあります。数値をパーセント表示に変えるには、まず対象のセルを選択します❶。表示されるフォーマットインスペクタの[セル]タブを表示し❷、[データフォーマット]のポップアップメニューで[割合(%)]を選択します❸。

❶ セルを選択して、

❷ ここをクリックし、

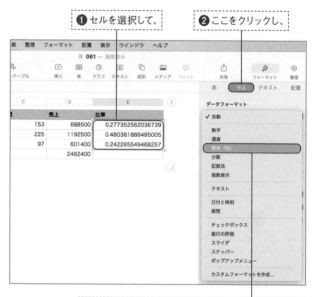

❸ [データフォーマット]を[割合(%)]に変更します。

2 ％で表示された！

データフォーマットが変更され、セル内の数値がパーセンテージで表示されました❹。

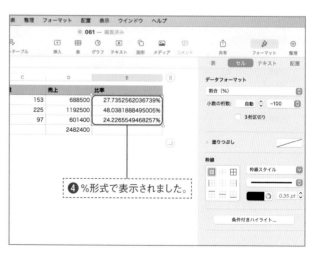

❹ ％形式で表示されました。

3 小数の桁数を変更する

さらに見やすくするため、小数点以下の表示桁数の変更方法も覚えておきましょう。フォーマットインスペクタの［セル］タブの［小数の桁数］を変更（ここでは［2］）すると❺、表示される桁数が変わります❻。

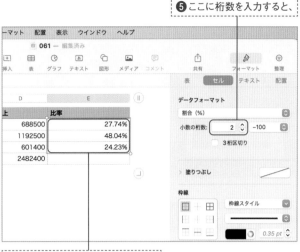

❺ここに桁数を入力すると、

❻小数点以下の桁数が変わります。

StepUp 通貨スタイルで表示するには

手順1の［データフォーマット］で［通貨］を選択すると❶、数値を金額として表示することができます❷。［3桁区切り］にチェックを付けると❸、数値にカンマが追加されさらに見やすくなります❹。また［通貨］選択中は通貨の種類を選択するプルダウンメニューが追加され、日本円以外の通貨形式を選択することもできます❺❻。

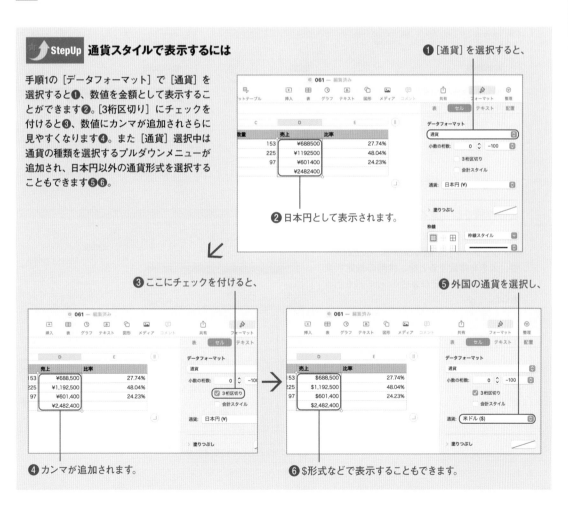

❶［通貨］を選択すると、

❷日本円として表示されます。

❸ここにチェックを付けると、

❺外国の通貨を選択し、

❹カンマが追加されます。

❻$形式などで表示することもできます。

145

≫表スタイル

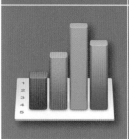

表のスタイルをアレンジするには

Numbersには、表の見栄えを素早く整えることができる「表スタイル」という機能があります。初期設定で適用されている表スタイルの変更方法に加え、適用したスタイルをアレンジする方法を覚えておくと、美しい表を効率よく作ることができます。

1 表スタイルを変更する

表スタイルを変更するには、まず対象の表内をクリックします❶。フォーマットインスペクタの[表]タブを表示し❷、利用したい表スタイルをクリックしましょう❸。表スタイルが変更され、色や罫線などのデザインがまとめて変わります❹。

> ❶ 表内をクリックし、

> ❷ ここをクリックして、

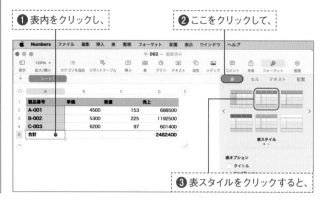

> ❸ 表スタイルをクリックすると、

> ❹ 表スタイルが適用されます。

2 表の枠線を設定する

続けて枠線を変更します。[表]タブにある[表のアウトライン]で線の種類❺、色を選択し❻、太さを指定すると❼、枠線の設定を変更できます❽。図では水色の3ptの線を引きました。

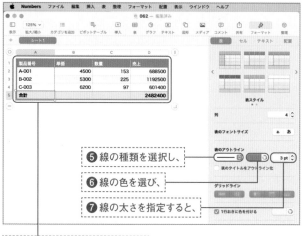

> ❺ 線の種類を選択し、

> ❻ 線の色を選び、

> ❼ 線の太さを指定すると、

> ❽ 表の枠線として設定されます。

3 セルを区切る線を非表示にする

[グリッドライン]にあるボタンをクリックすると、セルを区切る線の表示・非表示を切り替えられます。ここではフッタの行用のボタンをクリックし⑨、表の合計部分の列を区切るグリッド線を非表示にしました⑩。グリッドラインの表示切替用のボタンは、本体部分用2種類（左側）、ヘッダとフッタ用3種類（右側）用意されています。対応するボタンを利用しましょう。

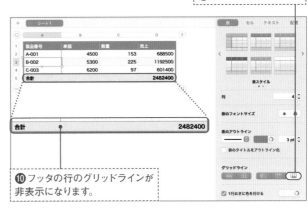

⑨ここをクリックすると、

⑩ フッタの行のグリッドラインが非表示になります。

Hint もっと濃い線にしたいときは

グリッドライン機能で追加できる線の色は選べません。もっとはっきりと線を入れたいときは、P.154の方法で罫線を設定しましょう。

4 本体部分に1行おきに付いている色を変えるには

図の例の場合、表の本体部分に1行おきに色が付いています。[表]タブの[1行おきに色を付ける]で色を選択すると⑪、この部分の色を変更できます⑫。なおこの機能をオフにし、すべての行を同じ色にしたいときは、[1行おきに色を付ける]のチェックを外しましょう⑬。

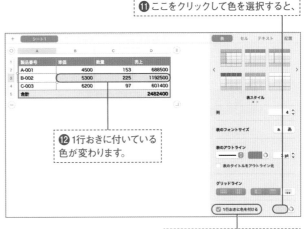

⑪ここをクリックして色を選択すると、

⑫ 1行おきに付いている色が変わります。

⑬ すべての行を同色にするにはここのチェックを外します。

Hint 選択肢にない色を利用したいときは

右図の⑪で表示される色の選択肢にない色を使いたいときは、そのすぐ右にあるアイコン◎をクリックしてカラーパレットを表示し、色を指定しましょう。

StepUp ヘッダとフッタの数を変更するには

フォーマットインスペクタの[表]パネルでは、ヘッダとフッタの数の増減も可能です。[ヘッダとフッタ]にあるそれぞれの設定用プルダウンメニューで数を選択しましょう。図は[フッタ]を0に変更した状態です❶。これにより一番下の行も本体の扱いとなり、上記手順では適用されていたヘッダとフッタのスタイルから本体用のスタイルへと変わりました❷。

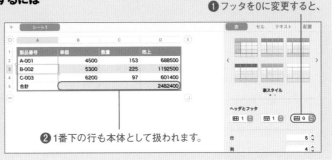

❶フッタを0に変更すると、

❷1番下の行も本体として扱われます。

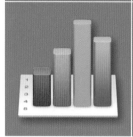

文字の大きさや種類を変えるには

表内の文字は、セル単位でフォントの種類やサイズを変更できます。表内に特に目立たせたいセルがある場合などに活用してみましょう。

1 対象のセルを選択する

文字の種類を変更するには、対象のセルを選択し❶、フォーマットインスペクタで［テキスト］タブ❷の［スタイル］をクリックします❸。［フォント］のプルダウンメニューをクリックします❹。図では1つのセルですが、複数のセルを選択し、まとめて変更もできます。

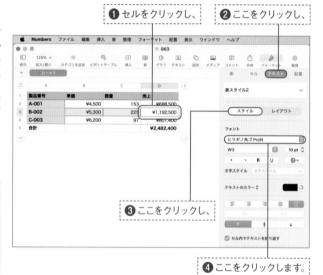

❶セルをクリックし、

❷ここをクリックし、

❸ここをクリックし、

❹ここをクリックします。

Point フォーマットインスペクタが表示されないときは

セルを選択してもフォーマットインスペクタが表示されないときは、ツールバーの［フォーマット］をクリックして表示できます。

2 フォントの種類を選択する

使用できるフォントが一覧表示されるので、利用したいフォントを選択します❺。

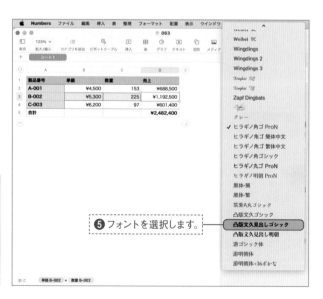

❺フォントを選択します。

Hint 表内の文字をまとめて拡大・縮小するには

P.146で紹介した［表］タブの［表のフォントサイズ］でサイズ変更用のボタンをクリックすると、書式やスタイルは維持したまま、表内の文字をまとめて拡大・縮小できます。

3 フォントが変わった！

フォントの種類が変更されました**❻**。

❻ フォントの種類が変わりました。

Hint 太字や斜体を設定する

[フォント] のプルダウンメニューの下にある B のボタンをクリックすると文字を太字にできます。 I のボタンで斜体、 U のボタンで下線を設定することも可能です。

4 文字のサイズを変更する

同じ [スタイル] にあるフォントサイズの設定欄で、文字のサイズを指定すると**❼**、文字の大きさが変わります**❽**。右図では [13pt] にしたので、文字が大きくなりました。

❼ ここでサイズを指定すると、

❽ 文字の大きさが変わります。

Hint 文字の色も変更できる

文字の色を変更するには、フォントサイズ入力欄のすぐ下にある現在の色をクリックし、利用したい色を選択します。

StepUp 同じスタイルのセルの文字をまとめて変更するには

手順1～4でフォントの種類・サイズを変更したセルは、表内の本体部分に当たり、「表スタイル2」というスタイルが適用されています。変更後の書式を「表スタイル2」の書式として設定すると、同じスタイルを利用しているセルの書式をまとめて変更することもできます。書式を変更したセルを選択し**❶**、フォーマットインスペクタの [アップデート] をクリックすると**❷**、「表スタイル2」の書式が選択していたセルのものに置き換えられ、同じ書式を設定しているすべてのセル（下図の場合は表の本体部分）に自動的に適用されます**❸**。その他のスタイルが適用されているヘッダやフッタのセルの書式は変更されていません。

❶ 書式を変更した
セルを選択し、

❷ ここをクリックすると、

❸ スタイルが更新され、同じスタイルの
セルの書式が変わります。

文字をセルの中央に揃えるには

セルに入力した文字は、初期設定では左側に揃えられていますが、表の項目名などはセルの中央に配置した方が見やすいことも多くあります。セル内の文字の配置の変更方法をマスターしましょう。

▶ 左右の中央に揃える

1 中央揃えボタンをクリックする

文字をセルの中央に揃える方法を見てみましょう。ここでは表の項目名に当たる文字をセルの中央に揃えます。対象のセルを選択したら❶、フォーマットインスペクタの［テキスト］タブ❷で［スタイル］をクリックし❸、中央揃えボタン≡をクリックします❹。

Hint　右揃えや左揃えにするには

文字列を左右どちらかに揃えたいときは、中央揃えボタンの両隣にある左揃えボタン≡または右揃えボタン≡をクリックしましょう。

❶ セルを選択して、
❷ ここをクリックし、
❸ ここをクリックして、
❹ ここをクリックします。

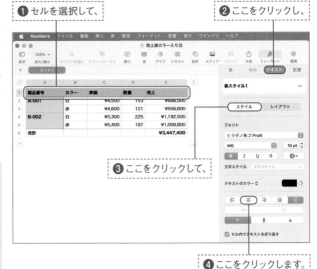

2 文字が中央に移動した！

中央揃えボタンがアクティブ（緑のクリックされた状態）になり、文字がセルの中央に揃いました❺。

Hint　メニューからも設定できる

対象のセルを選択し、［フォーマット］メニューから［テキスト］→［中央揃え］を選択しても同じように文字をセルの中央に移動できます。

❺ 文字が中央に移動しました。

1 文字の縦位置を選択する

初期設定では文字はセル内の上に揃っていますが、この縦位置も変更できます。対象のセルを選択し❶、フォーマットインスペクタの［テキスト］タブの［配置］で上下中央揃えボタン ⊥ をクリックします❷。

❶対象のセルを選択し、

❷ここをクリックします。

Hint 結合や分割で 表の見やすさをアップ

セルの結合や分割機能（P.156）を使うと、図のように2行をまとめたセルなどを簡単に作成でき、表の見やすさをアップできます。

2 上下の中央に移動した！

セルの上下中央に当たる位置に文字が移動しました❸。このように高さのあるセルの場合、中央に配置すると見やすくなります。

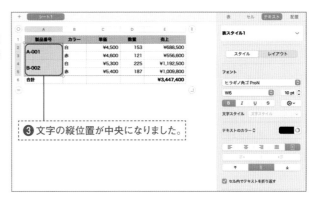

❸文字の縦位置が中央になりました。

StepUp セル内の任意の箇所で 改行するには

複数行のテキストを含むセルで中央揃えすると、改行の位置によっては読みにくいこともあります。任意の場所で改行させたいときは、セル内をダブルクリックして改行したい位置にカーソルを合わせ❶、 option キーを押しながら return キーを押し改行しましょう❷❸。

❶改行したい位置にカーソルを合わせ、

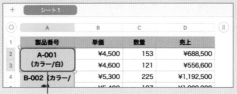

❷ option キーを押しながら return キーを押すと、

❸その位置で改行されます。

セルの幅や高さを変更するには

セルの幅や高さは自由に調節できます。また、調節に便利な機能もいくつか用意されています。ここではそれらの利用方法も含めて、セルの高さや幅を変更する方法を紹介します。

1 文字が折り返されている

新規文書作成時にあらかじめ作られている表では、［セル内でテキストを折り返す］にチェックが付いているため❶、セルの幅より文字数が多い場合は自動的に折り返されます❷。なお、チェックが付いていない場合は、文字がセルからはみ出します。

❶ここにチェックが付いているので、

❷はみ出した文字が2行になっています。

Hint 複数の列の幅を揃えるには

複数の列の幅を揃えたいときは、対象の列をまとめて選択し、［表］メニューから［列の幅を均等にする］を選択します。また［行の高さを均等にする］を選択して、複数の行の高さを揃えることもできます。

2 列番号の境界線をドラッグする

幅を変更したいセルの列番号の境界線にポインタを合わせ❸、幅を調整したい方向にドラッグします❹。図の例では列の幅を広げたいので右にドラッグしました。

❸ 列番号の境界線にポインタを合わせ、

❹ドラッグして境界線を動かします。

Point セル内の任意箇所で改行するには

単語の区切りなど任意の場所で改行させたいときは、セル内をダブルクリックし、改行したい位置にカーソルを合わせ、option キーを押しながら return キーを押し改行しましょう。

3 セルの幅が広がった！

セルの幅が広がり、折り返されていた部分も1行に収まりました**⑤**。

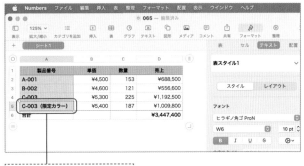

 **行の高さを変更するには**

行の高さを変更するには、変更したい行の行番号の境界線にポインタを合わせてドラッグします。

⑤ セルの幅が広がりました。

Hint **セルの幅や高さを数値で指定するには**

フォーマットインスペクタの［表］タブにある［行と列のサイズ］では、行の高さと列の幅を数値で指定できます。対象の行や列を選択して数値を設定しましょう。

行の高さと列の幅を数値で指定できます。

Chapter 3

列の幅・行の高さ変更

StepUp **セルの幅を自動で文字列に合わせるには**

セルの幅をその列に入っている文字列に合わせて自動的に調整することもできます。幅を変更したい列を選択し**①**、列番号の境界線にポインタを合わせてダブルクリックします**②**。すると幅が列内にある一番長い文字列に合わせて自動調節されます**③**。なお、前ページの手順1のように折り返されている場合も含め、列幅から溢れているテキストがある場合はこの機能で自動調節はできませんので注意しましょう。

① 列を選択し、　**②** ここにポインタを合わせてダブルクリックすると、

③ 列内の最大文字数に合わせて幅が自動調節されます。

任意のセルに罫線を引くには

Numbersでは、表のスタイルの適用時に自動的に罫線が引かれますが、任意の位置に罫線を追加することもできます。色や線の太さも自由に設定できるので、すでにある罫線の太さや色を変えたいときも同様の方法で線を上書きすればOKです。

1 対象のセルを選択する

表に枠線を引く方法を見ていきましょう。ここではわかりやすいよう図の表の売上げセルそれぞれに緑色の枠線を設定してみます。対象のセルを選択して❶、フォーマットインスペクタで [セル] タブを表示します❷。

❶ 対象のセルを選択し、　❷ ここをクリックします。

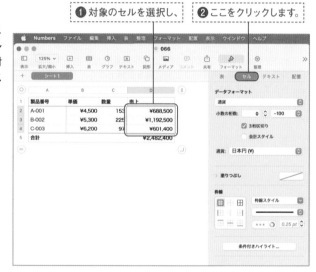

2 枠線を引く位置をクリックする

線を引きたい位置を指定します❸。ここでは選択したセルに格子状の線を引くパターンを選びました。

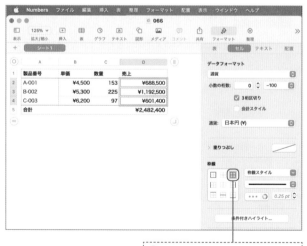

❸ 枠線のパターンをクリックします。

3 線の種類や色を設定する

利用したい線の種類を選択し❹、線の色を選択します❺。さらに線の太さを指定します❻。図ではわかりやすさを重視し、やや太めの緑の線にしました。

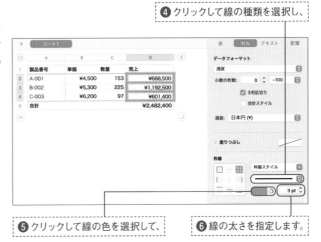

❹ クリックして線の種類を選択し、

❺ クリックして線の色を選択して、

❻ 線の太さを指定します。

4 枠線が追加された!

指定した種類の枠線が、指定したパターンの位置に追加されました❼。

❼ 枠線が追加されました。

Hint 同じ種類の線を素早く追加するには

対象のセルを選択し❶、枠線の位置をクリックして❷、[枠線スタイル]から線のスタイルを選択しても枠線を追加できます❸❹。より素早く枠線を追加できますが、[枠線スタイル]で選択できるのは、一度設定済の枠線といくつかの定番の線の数種類だけです。色などの細かな設定が必要な場合は手順3の方法で設定しましょう。

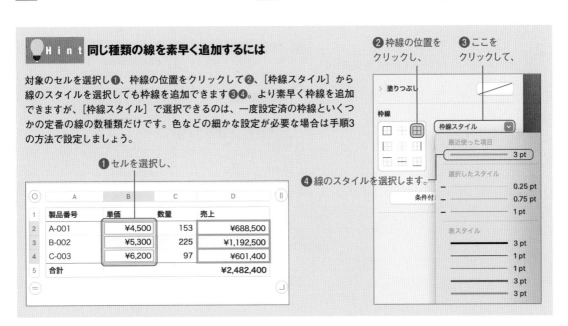

❶ セルを選択し、

❷ 枠線の位置をクリックし、

❸ ここをクリックして、

❹ 線のスタイルを選択します。

隣接するセルを
1つに結合するには

「セルの結合」機能を使うと、複数のセルを1つのセルにできます。より見やすいレイアウトの表を作る上でとても便利な機能ですので、ぜひマスターしましょう。

1 対象のセルを選択する

隣接するセルは、結合機能で1つのセルにできます。まずは対象のセルを選択しましょう❶。なお、ここでは2つのセルを選択しましたが、3つ以上のセルも同様に結合できます。

❶対象のセルを選択します。

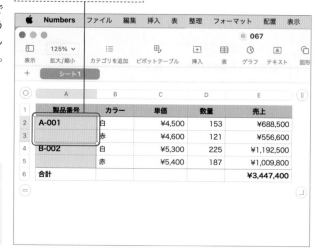

Point 領域の異なるセルは結合できない

たとえばヘッダセルと本体セルのように、表領域の異なるセルは結合できません。

2 [セルを結合] を選択する

[表] メニューから [セルを結合] を選択します❷。

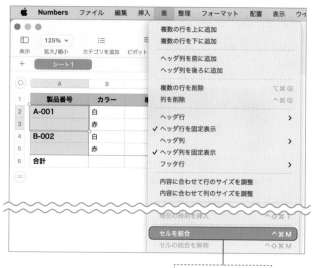

❷ここを選択します。

3 **セルが結合された！**

選択していたセルが結合され、1つのセルになりました❸。

❸ セルが結合されました。

Chapter 3

セルの結合

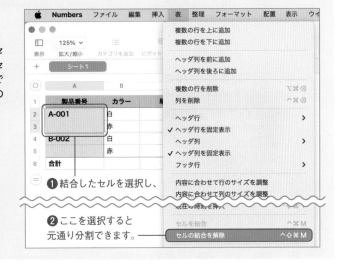

Point 結合を解除するには

結合したセルを選択し❶、[表] メニューから [セルの結合を解除] を選択すると、元の状態にセルを分割できます❷。ただしこの方法で分割できるのは、結合したセルだけです。元々1つのセルを分割することはできません。

❶ 結合したセルを選択し、

❷ ここを選択すると
元通り分割できます。

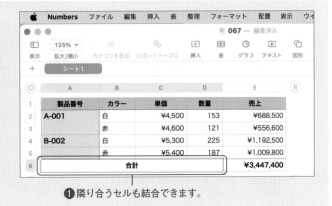

StepUp 隣り合うセルも結合できる

隣り合うセルも同じ要領で結合できます❶。結合後のセルも通常のセルと同様に文字の中央揃えなどを設定できます。

❶ 隣り合うセルも結合できます。

行や列を増やすには

表の作成途中に行や列を増やしたくなることはよくあります。行や列を追加する方法を覚えておきましょう。簡単な操作で任意の場所に行や列を増やすことができます。

1 行番号の☑をクリックする

作成途中の表に行を追加する方法を見ていきましょう。ここでは例として3行目の下に行を追加してみます。3行目の行番号にポインタを合わせ、表示される☑をクリックします❶。

Hint 複数の行をまとめて追加するには

複数の行をまとめて追加するには、追加したい分と同じ数の行を選択した状態で操作を行います。たとえば3行追加したいときは、3行選択した状態で行番号に表示される☑をクリックしましょう。

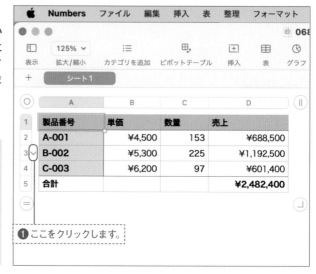

❶ここをクリックします。

2 行の追加位置を選択する

表示される選択肢から、[行を下に追加]を選択します❷。なお[行を上に追加]を選択して上に追加することもできます。

Hint 行数と列数を数値で指定する

表を選択し、[フォーマット]インスペクタの[表]タブにある[行][列]で、行数と列数を数値で指定できます。大きな表を作るときはこちらが便利です。

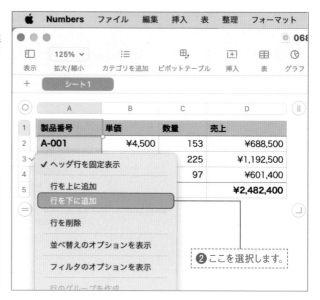

❷ここを選択します。

3 行が挿入された！

選択した場所に行が追加されました❸。挿入時に▽をクリックした行（図の場合は表の本体部分）と同じスタイル、数式が適用されています。

 Point 行を削除するには

手順2の要領で［行を削除］を選択すると、行を削除できます。

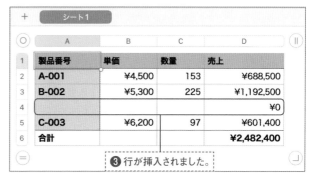

❸行が挿入されました。

Hint 列を追加するには

列を追加したい場合は、列番号にポインタを合わせると表示される▽をクリックし❶、［列を前に追加］または［列を後ろに追加］を選択して追加します❷。

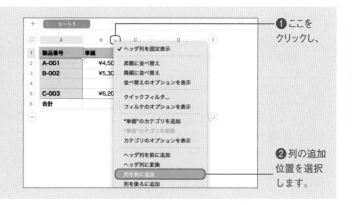

❶ここをクリックし、

❷列の追加位置を選択します。

StepUp 本体部分を簡単に追加するには

本体部分の最後のセルを選択した状態で return キーを押すと❶、その下に行が追加されます❷。データを入力しながら行を追加していきたいときに便利です。また、行番号の下にあるボタン▽を下向きにドラッグすると❸、本体の最後にまとめて行を追加することもできます❹。

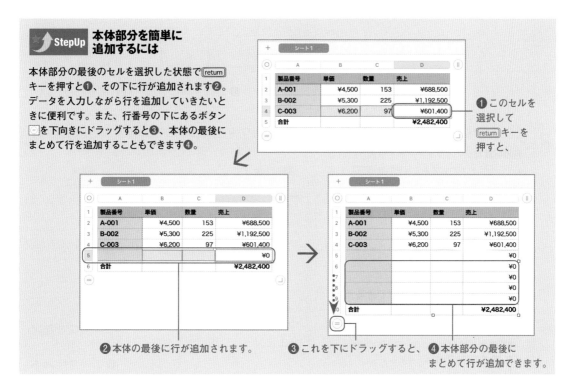

❶このセルを選択して return キーを押すと、

❷本体の最後に行が追加されます。

❸これを下にドラッグすると、

❹本体部分の最後にまとめて行が追加できます。

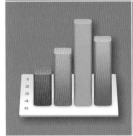

データの入力効率を上げるには

データフォーマットのポップアップメニュー機能を使うと、リストからの選択によるセルへのデータの入力が可能になります。同じデータを何度も入力する表に設定しておくと、作業効率をアップできます。

1　対象のセルを選択する

図の「販売支店」列のように入力内容が数件に限定される場合、ポップアップメニューで選択して入力できるよう設定しておくと便利です。対象のセルを選択したら❶、フォーマットインスペクタの［セル］タブを表示し❷、［データフォーマット］のポップアップメニューをクリックします❸。

❶対象のセルを選択し、

❷ここをクリックして、　　❸ここをクリックします。

2　［ポップアップメニュー］を選択する

利用可能なデータフォーマットが表示されるので、［ポップアップメニュー］を選択します❹。

❹ここを選択します。

StepUp チェックボックスやレートを使用できる

データフォーマット機能を使うと、チェックボックスや星印によるレートなどをセル内に簡単に設置できます。P.206で紹介していますのでぜひ使ってみましょう。

Chapter 3

Numbers にビジネス表計算はおまかせ

3 項目を入力する

ポップアップメニューの項目を入力していきます。「項目1」などと入力されている部分をダブルクリックし、利用したい項目を入力しましょう❺。1行に1項目ずつ、必要な項目をすべて入力します（手順4図参照）。

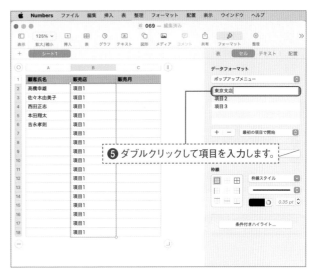

❺ ダブルクリックして項目を入力します。

Hint 項目数を増減する

3件以上の項目を入力したいときは、項目入力欄のすぐ下にある［＋］ボタンをクリックして項目数を追加します。一方項目を削除したいときは、対象の項目を選択して［－］のボタンをクリックしましょう。

4 開始時の条件を選択する

図の例では、対象のセルが空白の状態になるよう［空白で開始］を選択しました❻。なお、もう一方の［最初の項目で開始］を選択すると、最初に入力した項目（図の場合は「東京支店」）があらかじめ表示された状態になります。これでポップアップメニューの設定は完了です。

❻ 開始時の条件を選択します。

5 リストから選択できる！

ポップアップメニューを設定したセルを選択すると、右側に☑ボタンが表示されます。このボタンをクリックすると❼、項目として設定した内容が表示され、選択して入力できます❽。

❼ ここをクリックして、

❽ 選択して入力できます。

データを並べ替え・絞り込みするには

入力したデータは、列を基準に並べ替えできます。また選択した条件に合うデータのみを表示することも可能です。たくさんのデータから目当てのものを探し出すのはもちろん、入力したデータを条件別に分析したい場合にも役立つ機能です。

▶ データを並べ替える

1 並べ替えの条件を選択する

［受注日］の列を基準に並んでいる図の表のデータを、［売上］が小さい順に並べ替えてみます。並べ替えの基準としたい列の列番号にポインタを合わせ、表示される⤵をクリックし❶、［昇順に並べ替える］を選択します❷。

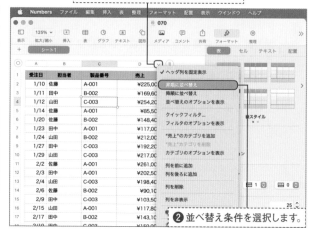

❶基準としたい列のここをクリックし、

❷並べ替え条件を選択します。

Point　適用される順序

テキストと数値の両方が含まれた列を昇順で並べ替えた場合、「1a、1b、2a、2b」といったように数値、テキストの順で並びます。また空のセルは列の一番下に配置されます。

2 データが並べかえられた！

基準とした［売上］列内の数値を基準として❸、データが並べ替えられました❹。

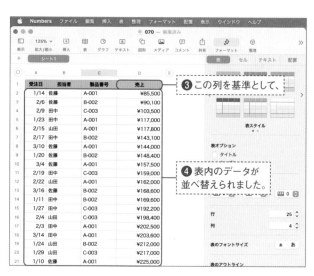

❸この列を基準として、

❹表内のデータが並べ替えられました。

Point　対象となるのは本体部分の行のみ

Numbersの並べ替えでは、項目名など見出しが入ることが多いヘッダ、合計などが入ることの多いフッタのスタイルが適用されている行は並べ替えの対象に含まれません。本体部分のデータのみを素早く並べ替えできるよう工夫されています。

1 クイックフィルタを選択する

フィルタ機能を使い、「担当者の列が佐藤」という条件に合うデータだけを表示してみます。条件となるデータの入力された列の列番号にポインタを合わせ、表示される◇をクリックしたら❶、[クイックフィルタ]を選択します❷。

Hint より細かな条件も指定できる

例のように列内のデータの種類が少ない場合は、ここで紹介した方法が便利です。一方図の[売上]のように列内のデータの種類がばらばらの場合は、P.164の方法で細かな条件を指定して絞り込みができます。

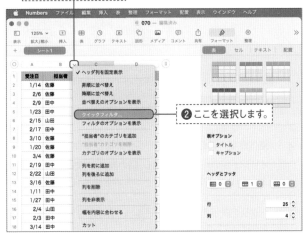

❶ ここをクリックして、

❷ ここを選択します。

2 フィルタの条件を選択する

[クイックフィルタ]の設定画面で、表示したいデータ以外のチェックを外します❸。設定画面を閉じるため、スプレッドシート上をクリックします❹。

Point フィルタを解除する

再度図の画面を表示し、外したチェックを付け直せばクイックフィルタを解除できます。

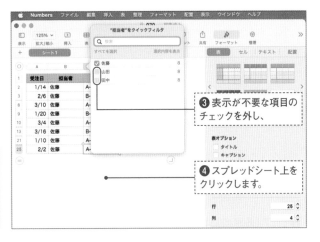

❸ 表示が不要な項目のチェックを外し、

❹ スプレッドシート上をクリックします。

3 データが絞り込まれた！

選択した条件(ここでは[佐藤])に合ったデータのみが表示されました❺。

StepUp フィルタ結果を集計に活用

フィルタにより絞り込んだデータを利用してクイック計算機能を使うと、条件別のデータの集計に活用できます。P.167を参考に利用してみましょう。

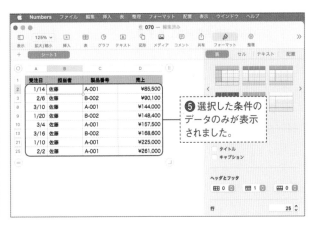

❺ 選択した条件のデータのみが表示されました。

細かな条件を指定して
データを絞り込むには

並べ替え／フィルタインスペクタを使うと、より細かな条件を指定してデータを絞り込む
ことができます。たくさんのデータから条件に合うものだけを表示することで、複数の用途
別の表と同じ使い勝手を得ることができます。

1 並べ替え／フィルタインスペクタを表示する

オリジナルのルールを作成し、図の表から［売
上］が「200,000以上」のデータのみを表示し
てみます。まずは並べ替え／フィルタインスペ
クタを表示するため、ツールバーの［整理］
をクリックします❶。

❶ここをクリックします。

2 フィルタの基準を選択する

［フィルタ］タブをクリックして❷、［フィルタ
を追加］をクリックし❸、フィルタを設定し
たい列の項目名を選択します❹。

❷ここをクリックし、

❸ここをクリックして、

❹フィルタを設定したい項目を選択します。

3 条件の種類を選択する

[ルールを追加] ボタンがクリックされた状態
で図のように選択肢が表示されるので、条件
の種類（ここでは [数字] の [数値 以上]）を
選択します❺❻。

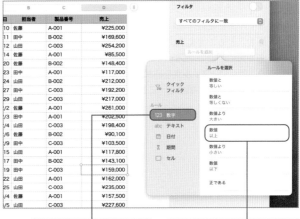

❺ 値の種類をクリックし、　　❻ 条件の種類を選択します。

4 条件の値を指定する

条件の値を入力する欄が表示されるので、
値を入力し❼、[return] キーを押します❽。

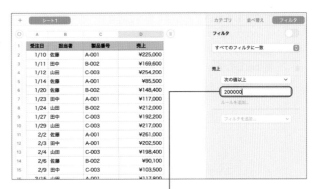

❼ 条件の値を入力し、　　❽ [return] キーを押します。

5 データが絞り込まれた！

指定した内容でルールが作成され❾、条件
に合ったデータ（ここでは数値が200,000以
上）のみが表示されました❿。

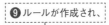
❾ ルールが作成され、

❿ 条件に合うデータのみが表示されました。

Point ルールを追加できる

条件の下に表示されている [ルールを追加]
をクリックすると、作成したフィルタにルー
ルを追加できます。

Next→

Chapter 3　フィルタ

6 フィルタを追加する

フィルタを複数作成し、さらにデータを絞り込むこともできます。手順5の状態に「担当者が田中」というフィルタを加えてみましょう。新しい［フィルタを追加］をクリックして⓫、対象の列の項目名（ここでは［担当者]）を選択します⓬。

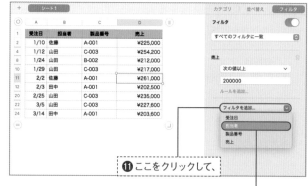

⓫ ここをクリックして、

⓬ フィルタを設定したい項目を選択します。

7 条件を設定する

選択肢の少ない単純なフィルタのときは、クイックフィルタが便利です。［ルールを選択]画面で［クイックフィルタ］を選択し⓭、不要な項目のチェックを外します⓮。

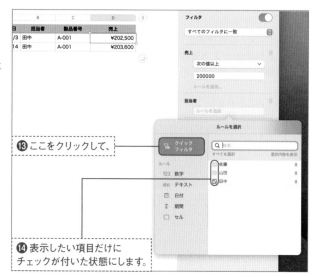

⓭ ここをクリックして、

⓮ 表示したい項目だけにチェックが付いた状態にします。

8 フィルタが追加された！

担当者についてのフィルタがフィルタインスペクタに追加され⓯、双方のフィルタに合ったデータだけが表示されました⓰。フィルタが複数ある場合、すべてのフィルタに該当するデータを表示するか、いずれかのフィルタに該当するデータを表示するかが選べます。フィルタインスペクタ上部のポップアップメニューをクリックして方法を選択しましょう⓱。

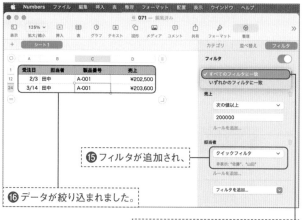

⓯ フィルタが追加され、

⓰ データが絞り込まれました。

⓱ データの表示方法を選択できます。

Hint　フィルタの解除とルールの削除

フィルタを解除するには、フィルタインスペクタの［フィルタ］をオフにしましょう❶。なおフィルタは解除してもそのまま残るので、オンにすれば再度適用できます。不要なフィルタを削除したいときは、フィルタ上に表示されているゴミ箱のアイコンをクリックしましょう❷。

❶ここをクリックして、フィルタのオン・オフを切り替えできます。

❷ここをクリックするとルールを削除できます。

StepUp　フィルタとクイック計算で条件別の集計も簡単

フィルタ機能とクイック計算機能を使うと、担当者ごとや製品ごとなど、条件に応じたデータの集計を簡単に見ることができます。たとえば図は、「担当者が佐藤」のデータのみを表示した状態です。この状態で売上のセルを選択すると❶、この範囲の各種計算の結果がクイック計算バーに表示されます❷。合計を算出したSUMのクイック計算をドラッグすれば❸、集計結果の表の作成も簡単です❹。フィルタを解除してすべてのデータを表示しても、参照セルがずれることはありません❺。

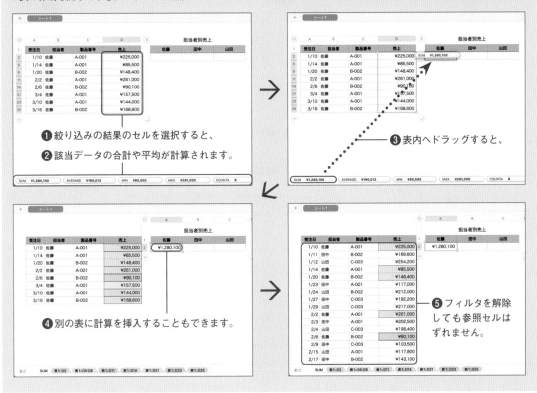

❶絞り込みの結果のセルを選択すると、

❷該当データの合計や平均が計算されます。

❸表内へドラッグすると、

❹別の表に計算を挿入することもできます。

❺フィルタを解除しても参照セルはずれません。

条件に合うセルの書式を
自動的に変えるには

「条件付きハイライト」機能を使うと、指定した条件に合うセルの書式を自動的に変更できます。条件に応じたセルを簡単に目立たせることができ、より視認性の高い表作りに役立ちます。

1 ［条件付きハイライト］をクリックする

条件付きハイライト機能を使い、図の「売上」列の数値が200000以上のセルにオレンジの塗りつぶしを設定してみます。まずは対象とするセル（ここではD列全体）を選択します❶。ツールバーの［フォーマット］をクリックしてフォーマットインスペクタを表示し❷、［セル］タブをクリックして❸、［条件付きハイライト］をクリックします❹。

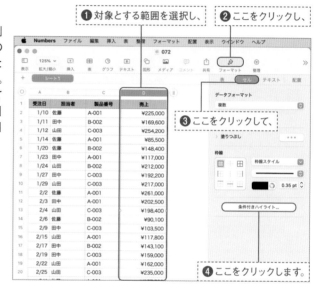

❶ 対象とする範囲を選択し、

❷ ここをクリックし、

❸ ここをクリックして、

❹ ここをクリックします。

2 ［ルールを追加］をクリックする

条件付きハイライトの設定画面が表示されるので、［ルールを追加］をクリックします❺。

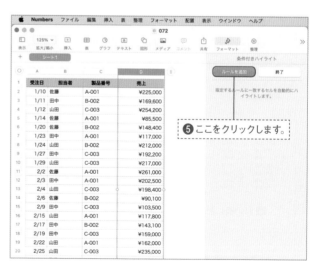

❺ ここをクリックします。

168

3 ルールの種類と条件を選択する

ルールの種類をクリックし❻、ルールの条件を選択します❼。ここでは「200000以上の数値」を条件にするため、[数字]→[数値 以上]とクリックしました。

❻ ルールの種類をクリックし、

❼ 条件を選択します。

4 値と書式を指定する

条件の値を入力し❽、外観選択用のポップアップメニューをクリックして❾、希望の外観を選択します❿。このとき選択肢の一番下にある [カスタムスタイル] を選択すると、オリジナルの外観も利用できます。

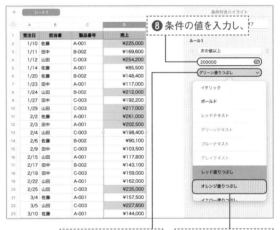

❽ 条件の値を入力し、

❾ ここをクリックして、

❿ 外観を選択します。

Point 値の指定にセルの参照を利用するには

条件の値としてセルを参照させたいときは、値の入力欄の右端にあるアイコン🔲をクリックし、セルを選択しましょう。

5 セルの外観が変わった！

指定したルールに該当するセルの外観が変化し、他のセルと差別化できました⓫。[終了]ボタンをクリックして設定を終えましょう⓬。

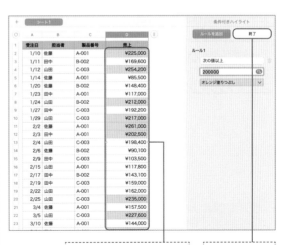

⓫ ルールに該当するセルが塗りつぶされました。

⓬ ここをクリックします。

Hint ルールを削除するには

不要なルールの削除方法は、フィルタの場合と同様です。手順1の操作で条件付きハイライトのルールを表示し、条件の右側にあるゴミ箱のアイコンをクリックしましょう。

Chapter 3

▶スマートカテゴリ

データを効率的に
整理・集計するには

表内のデータを使って分析や集計を行いたいときに便利なのがスマートカテゴリ機能です。カテゴリを指定して表示の仕方を変えることで、表内のデータをさまざまな視点から見ることができます。

▶ 列を基準にカテゴリを作成する

1 カテゴリにしたい列を選択する

まずは図の表の「担当者」の列をカテゴリに、「製造番号」の列をサブカテゴリにする方法を紹介します。表内をクリックし❶、[整理]インスペクタを表示します❷。[カテゴリ]タブの[カテゴリを追加]をクリックし❸、カテゴリにしたい列を選択します❹。

Point 見出しの行はタイトル行として設定しておく

表のタイトル行として設定しておくと図のように列の名前に利用されます。タイトル行を設定していない場合は、「A列」などの名前で表示されます。

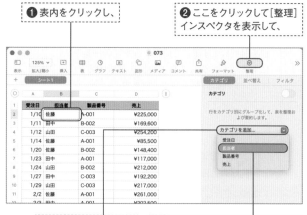

❶ 表内をクリックし、
❷ ここをクリックして[整理]インスペクタを表示して、
❸ ここをクリックして、
❹ カテゴリにする列を選択します。

2 カテゴリが追加された

[カテゴリ]がオンになり❺、「担当者」ごとにデータがグループ化されました❻。なお、カテゴリが自動でオンにならないときは、[カテゴリ]をクリックしてオンにすればOKです。

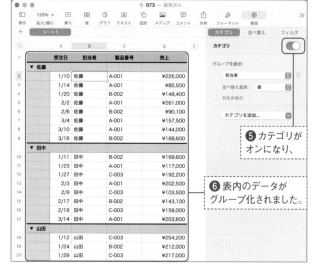

❺ カテゴリがオンになり、
❻ 表内のデータがグループ化されました。

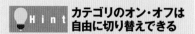

Hint カテゴリのオン・オフは自由に切り替えできる

[カテゴリ]をクリックすると、カテゴリのオン・オフを自由に設定できます。

3 サブカテゴリを追加する

続いて「製品番号」をサブカテゴリに設定してみます。[カテゴリを追加]を選択し⑦、サブカテゴリ用の列を選択します⑧。

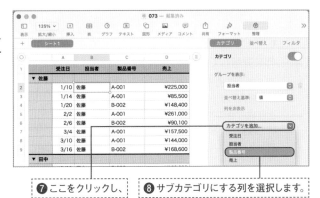

⑦ ここをクリックし、　⑧ サブカテゴリにする列を選択します。

4 サブカテゴリが追加された！

サブカテゴリが追加され⑨、表にも反映されました⑩。カテゴリ名の左にあるアイコンをドラッグすると、カテゴリの並び順を入れ替えできます⑪。また、カテゴリ名の右にあるゴミ箱のアイコンをクリックすると、不要なカテゴリを削除できます⑫。

⑨ サブカテゴリが追加され、

⑩ 表に反映されました。

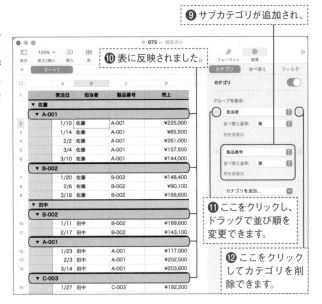

⑪ ここをクリックし、ドラッグで並び順を変更できます。

⑫ ここをクリックしてカテゴリを削除できます。

5 カテゴリの表示・非表示を切り替える

カテゴリ・サブカテゴリともに行頭にある▼をクリックすると、折りたたみ・展開を切り替えられます⑬。たとえば図は、「A-001」以外のサブカテゴリを折りたたんだ状態です。各担当者の「A-001」の売り上げを比較しやすくなりました。

⑬ クリックして折りたたみ・展開を切り替えできます。

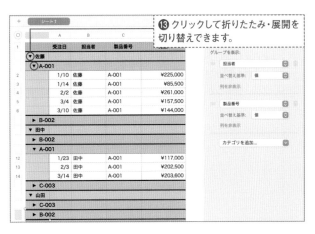

Next⊖

171

1 行を選択してグループ化する

列を使ってカテゴリ分けできない表の場合は、表内のデータを選択して新たにカテゴリを作成できます。グループとしてまとめたい行を選択したら❶、[整理] メニューから [選択した行のグループを作成] を選択します❷。

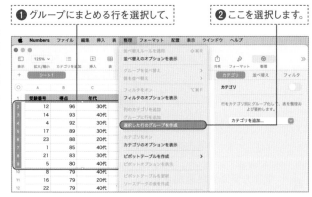

❶ グループにまとめる行を選択して、

❷ ここを選択します。

2 グループが作成された

選択していた行が1つのグループに分類され❸、残りの行が別のグループになりました❹。グループ名を分かりやすくするため、グループ名の入ったセルをダブルクリックし、新たなグループ名を入力します❺。

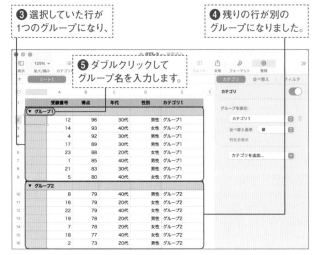

❸ 選択していた行が1つのグループになり、

❹ 残りの行が別のグループになりました。

❺ ダブルクリックしてグループ名を入力します。

3 グループ名が変更された

グループ名が変更され❻、データが把握しやすくなりました。なお、カテゴリ名が自動入力された列が不要な場合は❼、[列を隠す] をクリックすると非表示にできます❽。

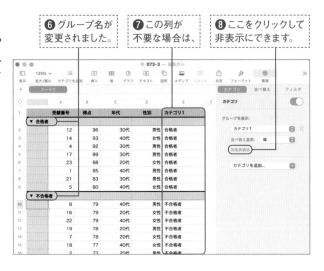

❻ グループ名が変更されました。

❼ この列が不要な場合は、

❽ ここをクリックして非表示にできます。

1 概要行のアイコンをクリックする

カテゴリを設定した表は、グループ単位の小計などの算出が簡単に行えます。ここでは例として、図の製品番号ごとの小計を算出します。算出したいグループの概要行（グループ名のある行）の空のセルをクリックし❶、表示されるアイコンをクリックします❷。

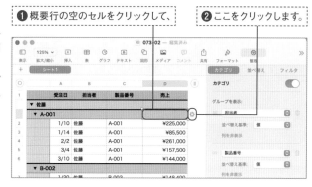

❶ 概要行の空のセルをクリックして、
❷ ここをクリックします。

2 関数を選択する

利用したい関数を選択します。ここでは製品ごとの売上合計を算出するため［合計］を選択しています❸。

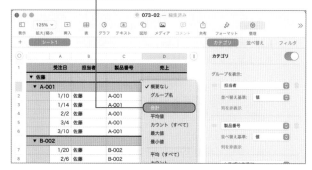

❸［小計］を選択します。

3 合計が算出された

表内のすべての製品番号の行に合計が表示されました❹。

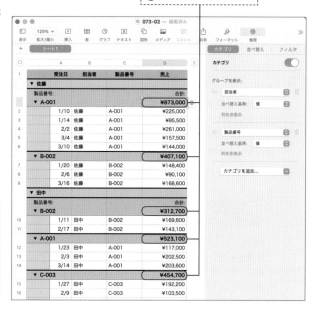

❹ 合計が算出されました。

Hint **合計を削除するには**

挿入した合計を削除するには、手順1の要領でアイコンをクリックし、［概要なし］を選択します。

173

さまざまな角度から
データを分析するには

ピボットテーブルを使うと。表内のデータをさまざまな角度から分析できます。ここではその作成・利用方法を紹介します。

► ピボットテーブルを作成する

1 カテゴリにしたい列を選択する

図の「売上」という表をソースデータとして、新しいシートにピボットテーブルを作成するには、表内をクリックし❶、ツールバーの［ピボットテーブル］をクリックします❷。

💡Hint 場所と対象の指定もできる

［整理］メニューの［ピボットテーブルを作成］から、［現在のシート上］を選ぶと表と同じシートにピボットテーブルを作成できます。表内の一部のみをソースデータにしたい場合は、対象のセルを選択し、［新規シートに選択したセルで］または、［現在のシート上に選択したセル］を選びましょう。

❶ 表内のセルをクリックし、　❷ ここをクリックします。

2 空のピボットテーブルができた

新規シートにピボットテーブルが作成できました❸。表示するデータを追加するには、［整理］インスペクタを表示し❹、［ピボットオプション］タブの［フィールド］で表示したい項目のチェック欄をクリックします❺。

💡Hint ［整理］インスペクタの内容が表示されない場合

［整理］インスペクタの中身にコンテンツが表示されないときは、ピボットテーブルを選択した状態で、［整理］インスペクタを表示してください。

❸ 新しいシートにピボットテーブルが作成されました。

❹ ここをクリックして、

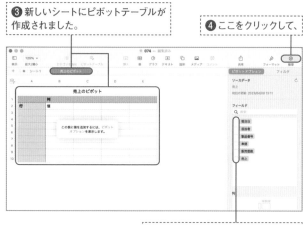

❺ 表示したい項目をクリックします。

3 データを表示する

チェックを付けた項目のデータが⑥、［列］
［行］［値］のいずれかに追加され⑦、ピボッ
トテーブルに表示されます⑧。

⑥ チェックが付いた項目は、

⑦ ここに追加され、

⑧ ピボットテーブルに表示されます。

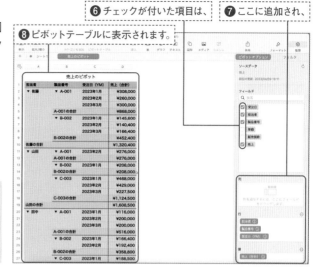

Hint ピボットテーブルは再登場

Numbersでは一時期姿を消していたピボットテーブルですが、近年また搭載されました。

Hint フィールドはオプションを変更できる

フィールドはそれぞれオプションを変更できます。た
とえば、［受注日］フィールドの［グループ分け］オ
プションを初期設定の月単位から日単位に変更する場
合は以下のように操作します。

設定可能なオプションは、フィールドによって異なり
ますが、オプション変更用のボタンをクリック、対象
のオプションを変更という流れは同じです。

❶ オプション変更用の
ボタンをクリックします。

❷ ［年月］が選択されていて、

❸ 月単位で表示されています。

❹ ［年月日］に変更すると、

❺ 日単位で表示されます。

1 フィールドをドラッグする

ピボットテーブルの内容は、フィールドの配置場所、並び順によって決まります❶。初期設定では自動的に割り振られますが、ドラッグで自由に変更できます。ここでは [受注日（YM）] のフィールドを [列] に移動してみます❷。

❶ フィールドの配置、並び順で
ピボットテーブルの構成が決まります。

❷ このフィールドを
ドラッグします。

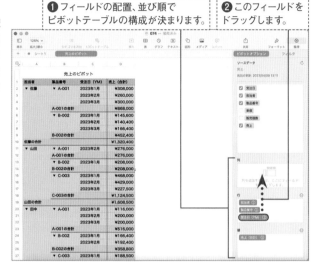

2 フィールドの配置が変更された

[受注日（YM）] が [列] に移動し❸、ピボットテーブルにも反映されました❹。

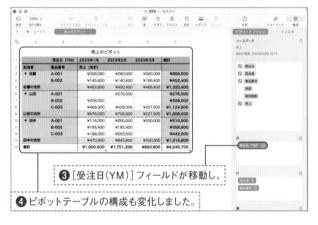

💡Hint **不要なフィールドを削除するには**

手順3で付けたチェックを外すと、不要なフィールドを簡単にピボットテーブルから削除できます。

❸ [受注日（YM）] フィールドが移動し、

❹ ピボットテーブルの構成も変化しました。

3 フィールドの順序を入れ替える

同じ配置内で、フィールドをドラッグして順序を入れ替えることもできます。ここでは [製品番号] を [担当者] の上にドラッグします❺。

StepUp **集計基準を変えられる**

フィールドのオプション（P.175）では、集計の基準も変更できます。図の例の場合、[売上] フィールドは「合計」が採用されていますが、[平均値] や [最大値] で集計することもできます。

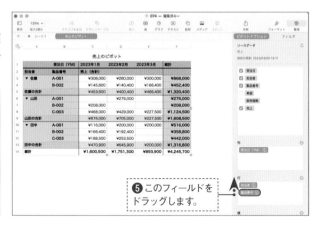

❺ このフィールドを
ドラッグします。

4 フィールドの順序が変更された

順序が入れ替わり❻、ピボットテーブルにも反映されました❼。手順3時点に比べて、製品ごとの売上の比較がしやすくなりました。このように簡単な操作で、さまざまな角度から素早く情報を分析・比較することができます。

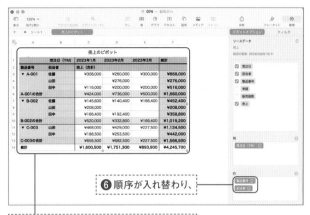

❻ 順序が入れ替わり、

❼ ピボットテーブルの構成も変化しました。

⭐ StepUp ピボットテーブルを更新するには

ソースデータの表に加えた変更をピボットテーブルに反映するには、[整理] インスペクタの [ピボットオプション] タブで、ソースデータ更新用のボタンをクリックします。ピボットテーブルを作り直さなくても、最新の状態のピボットテーブルになります。

ここをクリックして更新できます。

⭐ StepUp 表のスナップショットを撮る

Numbersには、表のスナップショットをコピーする機能があります。対象の範囲を選択したら❶、[編集] メニューから [スナップショットをコピー] を選択します❷。コピーしたスナップショットは、Numbersはもちろん、Pagesや「メモ」などのアプリにもペーストできます。貼り付け先のアプリを開いて [編集] メニュー → [ペースト] を選んで貼り付けましょう。変更前後のピボットテーブルを並べて比較したいといった場合にも便利です。

❶ 対象の範囲を選択し、

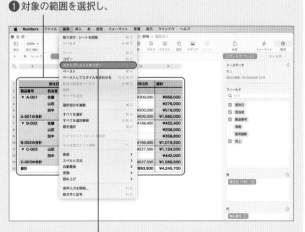

❷ ここを選択してスナップショットをコピーできます。

文字を検索・置換するには

「検索」、「置換」機能を使うと、データ内から特定の文字列を探し出したり、それをまとめて別の文字列に置き換えることができます。

▶ 文字列の検索

1 [検索と置換] を表示する

検索機能を使うと、多くのデータの中からでも目当ての文字列を簡単に見つけることができます。ツールバーの [表示] をクリックして①、["検索と置換" を表示] を選択します②。

2 文字を入力して検索する

[検索と置換] が表示されたら、検索したい文字列を入力します③。すると右側に検索結果が表示され④、該当する文字列が浮かび上がります⑤。またそのうちの一つが黄色で強調表示され、[検索と置換] にある ＞ ボタンをクリックすることで強調箇所を一つずつ移動することもできます。

⑤ 該当文字が浮き上がります。

1 [検索と置換]を選択する

続いて置換機能を使い、「B-002」という文字列をまとめて「D-005」に置き換えてみます。[検索と置換]画面の左側にあるボタン🔧💟をクリックし❶、[検索と置換]を選択します❷。

> **Hint** より厳密に
> 検索するには
>
> 完全に一致する単語や大文字小文字も一致する単語だけを検索したいときは、右図のボタン🔧💟をクリックして[完全一致]または[大文字／小文字を区別]を選択します。

❶ここをクリックし、　❷ここを選択します。

2 置換条件を設定する

上段に検索する文字列（ここでは先に入力した「B-002」をそのまま利用）❸、下段に置換後の文字列を入力して❹、[すべて置き換え]ボタンをクリックします❺。

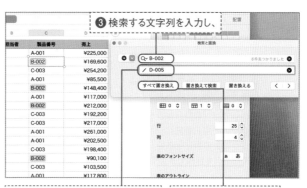

❸ 検索する文字列を入力し、

❹置き換えたい文字列を入力して、　❺ここをクリックします。

3 文字列が置換された！

指定したとおり、「B-002」という文字列がすべて「D-005」に置き換わりました❻。

> **Point** 一つずつ置換するには
>
> [検索と置換]画面で🔽をクリックし、いずれかの文字列を黄色に強調表示した状態で[置き換え]ボタンをクリックすると、強調表示されていた一つの文字列だけを置換できます。また[置き換えて検索]をクリックすると、強調表示していた文字列を置換し、次の該当文字列を強調します。

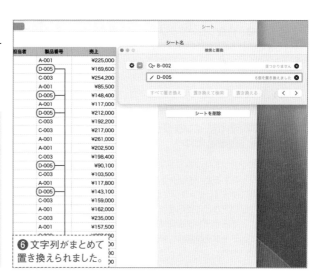

❻ 文字列がまとめて置き換えられました。

グラフを簡単に作成するには

Numbersでは、スプレッドシート内の表を簡単にグラフにできます。棒グラフ、折れ線などのグラフの種類、2D、3Dといったデザインの種類を選択するだけで多彩なグラフが作成でき大変便利です。

1 グラフにする範囲を選択する

右図の表をグラフにしてみます。グラフ化したい範囲を選択し❶、ツールバーの［グラフ］を選択します❷。

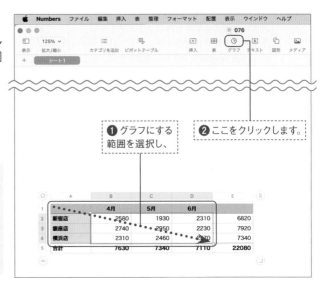

❶グラフにする範囲を選択し、

❷ここをクリックします。

Point 不要な部分は選択しない

図の例では「合計」はグラフに入れる必要がないので選択範囲に含めていません。このように表の中から必要な部分だけを選択してグラフを作成できます。

	4月	5月	6月	
新宿店	2580	1930	2310	6820
銀座店	2740	2950	2230	7920
横浜店	2310	2460	2570	7340
合計	7630	7340	7110	22080

2 グラフの種類を選択する

グラフのオプション（図では［2D］）をクリックし❸、作成したいグラフの種類を選択します❹。

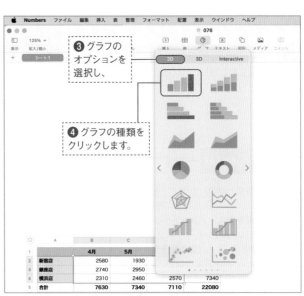

❸グラフのオプションを選択し、

❹グラフの種類をクリックします。

Point インタラクティブグラフとは

図のグラフのオプションで［Interactive］をクリックすると、インタラクティブグラフも作成できます。インタラクティブグラフでは、グラフの下などに表示されるスライダを動かすことで表示データを切り替えることができます。データを段階的に表示したいときに適しています。

	4月	5月		
新宿店	2580	1930		
銀座店	2740	2950		
横浜店	2310	2460	2570	7340
合計	7630	7340	7110	22080

3 サイズ・配置を調節する

選択した種類のグラフが作成されます❺。グラフの選択時に四辺四隅に表示されるハンドルをドラッグするとサイズを変更できます❻。またグラフ内をクリックし、ドラッグして移動可能です❼。大きさや配置を整えましょう。

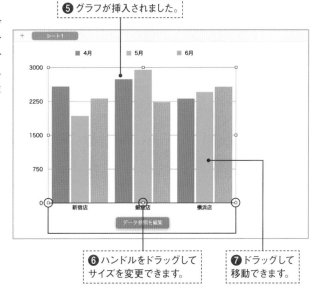

❺ グラフが挿入されました。

❻ ハンドルをドラッグして
サイズを変更できます。

❼ ドラッグして
移動できます。

4 グラフができた!

配置やサイズが整ったグラフが完成しました❽。

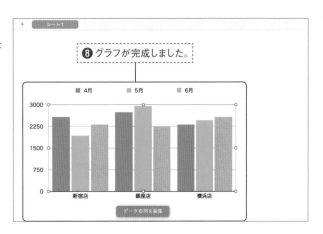

❽ グラフが完成しました。

StepUp 行と列を
入れ替えできる

図の例の場合なら月単位でグラフ化し、凡例を「支店」にするというようにグラフの行と列を入れ替えることも可能です。グラフ選択時に表示される[データ参照を編集](手順3の図参照)をクリックし、ウインドウの下部に表示されるバーのポップアップメニューで選択できます。

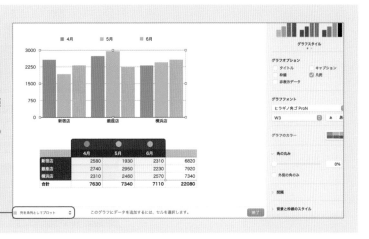

行と列の入れ替えは
ここで選択できます。

181

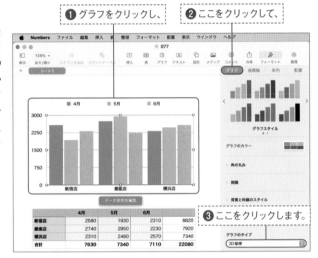

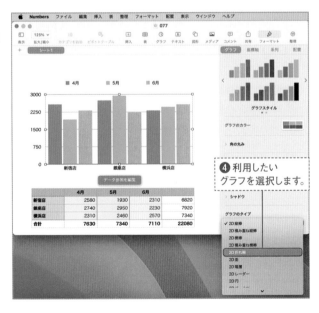

グラフの種類を変えるには

一度作成したグラフは、簡単な操作で種類を変更することができます。グラフを利用する
シーンに合わせて最適な種類に変更しましょう。

1　グラフの種類は変更できる

グラフを作成する際に種類を選択しましたが、利用するシーンにより種類を変えることでより効果的に活用できます。ここでは図のグラフを、月ごとの推移がよりわかりやすい折れ線グラフに変えてみます。グラフをクリックして選択したら❶、フォーマットインスペクタの［グラフ］タブをクリックし❷、一番下にある［グラフのタイプ］ポップアップメニューをクリックします❸。

❶ グラフをクリックし、

❷ ここをクリックして、

❸ ここをクリックします。

2　グラフの種類を選択する

変更後に利用したいグラフの種類（ここでは［2D折れ線］）を選択します❹。

❹ 利用したい
グラフを選択します。

3 グラフが変わった！

選択した折れ線グラフになりました❺。グラフに合わせて凡例も変更されています。

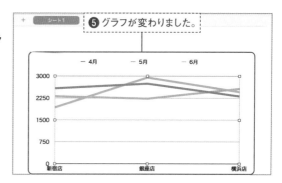

❺グラフが変わりました。

Point 軸の最小値を変更し、数値の差をわかりやすく

初期設定のグラフでは軸目盛りの最小値が「0」のため、実際の最小値が0と離れたデータをグラフ化すると、手順3の図のようにグラフが上側に寄ってしまいます。軸目盛りの最小値を変更する方法を覚えておきましょう。グラフを選択し、フォーマットインスペクタの［座標軸］タブをクリックして❶、［軸目盛り］の［目盛り］の［最小］を変更します❷。最小値の変更に伴い目盛り数も調節するとより見やすくなります❸。図は［最小値］を［1500］、［目盛り数］の［メジャー］を［3］に変更した状態です。手順3の図と比べ、数値の差異が見やすくなっています❹。

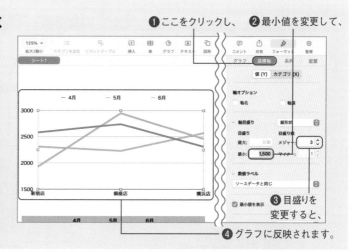

❶ここをクリックし、❷最小値を変更して、

❸目盛りを変更すると、

❹グラフに反映されます。

StepUp ラベルや数値の表示も調節できる

フォーマットインスペクタの［座標軸］タブには、グラフの目盛りやラベルなどに関する機能が集まっています。たとえば図は、最小値の表示をオフにし❶❷、［ラベル角度］を［左（斜め）］にした状態です❸❹。グラフの内容に合わせてこうした項目を微調整し、見やすいグラフに整えてみましょう。

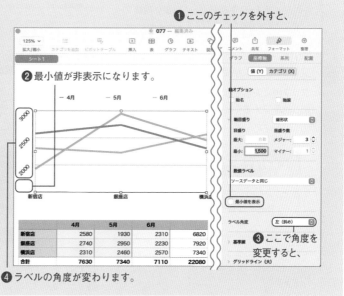

❶ここのチェックを外すと、

❷最小値が非表示になります。

❸ここで角度を変更すると、

❹ラベルの角度が変わります。

	4月	5月	6月	
新宿店	2580	1930	2310	6820
銀座店	2740	2950	2230	7920
横浜店	2310	2460	2570	7340
合計	7630	7340	7110	22080

➤➤グラフフォント

グラフの文字サイズや要素を変更するには

グラフ内の文字サイズや各要素の色などを変更して、より見やすいグラフを作成しましょう。ここではグラフ内の文字サイズをまとめて変更する方法と、凡例を例に要素単位での変更方法を紹介します。

►グラフ内の文字サイズをまとめて変更

1 文字拡大用のボタンをクリックする

グラフ内の文字をまとめて大きくしてみます。グラフをクリックして選択し❶、フォーマットインスペクタの [グラフ] タブをクリックし❷、[グラフフォント] にある文字の拡大用ボタン あ をクリックします❸。ここでは差がわかりやすいよう、2回クリックしました。

> **Hint フォントを変更するには**
>
> 図の [グラフフォント] のポップアップメニューでフォントを選ぶと、グラフ内の文字のフォントをまとめて変更できます。

❶ グラフをクリックし、　❷ ここをクリックして、

❸ ここをクリックします。

2 文字のサイズが変わった！

グラフ内に表示されているすべての文字列が同じ比率で大きくなりました❹。

> **Point 1つの要素の文字サイズを変更するには**
>
> 要素ごとの設定変更は要素を選択して行います。たとえば軸ラベルの文字だけを大きくするには、軸ラベルをクリックして選択し、[軸ラベル] 用のフォーマットインスペクタを表示します。[軸ラベル] 内にある [フォント] で文字のサイズや種類を指定できます。

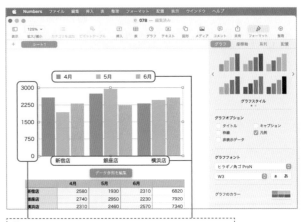

❹ グラフ内のすべての文字サイズが変更されました。

1 背景の色を選択する

続いて凡例に背景色を付けて目立たせる場合を例に、要素ごとの書式設定方法を見ていきましょう。まずは書式を変更したい要素（ここでは凡例）をクリックします❶。[スタイル] タブをクリックし❷、[塗りつぶし] のポップアップメニューをクリックし、塗り方を選択します❸。図では [カラー塗りつぶし] を選択しました。

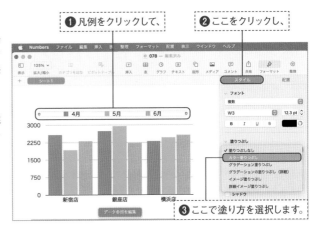

❶凡例をクリックして、

❷ここをクリックし、

❸ここで塗り方を選択します。

2 凡例が塗りつぶされた！

凡例の領域にカラーによる塗りつぶしが設定されました❹。凡例をより目立たせたいときに有効です。なおこうして塗りつぶしを設定すると色の選択用のボタンが追加されるので、色を変更したいときはクリックして色を選びましょう❺。

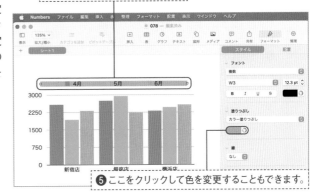

❹凡例の領域に色が付きました。

❺ここをクリックして色を変更することもできます。

Point 棒グラフの棒に丸みを設定できる

グラフを選択し、[グラフ] タブの [角の丸み] を調節すると、棒グラフの角に丸みを付けることができます❶。その際 [外側の角のみ] にチェックを付けると❷、グラフの外側（図の場合はグラフの上部）のみに丸みを付けることもできます❸。

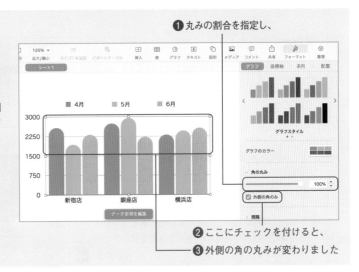

❶丸みの割合を指定し、

❷ここにチェックを付けると、

❸外側の角の丸みが変わりました

グラフの色を変更するには

作成したグラフの色は簡単に変更できます。要素単位で任意の色に変更できるのはもちろん、まとめて配色を変更する機能を使えばセンスのよいグラフを素早く作成することもできます。グラフの色を変更する方法をいくつか見てみましょう。

▶グラフ全体の配色を変更する

1 **[塗りつぶしセット] を選択する**

あらかじめ用意された配色を利用してグラフの色をまとめて変更してみます。グラフをクリックして選択し❶、フォーマットインスペクタの [グラフ] タブをクリックしたら❷、[グラフのカラー] にあるアイコンをクリックし❸、利用したい [塗りつぶしセット] をクリックします❹。

❶グラフをクリックし、
❷ここをクリックし、

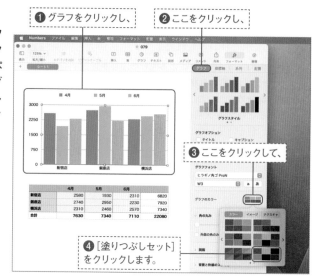

❸ここをクリックして、

❹[塗りつぶしセット] をクリックします。

2 **配色が変わった！**

グラフの色が選択した配色に変わりました❺。

❺グラフの色が変わりました。

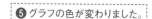

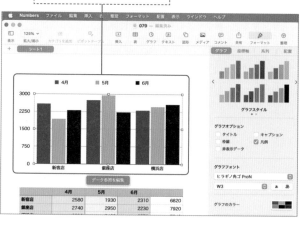

Hint　素材感の異なる塗りつぶしも

[塗りつぶしセット] の選択時に、上部にある [イメージ] や [テクスチャ] をクリックすると、模様が付いたものや素材感のあるものなど、色だけではない塗りつぶしも設定できます。

1 要素を選択する

グラフ内の特定の要素の色を個別に変更するには、変更したい要素（ここでは「5月」の系列）をクリックして選択します❶。フォーマットインスペクタの［スタイル］タブをクリックし❷、色選択用のボタンをクリックして❸、色を選択します❹。

Hint グラデーションなども設定できる

図では［カラー塗りつぶし］が選択されているポップアップメニューを変更すると、グラデーションやイメージによる塗りつぶしも設定できます。

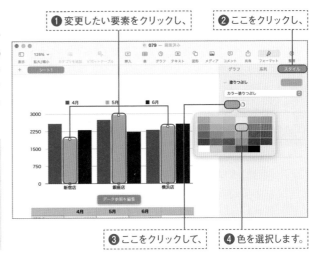

❶変更したい要素をクリックし、

❷ここをクリックし、

❸ここをクリックして、

❹色を選択します。

2 要素の色が変わった！

選択していた要素の色のみが変わりました❺。

Hint 枠線や影も設定できる

［スタイル］タブの［線］にあるポップアップメニューで選択すると、グラフの要素に枠線を設定できます。また［シャドウ］にチェックを付け、影を付けることも可能です。

❺色が変更されました。

StepUp 背景の色も設定できる

［グラフ］タブでは、グラフの背景の色を設定することもできます。［背景と枠線のスタイル］にあるポップアップメニューで塗りつぶし方法を選択し❶、表示されるボタンで色などの必要な項目を設定しましょう❷。図では［グラデーション塗りつぶし］を選択し、水色から白へのグラデーションを設定しています❸。

❶ここで塗りつぶし方法を選択し、

❷色などの指定をすると、

	4月	5月	6月	
新宿店	2580	1930	2310	6820
銀座店	2740	2950	2230	7920
横浜店	2310	2460	2570	7340

❸背景の色を設定できます。

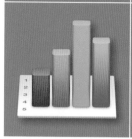

グラフの見やすさを調節するには

ここでは数値ラベルの追加と、より細かなガイドラインの設定方法を紹介します。これらの機能を使うと、グラフ内の数値をより把握しやすくなります。必要に応じて活用してみましょう。

1 ［系列］タブを表示する

数値ラベルを表示すると、グラフの示す数値がよりはっきりとわかりやすくなります。対象のグラフを選択し❶、フォーマットインスペクタの［系列］タブをクリックします❷。

❶ グラフを選択して、

❷ ここをクリックします。

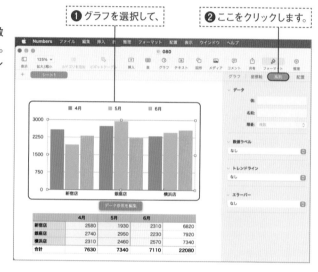

2 数値ラベルの種類を選択する

［数値ラベル］でラベルの種類を選択すると❸、グラフに数値ラベルが追加されます❹。

❸ 数値ラベルの種類を選択すると、

❹ 数値ラベルが追加されます。

Hint ラベルの位置を変更するには

数値ラベルの位置は、図の［場所］（［数値ラベル］の下）で変更できます。

3 文字のサイズを変更する

棒グラフの太さによっては、初期設定のサイズの数値ラベルが見にくい場合もあります。数値ラベルの大きさを変更するには、数値ラベルをクリックして選択します❺。[数値ラベル]タブをクリックし❻、[フォント]のサイズを調節すると❼、文字の大きさが変わります❽。

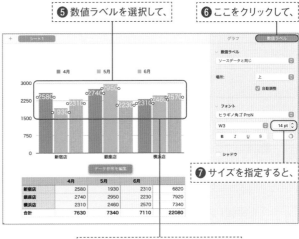

❺数値ラベルを選択して、

❻ここをクリックして、

❼サイズを指定すると、

❽数値ラベルのサイズが変わります。

Hint 複数の数値ラベルを選択するには

図のように複数の数値ラベルを選択した状態にするには、[shift]キーを押しながら数値ラベルを順にクリックします。

4 文字の色を変更する

続いて数値ラベルの色を変更してみます。数値ラベルを選択した状態で、[数値ラベル]タブの[フォント]で色を選択すると❾、文字の色が変わります❿。より見やすくなるよう調整しましょう。

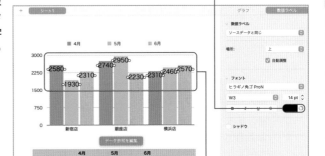

❾ここで色を選択すると、

❿数値ラベルの色が変わります。

StepUp グリッドラインの有無や太さを変えるには

グラフのグリッドラインは、表示・非表示や色の設定が自由に行えます。たとえばより細かなグリッドラインを追加したいときは、グラフを選択した状態で[座標軸]タブの[グリッドライン（小）]でラインのスタイルを選択すると❶、追加できます❷。線の色も自由に設定できます❸。非表示にしたいときは、ラインのスタイルを[なし]にすればOKです。大小のグリッドラインを調整し、グラフの見やすさをアップさせましょう。

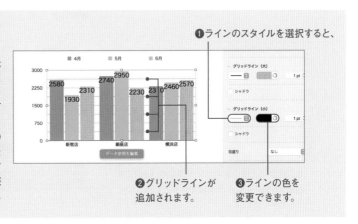

❶ラインのスタイルを選択すると、

❷グリッドラインが追加されます。

❸ラインの色を変更できます。

グラフに基準線を追加するには

基準線を追加すると、たとえば平均値のような目安となる値をグラフ上に示すことができます。値の比較しやすさが増し、よりわかりやすいグラフが簡単に作れます。

1 [座標軸] タブを表示する

ここでは図のグラフに平均の基準線を入れてみます。対象のグラフを選択し❶、フォーマットインスペクタの [座標軸] タブをクリックし❷、[値] をクリックします❸。

Point 基準線が設定できないグラフもある

積み重ねグラフ、2軸グラフ、3Dグラフ、および円グラフには、基準線を設定できません。

❶ グラフを選択して、

❷ ここをクリックして、

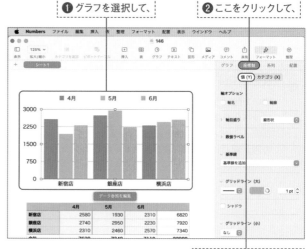

❸ ここをクリックします。

2 基準線の種類を選択する

[基準線を追加] をクリックし❹、[平均値] を選択します❺。

Hint 基準線は複数設定できる

グラフには、最大5本の基準線を設定できます。最大値と最小値を示す基準線を入れる、過去3年分の目安を基準線で示すといったことも簡単です。

❹ ここをクリックして、

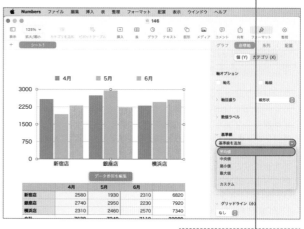

❺ [平均値] を選択します。

Chapter 3

Numbers にビジネス表計算はおまかせ

3 基準線が追加された！

グラフの値の平均値を示す位置に基準線が追加されました❻。[平均値] にあるチェックを付け外しして、名前や値の表示を設定できます❼。また表示される名前や値の変更も可能です❽。必要に応じて調節しましょう。

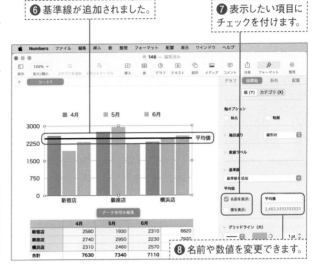

❻ 基準線が追加されました。

❼ 表示したい項目にチェックを付けます。

❽ 名前や数値を変更できます。

	4月	5月	6月	
新宿店	2580	1930	2310	6820
銀座店	2740	2950	2230	7920
横浜店	2310	2460	2570	7340
合計	7630	7340	7110	

Point 基準線を削除するには

基準線を選択し、[delete]キーを押すと削除できます。

Hint 基準線の種類や色は変更できる

基準線の種類や色を変更して見やすさをアップできます。基準線を選択すると❶表示される [基準線] タブで、線の種類と色、太さを指定しましょう❷～❹。

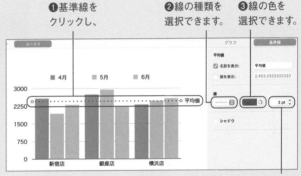

❶ 基準線をクリックし、

❷ 線の種類を選択できます。

❸ 線の色を選択できます。

❹ 線の太さを指定できます。

StepUp 任意の位置に基準線を入れるには

自由な位置、名称の基準線を追加することもできます。手順2の操作で [カスタム] を選択し❶、基準線の名前と値を入力すると❷❸、基準線が表示されます❹。図の例では名前、値ともに表示していますが、各々のチェックを外して非表示にしてもOKです。

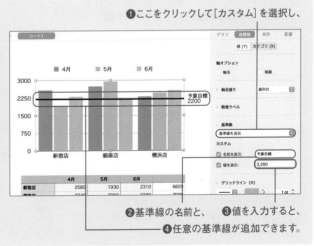

❶ ここをクリックして [カスタム] を選択し、

❷ 基準線の名前と、

❸ 値を入力すると、

❹ 任意の基準線が追加できます。

グラフのデータを変更するには

売上のグラフに翌月の情報を追加するなど、作成したグラフにデータを追加、変更したくなるケースはよくあります。Numbersでは、グラフの元となっている表に変更を加え、その内容をグラフに反映させることができます。

1　表の変更をグラフに反映させる

グラフの作成時に元とした表とグラフのデータは連動しているため、表に加えた変更は簡単にグラフに反映できます。ここでは表に新たな列を追加し、その情報をグラフにも反映させてみます❶。

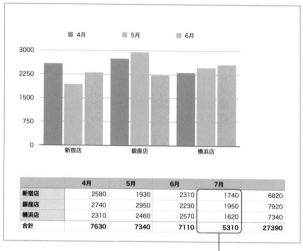

	4月	5月	6月	7月	
新宿店	2580	1930	2310	1740	6820
銀座店	2740	2950	2230	1950	7920
横浜店	2310	2460	2570	1620	7340
合計	7630	7340	7110	5310	27390

❶ 表に追加されたこの列の情報をグラフに含めます。

2　[データ参照を編集]をクリックする

グラフをクリックして選択し❷、表示される[データ参照を編集]をクリックします❸。

❷ グラフをクリックして選択し、

❸ ここをクリックします。

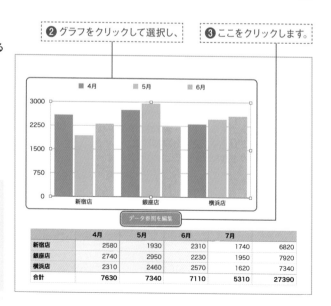

データ参照を編集

	4月	5月	6月	7月	
新宿店	2580	1930	2310	1740	6820
銀座店	2740	2950	2230	1950	7920
横浜店	2310	2460	2570	1620	7340
合計	7630	7340	7110	5310	27390

Point 数値だけを変更するには

グラフにする範囲は変わらず、すでにグラフ化されている項目の値のみを変更したいときは、表内の数値やテキストを訂正するだけでグラフに反映されます。

3 表選択範囲を変更する

右図のように、表内のグラフ化されている範囲が囲まれます。右下に表示されているハンドルをクリックし、グラフに追加したい列がグラフ化の範囲に含まれるようにドラッグします❹。

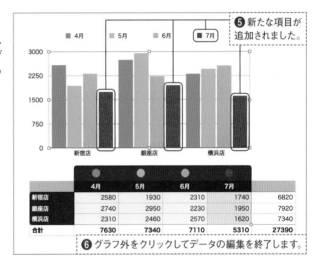

❹ここをドラッグして範囲を変更します。

> **Hint グラフから項目の削除もできる**
>
> 不要になった項目をグラフから削除したい場合は、図のハンドルをドラッグして、削除したい列や行をグラフ化する範囲から外しましょう。

	4月	5月	6月	7月	
新宿店	2580	1930	2310	1740	6820
銀座店	2740	2950	2230	1950	7920
横浜店	2310	2460	2570	1620	7340
合計	7630	7340	7110	5310	27390

4 グラフに反映された！

表に加えた範囲の変更が自動的に反映され、新たな項目がグラフに追加されました❺。グラフの選択を解除して変更を確定しましょう❻。

❺新たな項目が追加されました。

	4月	5月	6月	7月	
新宿店	2580	1930	2310	1740	6820
銀座店	2740	2950	2230	1950	7920
横浜店	2310	2460	2570	1620	7340
合計	7630	7340	7110	5310	27390

❻グラフ外をクリックしてデータの編集を終了します。

Chapter 3

グラフデータの変更

> **StepUp データの増減に合わせて見栄えを調節する**
>
> 手順4の図を見ると、項目を追加したことにより、見にくい印象を与えます。項目数が増えたときは、グラフの幅もその分広げるとバランスがよくなります。またフォーマットインスペクタの[グラフ]パネルの[間隔]で、[列の間隔]と[集合の間隔]を変更するのも有効です。右図は、グラフの横幅と[集合の間隔]を広げた状態です❶。手順4の図に比べ、すっきりと見やすくなりました❷。

❶ここで[集合の間隔]を広げると、

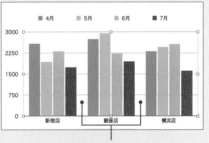

❷間隔が広がりました。

193

異なる単位の2つの縦軸を持つグラフを作成するには

共通の横軸に対して単位の異なる2つの縦軸を持つ「2軸グラフ」の作成方法を見てみましょう。図の例の「来客者数」と「売上金額」のように異なる単位のデータを並べることで、関連性が把握しやすいグラフができます。

Chapter 3

Numbers にビジネス表計算はおまかせ

1 [2D2軸] グラフをクリックする

ここでは例として、2Dの2軸グラフを作成します。ツールバーの [グラフ] をクリックして❶、2D2軸グラフをクリックします❷。

❶ここをクリックして、

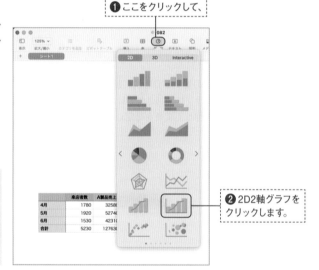

❷2D2軸グラフをクリックします。

> **Point 表は選択しないでOK**
>
> この時点では元となる表を選択しておく必要はありません。表を選択していない状態で操作しましょう。

2 [グラフデータを追加] をクリックする

2D2軸タイプのグラフが挿入されました❸。[グラフデータを追加] をクリックします❹。

❸2D2軸グラフが挿入されたら、

❹ここをクリックします。

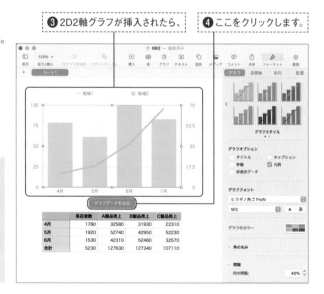

> **Hint グラフのタイプを確認するには**
>
> グラフのタイプは、フォーマットインスペクタの [グラフ] タブの一番下にある [グラフのタイプ] で確認できます。図のように左右に2つの縦軸が表示されていないときは、[グラフのタイプ] を [2D2軸] に変更しましょう。

3 データを選択する

データ追加用のポインタ（三角にグラフのアイコンが表示されたもの）に変わるので、来店者数のデータをグラフ化するため、［来店者数］のセルをクリックします❺。

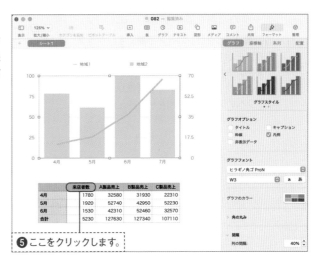

❺ここをクリックします。

4 グラフに追加される

来店者数がグラフ化されました❻。グラフ左側の軸を利用した折れ線グラフです。残りのデータもグラフ化するため、「A製品売上」「B製品売上」「C製品売上」の順でクリックします❼。

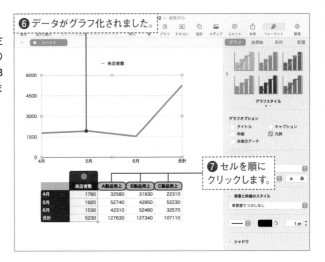

❻データがグラフ化されました。

❼セルを順にクリックします。

5 2軸グラフができた

残りのデータがグラフに追加されました❽。最初のデータとは異なりグラフ右側の軸を利用した棒グラフになっています。共通の横軸に対して単位の異なる2つの縦軸を持つグラフができました。

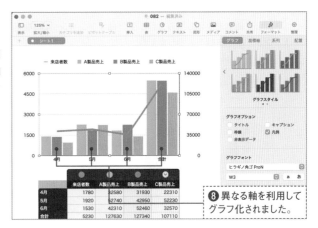

❽異なる軸を利用してグラフ化されました。

 ext →

6 データの範囲を調節する

図の例では「合計」の行が不要です。グラフ
の範囲を示す枠線のハンドルをドラッグして
不要部分を排除しましょう❾。
その後グラフ、表のない部分をクリックして
グラフへのデータの追加を一旦終えます❿。

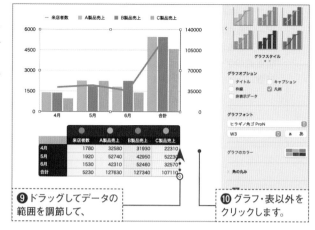

	来店者数	A製品売上	B製品売上	C製品売上
4月	1780	32580	31930	22310
5月	1920	52740	42950	52230
6月	1530	42310	52460	32570
合計	5230	127630	127340	107110

❾ ドラッグしてデータの
範囲を調節して、

❿ グラフ・表以外を
クリックします。

7 左側の軸の目盛りを変更する

続いてグラフが見やすくなるよう設定してみます。左側の軸（ここでは折れ線グラフに適用）の設定を行うには、グ
ラフを選択し⓫、フォーマットインスペクタの［座標軸］を表示し⓬、［値（Y1）］をクリックします⓭。軸目盛りの最
大と最小の値を変更すると⓮、左側の軸と折れ線グラフのみに反映されました⓯。

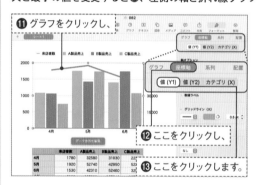

⓫ グラフをクリックし、

⓬ ここをクリックし、

⓭ ここをクリックします。

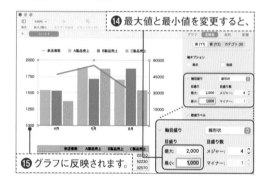

⓮ 最大値と最小値を変更すると、

⓯ グラフに反映されます。

8 軸の数値ラベルを追加する

続いて軸名を表示してみましょう。［軸オプション］の［軸名］にチェックを付け⓰、表示される軸名をダブルクリック
して⓱、名前を入力します⓲。

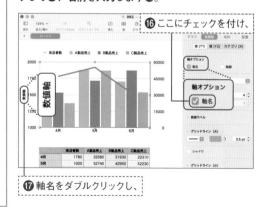

⓰ ここにチェックを付け、

⓱ 軸名をダブルクリックし、

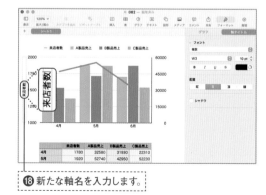

⓲ 新たな軸名を入力します。

9 右側の軸の設定を変更する

[座標軸]の[値(Y2)]をクリックすると、右側の軸の設定が可能です⑲。こちらにも軸名を追加しました⑳。わかりやすくするため、[数値ラベル]を[通貨]にしました㉑㉒。各々の軸に設定を行ったことで、軸が示す値がわかりやすくなりました。

⑲ここをクリックします。　⑳こちらの軸にも軸名を追加できます。

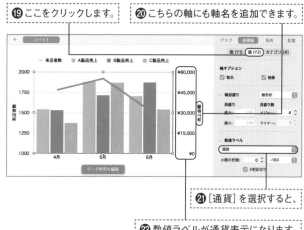

㉑[通貨]を選択すると、

㉒数値ラベルが通貨表示になります。

Hint 自由な単位を利用するには

軸の数値ラベルで[カスタムフォーマットを作成]を選択すると、自由な単位を利用することもできます。

StepUp 属する軸や系列の表示方法を変更するには

2軸グラフに追加したデータが思い通りの軸やグラフにならないというときは、次の操作で変更できます。属する軸は[プロット]、グラフの種類は[系列の表示方法]を編集しましょう。図の例では、右側の軸が用いられている「来店者数」のデータを左側の軸を用いた折れ線グラフに、さらに「A製品売上」を右側の軸を用いた棒グラフに変更します。なお、図の例では手順7で行った最大値と最小値の設定は行っていません。そのため属するデータに応じて目盛りが自動的に変わります。

❶対象の系列をクリックします。

❷[数値軸Y1]を選択して、

❸折れ線グラフをクリックすると、

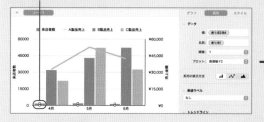

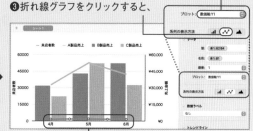

❹左側の軸を用いた折れ線グラフになります。

❺対象の系列をクリックします。

❻[数値軸Y2]を選択して、

❼棒グラフをクリックすると、

❽右側の軸を用いた棒グラフになります。

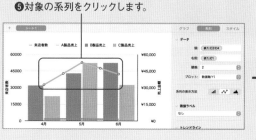

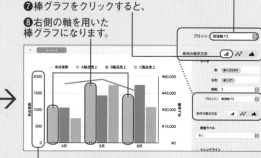

❾軸に属するデータの変化に伴い最小値と最大値も変化します。

197

オリジナルのグラフスタイルを保存するには

グラフの色や枠線などの設定に編集を加えたものを、オリジナルのスタイルとして保存することができます。ここではスタイルの保存方法と活用方法を紹介します。スプレッドシート内の複数のグラフを同じデザインで揃えたいときなどに重宝する機能です。

1 グラフをデザインしておく

図のグラフは、用意されていたスタイルに配色、背景色、棒の間隔の変更を加えています。こうして作成したオリジナルのデザインを別のグラフにも使いたい場合、グラフのスタイルとして登録して流用しましょう。対象のグラフを選択したら❶、フォーマットインスペクタの［グラフ］タブの［グラフスタイル］で右側の▶をクリックします❷。手順2の図のようにスタイル追加用のアイコン（＋の付いたもの）が表示されるまでクリックしましょう。

❶ グラフをクリックし、

❷ ここをクリックします。

2 ［＋］をクリックする

スタイルを追加するため、［＋］のアイコンをクリックします❸。

❸ ここをクリックします。

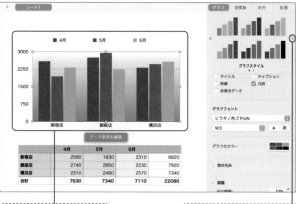

3 オプションを選択する

スタイルの定義の適用範囲を確認する図の
画面が表示されるので、スタイルとして保存
したい内容に応じていずれかをクリックしま
す❹。[OK] ボタンをクリックします❺。

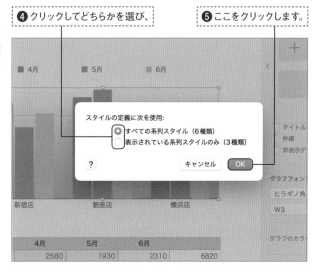

❹ クリックしてどちらかを選び、

❺ ここをクリックします。

4 スタイルが追加された！

スタイルの追加が完了し、[グラフ] パネルの
[グラフスタイル] に表示されます❻。追加し
たスタイルを別のグラフに利用してみましょ
う。グラフを選択し❼、スタイルをクリック
します❽。

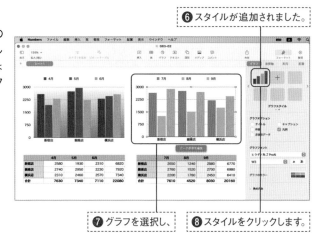

❻ スタイルが追加されました。

❼ グラフを選択し、

❽ スタイルをクリックします。

5 スタイルが適用された！

グラフスタイルが適用され、2つのグラフの
デザインが同じになりました❾。

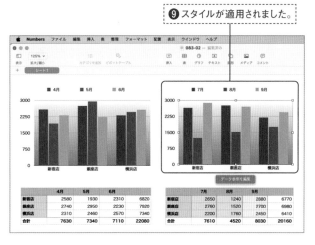

❾ スタイルが適用されました。

Point 他のスプレッドシート
では使えない

追加したオリジナルのグラフスタイルが利
用できるのは、同じスプレッドシート内の
みです。他のスプレッドシートでは利用で
きませんので注意しましょう。

シートに写真やイラストを挿入するには

オブジェクトを組み合わせて自由なレイアウトのシートを作成できるのは、Numbersの大きな特徴です。シートに画像を挿入する方法も覚えておきましょう。

1 ［メディア］ボタンをクリックする

写真アプリ内に保存している写真は、［メディア］ボタンを使って挿入すると写真アプリのライブラリを用いて写真を探すことができ便利です。ツールバーの［メディア］をクリックし❶、［写真］を選択しましょう❷。

❶ ここをクリックし、 ❷ ここをクリックします。

Hint 写真アプリ以外から写真を挿入するには

写真アプリ内にない画像は、［メディア］ボタンを使わずに挿入できます。写真が保存されたフォルダを開き、文書上に写真をドラッグするか、［挿入］メニューから［選択］を選択し、表示される画面で画像ファイルを選択しましょう。画像の保存場所に応じて便利な方を利用できます。

2 写真を選択する

写真アプリ内のデータが表示されるので、利用したいアルバムをクリックして❸、写真をクリックします❹。

StepUp 動画も挿入できる

手順1の［メディア］から［ムービー］や［Webビデオ］を選ぶと、動画ファイルに加え、YouTubeなどWeb上の動画の挿入もできます。Keynoteと同じ要領で操作できるので、P.244やP.250を参考にしてください。

❸ アルバムをクリックして、 ❹ 写真をクリックします。

3 画像が挿入された！

文書に画像が挿入されました**⑤**。画像をクリックすると表示されるハンドルをドラッグしてサイズを調節しておきましょう**⑥**。

> **Hint** 書式を保って
> 写真を入れ替えるには
>
> 書式を設定した写真はそれを保ったまま簡単に入れ替えできます。方法はP.94で紹介しています。

⑤ 画像が挿入されました。

⑥ ハンドルをドラッグしてサイズを調節します。

4 配置を調節する

画像をドラッグして移動し、配置を整えましょう**⑦**。オブジェクトのドラッグ時に表示される黄色の線は配置用のガイドです。表やグラフ、写真などの配置を素早く揃えるのに役立ちます。

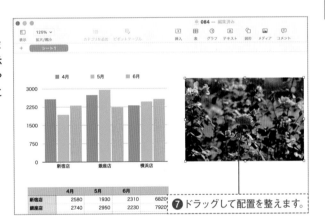

⑦ ドラッグして配置を整えます。

5 見栄えを整える

必要に応じて画像の見栄えを整えていきましょう。フォーマットインスペクタの［スタイル］パネルで**⑧**、イメージのスタイルをクリックすると**⑨**、美しいスタイルを簡単に適用できます**⑩**。その他にも個々の設定やトリミングなどを施すことができます。方法はPagesの場合と同じですのでP.88〜93を参考に利用してみましょう。

⑧ ここをクリックして、

⑨ スタイルをクリックすると、

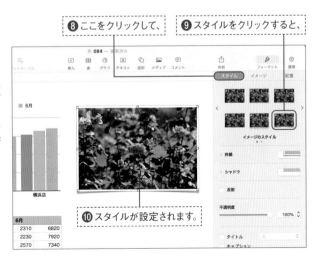

⑩ スタイルが設定されます。

図形を挿入するには

シートに図形を取り入れると、デザインやレイアウトの幅がより広がります。Numbersでは、使いたい図形を選択するだけで美しく着色された図形が簡単に挿入できます。ぜひ活用してみましょう、

1　[図形] をクリックする

シートに図形を挿入するには、まずツールバーの [図形] をクリックします❶。

❶ここをクリックします。

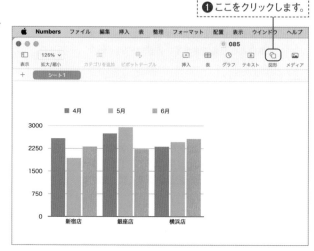

2　図形をクリックする

利用できる図形が表示されます。挿入したい図形をクリックします❷。ここではブロック矢印をクリックしました。

❷図形をクリックします。

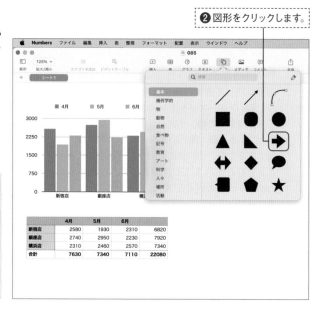

StepUp　オブジェクトにタイトルやキャプションを付ける

図形や画像などのオブジェクトには、タイトル、キャプションが設定できます。方法はP.96を参照してください。なお、グラフの場合、「グラフ」タブの「グラフオプション」で設定できます。

	4月	5月	6月	
新宿店	2580	1930	2310	6820
銀座店	2740	2950	2230	7920
横浜店	2310	2460	2570	7340
合計	7630	7340	7110	22080

3 サイズと配置を整える

選択した図形が挿入されます。図形の選択中に四辺四隅に表示されているハンドルをドラッグしてサイズを調節します**❸**。図形をドラッグで移動できるので、配置も整えましょう**❹**。

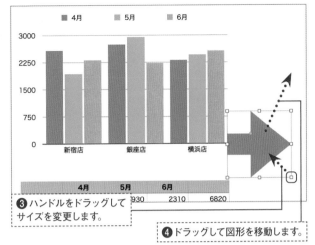

❸ ハンドルをドラッグしてサイズを変更します。

❹ ドラッグして図形を移動します。

4 図形を挿入できた！

思い通りのサイズ、位置に図形を挿入できました**❺**。図形選択時に表示されるフォーマットインスペクタの［スタイル］パネルでは、塗りつぶしの色や枠線の色などの設定も行えます。必要に応じて試してみましょう**❻**。方法はPagesと共通なので、P.68も参考にしてください。

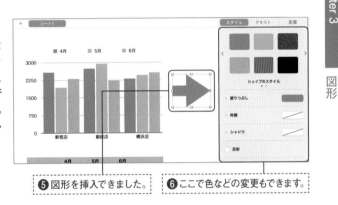

❺ 図形を挿入できました。

❻ ここで色などの変更もできます。

StepUp 図形の形状を変更する

図形の選択時に表示される緑色のハンドルをドラッグすると、図形の形状を変更できます。たとえば吹き出しの場合、引き出しの先端のハンドルをドラッグして**❶**、引き出し部分の長さや向きを変更したり**❷**、楕円の部分のハンドルをドラッグして**❸**、四角い吹き出しにしたりといったことが可能です**❹**。

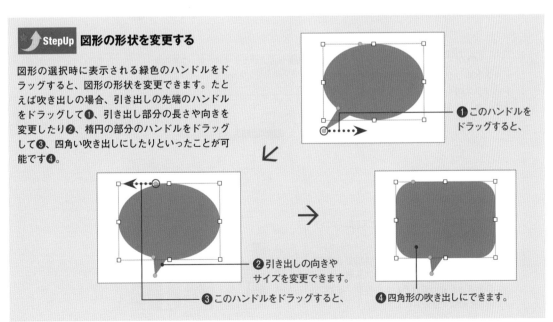

❶ このハンドルをドラッグすると、

❷ 引き出しの向きやサイズを変更できます。

❸ このハンドルをドラッグすると、

❹ 四角形の吹き出しにできます。

シートにテキストを挿入するには

シートに文字を挿入するには、テキストボックスを利用します。テキストボックスの作成、書式の設定方法をマスターしましょう。ここでは例として文書のタイトルを挿入していますが、説明文など小さな文字を入れる場合も方法は同じです。

1 [テキスト] をクリックする

テキストボックスを挿入するには、ツールバーの [テキスト] をクリックします❶。

❶ ここをクリックします

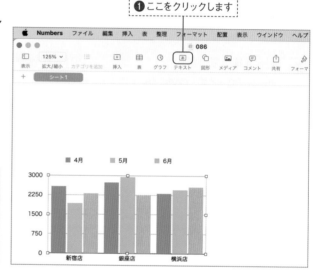

Point 縦書きのテキストボックスを利用する

テキストボックスを縦書きにするには、縦書きにしたいテキストボックスを右クリックし、[縦書きテキストをオン] を選択します。

2 文字を入力する

テキストボックスが作成されました。テキストボックス内をダブルクリックし❷、文字を入力しましょう❸。

❷ 作成されたテキストボックス内をダブルクリックし、

❸ 文字を入力します。

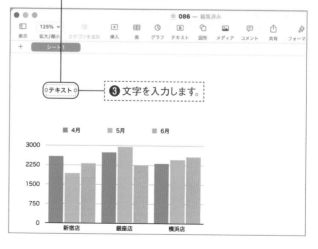

Point テキストボックスは移動できる

テキストボックスはドラッグで移動できます。文字を入力することでテキストボックスの大きさが変わるなどしますので、必要に応じて配置を整えましょう。

3 文字のサイズや色を調節する

用途に応じて文字の書式を整えましょう。図ではフォーマットインスペクタの［テキスト］タブで④、段落スタイルを変更しました⑤。さらに文字色も選択します⑥⑦。図ではテキストボックス自体を選択していますが、対象の文字だけをドラッグして選択し、設定を行うこともできます。テキストとテキストボックスの編集方法は、Pagesとほぼ同じですので参考にしてください。

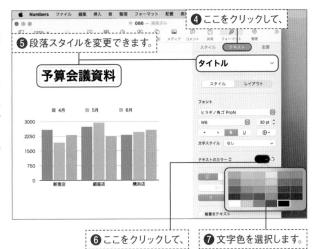

④ ここをクリックして、
⑤ 段落スタイルを変更できます。
⑥ ここをクリックして、
⑦ 文字色を選択します。

4 テキストを挿入できた！

シートにテキストを挿入できました⑧。シート内には複数のテキストボックスを挿入できますので、タイトル用、説明文用など必要な数だけ作成しましょう。

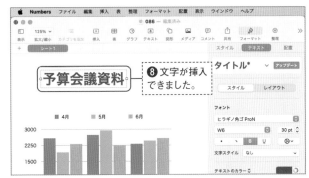

⑧ 文字が挿入できました。

StepUp　図形に文字を挿入できる

Numbersでは、図形にも文字を挿入できます。P.202の操作で図形を描いたら、ダブルクリックしてみましょう❶。図形内にカーソルが点滅し、文字を入力できます❷。入力したテキストは、図形選択時に表示されるフォーマットインスペクタの［テキスト］パネルで書式の設定が可能です❸。シート上の他の図形とスタイルを揃えることで、デザインに統一性を持たせることも簡単にできます。

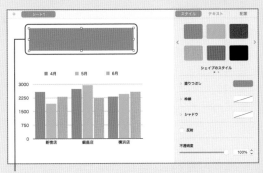

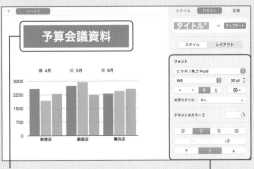

❶ 図形をダブルクリックすると、　　❷ 文字を入力できます。　❸ 文字の書式はここで設定できます。

入力に役立つチェックボックスやスライダを挿入するには

Numbersでは、チェックボックスやレート、スライダなど、セルへのデータ入力に役立つコントロールを簡単な操作で挿入できます。ここではその挿入方法と使い方を紹介します。

▶ チェックボックスを挿入する

1　セルを選択する

データの入力に利用できるチェックボックスを挿入してみます。対象のセルを選択したら❶、フォーマットインスペクタの［セル］タブを表示しましょう❷。

❶ セルを選択し、

❷ ここをクリックします。

2　［チェックボックス］を選択する

［データフォーマット］のポップアップメニューを［チェックボックス］に変更します❸。するとセル内にチェックボックスが挿入されます❹。

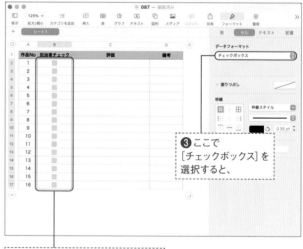

❸ ここで［チェックボックス］を選択すると、

❹ チェックボックスが挿入されます。

3 **チェックボックスの操作**

チェックボックスをクリックするとチェックを付けることができます❺。チェックを外すには再度クリックします。チェックボックスを含むコントロールは、セルを選択して delete キーを押すと削除できます。

❺クリックしてチェックを付けられます。

StepUp 並び替えや絞り込みの条件に利用できる

チェックの有無を条件にして、データの並べ替え（P.162参照）や絞り込み（P.163参照）が行えます。たとえばフィルタの条件を[TRUE]にすると、チェックの付いたセルのみが表示されます。

チェックの有無で絞り込みが行えます。

Hint その他のコントロールも使ってみよう

チェックボックス以外にも、さまざまなコントロールが利用できます。手順2の要領で選択して使ってみましょう。たとえば[星印の評価]を選択すると❶、★の数で評価を入力できます❷❸。数値の入力に便利な「スライダ」や「ステッパー」なども利用できます。

❶[星印の評価]を選択すると、

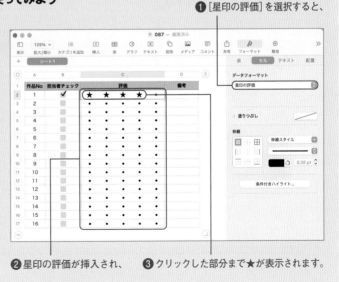

❷星印の評価が挿入され、　❸クリックした部分まで★が表示されます。

➤➤プリント

スプレッドシートを印刷するには

作成したスプレッドシートの印刷方法を紹介します。Numbersのプリントのプレビューを使えば、用紙からはみ出したデータを一枚の用紙に収めるなどの指定も簡単に行うことができます。

1 プリントのプレビューを表示する

用紙のサイズや向きを指定し、シートを印刷する方法を見ていきましょう。まずは［ファイル］メニューから［プリント］を選択します❶。

❶ここを選択します。

2 用紙の設定をする

プリントのプレビューが表示されたら、利用するプリンタを選択します❷。用紙のサイズを選択し❸、用紙の向き（図では横向き）をクリックします❹。

❷ プリンタを選択し、

❸ 用紙のサイズを選択して、

❹ 用紙の向きをクリックします。

3 溢れた部分を用紙に収める

手順2の図のように、用紙からデータが溢れている場合に便利なのが、[自動調整]機能です。[自動調整]をクリックし❺、チェックの付いた状態にすると、用紙に収まるよう自動で縮小され、手動で調節する手間が省けます❻。

 Point 用紙の変更にも自動で対応

[自動調整]機能を使うと、用紙のサイズや向きの変更によりデータが溢れた場合、自動的に縮小率が変更されます。

❺ [自動調整]をクリックしてチェックを付けると、

❻ 用紙に収まるよう自動的に縮小されます。

4 余白を確認する

[ページ余白]では上下左右の余白の変更も可能です❼。プリントプレビューでバランスを見ながら、必要があれば調節しましょう。[自動調整]機能がオンの場合、余白の増減に合わせて縮小率も調節されます。

Point 用紙の横幅に合うよう調節される

[自動調節]機能では、用紙の横幅に合うようデータが縮小されます。縦の長いデータの場合、溢れた分は2ページ目以降に収められます。縦も収まるよう手動で調節したい場合は、次ページを参照してください。

❼ 余白を調節できます。

5 印刷を開始する

印刷対象のシートをクリックし❽、[プリント]ボタンをクリックするとプリントが開始されます❾。

❽ 印刷対象のシートをクリックして、

❾ ここをクリックします。

Next⊙

Chapter 3

プリント

209

Hint プリントの拡大・縮小率を手動で設定する

小さめに印刷して余白を多く取りたいなど、印刷する大きさを任意に調節したいときは、[自動調整] をクリックしてチェックを外しましょう❶。[内容の拡大／縮小] にあるスライダをドラッグして、自由に倍率を調節できます❷。

❶ここのチェックを外し、

❷ここをドラッグして倍率を調整します。

StepUp ページ番号を設定するには

ページ数の多い文書では、ページ番号があると重宝します。[ページ番号] では、番号の振り方を選択できます。図では前のシートから連続した番号が振られるよう設定しています❶。任意のページ番号を付けたいときは、[開始番号] をクリックし❷、使用したい開始番号を指定しましょう❸。

❶前のシートから連続したページ番号を振りたい場合にクリックします。

❷任意のページ番号を使用するにはここをクリックして、

❸開始番号を入力します。

StepUp 表のヘッダを全ページに印刷する

図の例のように大きな表を印刷する場合、項目名などの入力されたヘッダの行が2ページ目以降にもあるとよりわかりやすくなります。[表のヘッダを繰り返す] にチェックを付けると❶、全ページに自動的にヘッダ行を追加できます❷。

❶ここにチェックを付けると、

❷全ページにヘッダが付きます。

Chapter 4

Keynoteで人の心を動かすプレゼン作成

Keynoteってどんなソフト?

Keynoteは、プレゼンテーションなどで利用するスライドショーを作成するアプリケーションです。用意されたテーマを使って、美しいスライドが素早く作成できます。アニメーションやサウンドを設定することで、より効果的なスライドショーにアレンジすることも簡単です。

スライドショーを作成できる

スライドショーと聞くと、高度な技術が必要に思えるかもしれませんが、Keynoteではごく簡単な操作でスライドショーを作成できます。文字の書式設定やオブジェクトの編集方法は、Pagesで文書を作るのとあまりかわりません。

プレゼンテーションを効果的にする
スライドショーを作成できます。

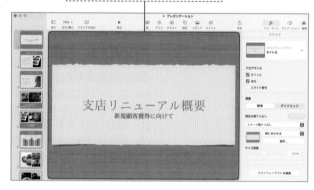

デザインやレイアウトが
用意されている

Keynoteには、さまざまなデザインやレイアウトが用意されています。既存のデザインやレイアウトを編集することで、簡単かつ素早くスライドを作成することが可能です。

多彩なデザインが用意されています。

画像やグラフなどを利用できる

写真などの画像、グラフや表に加え、動画やサウンドなど、スライドにはさまざまな要素を挿入することができます。画像の加工機能やムービーのトリミング機能も用意され、Keynote内で素材の加工もできます。

画像や動画などさまざまな要素を盛り込めます。

アニメーションやサウンドで演出できる

スライド内のテキストや画像などに加え、スライドの切り替えにもアニメーションを設定できます。また、サウンドファイルを挿入することもできます。どちらもプレゼンテーションを盛り上げるのに役立ちます。

画像にアニメーションを設定し、より効果的に見せることができます。

発表用の機能も充実

本番さながらにリハーサルできる機能や自動再生用のナレーションの録音など、発表をスムーズに行うための機能も用意されています。作成したスライドを配布用の資料として印刷することもできるので、わざわざ別のアプリケーションで作る必要はありません。

リハーサル機能では時間をはかりながら練習できます。

Chapter 4

Keynote の概要

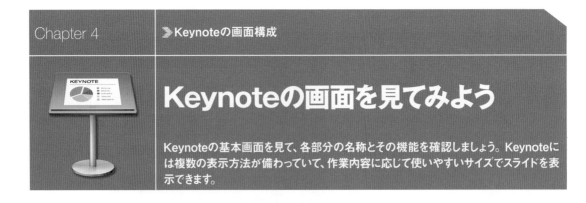

Keynoteの画面を見てみよう

Keynoteの基本画面を見て、各部分の名称とその機能を確認しましょう。Keynoteには複数の表示方法が備わっていて、作業内容に応じて使いやすいサイズでスライドを表示できます。

►Keynoteの基本画面

Keynoteの画面を構成する要素を見てみましょう。中央の大きな枠がスライドの編集スペースです。初期設定では左側のスライドナビゲータにスライドのサムネールが表示されています。

メニューバー
機能を選択して操作を実行できます。

タイトルバー
プレゼンテーションのタイトルが表示されます。

ツールバー
利用頻度の高い機能がボタンで表示されています。

インスペクタ
選択した項目を編集するための機能が集められています。
選択している項目に応じて表示される内容が変化します。

スライドナビゲータ
初期設定の「ナビゲータビュー」では、スライドのサムネールが表示され、スライドの選択や移動が素早く行えます。
ビューは作業内容に応じて切り替えられます（次ページ参照）。

プレースホルダ
文字や画像を入れるボックスです。

基本となるナビゲータビュー（左ページの状態）以外の表示方法を見てみましょう。各表示の特徴を知り、作業に応じて使い分けることでより効率的にプレゼンテーションの作成ができます。ビューの切り替えは、ツールバーの［表示］ボタンをクリックして行います❶❷。

❶ ここをクリックし、　❷ 表示方法を選択します。

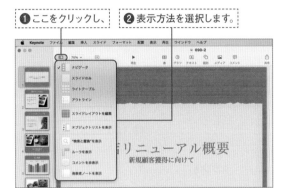

スライドのみ

スライドナビゲータが非表示になりスライドの表示スペースが広がります。スライドをより大きく表示して作業したいときに適しています。

ライトテーブルビュー

スライドがサムネール化され、多くのスライドをまとめて確認できます。右下のスライダをドラッグしてサムネールのサイズを調節でき、サムネールをダブルクリックすると拡大表示されます。

アウトラインビュー

スライドナビゲータに各スライドのタイトルと箇条書きテキストが表示されます。スライドナビゲータ内でテキストの入力や移動もでき、プレゼンテーションの構成を考えながら作成するのに便利です。

Hint 発表者ノートも表示できる

［表示］ボタンをクリックして［発表者ノートを表示］を選択すると、スライドの下に発表者用のノートを表示できます。発表に必要な原稿やメモを編集できるスペースです（P.286参照）。

発表者ノートが
表示されています。

Chapter 4

Keynote の画面構成

215

スライドのデザインを 素早く整えるには

Keynoteには洗練されたデザインのテーマがあらかじめ用意されていて、適用するだけで 素早くスライドの見栄えを整えることができます。新規プレゼンテーション作成時に選択 しておきましょう。編集途中でテーマを変えることもできます。

▶プレゼンテーションの作成時にテーマを適用する

1 テーマを選択する

Keynoteの起動時または新規プレゼンテー ションの作成時には、図のテーマの選択画面 が表示されます。スクリーンのサイズを選択 し❶、左側の一覧でテーマのジャンルを選択 します❷。利用したいテーマを選択して❸、 [作成] ボタンをクリックしましょう❹。図で は「クラフト」ジャンルの「京都風」デザイン を選びました。

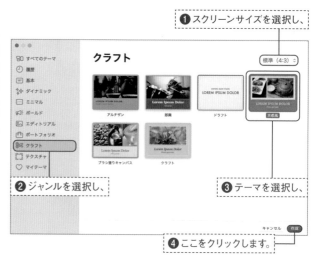

❶スクリーンサイズを選択し、

❷ジャンルを選択し、

❸テーマを選択し、

❹ここをクリックします。

2 テーマが適用された！

選択したテーマが設定された状態でプレゼ ンテーションが作成されました❺。このプレ ゼンテーション内で新たなスライドを追加す ると、設定したテーマのスライドが追加され ます。

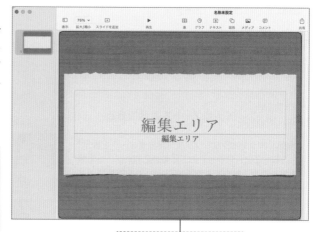

❺テーマが適用されました。

> **Hint ワイドスクリーン用 スライドも作成できる**
>
> 図1では標準サイズを選択していますが、ワ イドスクリーンサイズのスライドを作成す ることもできます。手順1の❶の部分をク リックし、「ワイド（16：9）」を選びましょう。

1

テーマの選択画面を表示する

プレゼンテーションのテーマは後からでも変更可能です。スライドをいくつか追加した図のプレゼンテーションのテーマを変更してみます。[ファイル]メニューから[テーマを変更]を選択します❶。

> **Point インスペクタからも操作できる**
>
> 書類インスペクタの[書類]タブにある[テーマの変更]ボタンをクリックしても手順2の画面を表示できます。便利な方を使いましょう。

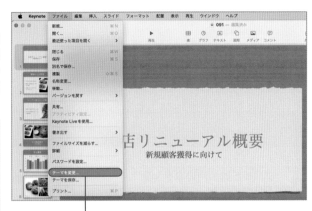

❶ここを選択します。

2

テーマを選択する

テーマの選択画面が表示されるので、変更後に利用したいテーマを選択し❷、[選択]ボタンをクリックします❸。

> **Point 背景色を変更できる**
>
> フォーマットインスペクタの[スライド]タブの[背景]でスライドの背景を変更できます。ただし、背景に画像が使われているテーマ（「基本」ジャンル以外のほとんどのテーマ）は、背景が画像から塗りつぶしなどに代わるので注意しましょう。

❷テーマを選択し、

❸ここをクリックします。

3

デザインが変わった！

テーマが変更され、スライドのデザインがまとめて変わりました❹。テーマが変わっても、箇条書きの書式などのレイアウトは維持されます。ただし図の例の6枚目のスライドのように画像が複数配置されるレイアウトは、場合によっては画像の数が変わることもあるので注意しましょう。

❹テーマが変更されデザインが変わりました。

Chapter 4

テーマ

新しいスライドを追加するには

プレゼンテーションに内に新しいスライドを追加する方法をマスターしましょう。どのようなページを追加したいかをイメージし、それに合ったレイアウトを選択することがポイントです。

1 スライド追加用のボタンをクリックする

プレゼンテーションにスライドを追加するには、まず［スライドを追加］ボタンをクリックします❶。

❶ここをクリックします。

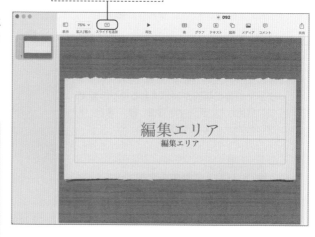

Point レイアウトは調節可能

手順2で選択するレイアウトは、オブジェクトの位置やサイズを調節するなど、後から変更が可能です。作成したいスライドに近いものを選んでおくと、後からの編集作業が少なくて済みます。

2 レイアウトを選択する

Keynoteには、文字の配置や書式、画像の配置などが設定されたレイアウトがあらかじめいくつか用意されています。利用したいレイアウトをクリックしましょう❷。図では「タイトル＆箇条書き」のレイアウトを選択しました。

❷レイアウトをクリックします。

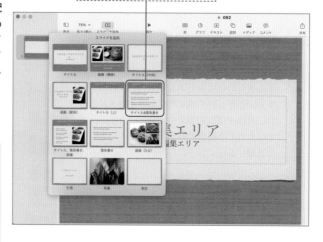

Point 空白のレイアウトもある

自分で一からレイアウトを作りたいときは、白紙のレイアウトを選択しましょう。右図の場合、選択肢の右下に白紙のレイアウト（空白）があります。

3 スライドが追加された！

選択したレイアウトのスライドが追加されました❸。図では「タイトル&箇条書き」のレイアウトを選択したので、タイトル用と箇条書き用のテキストボックスがあらかじめ配置されています❹。

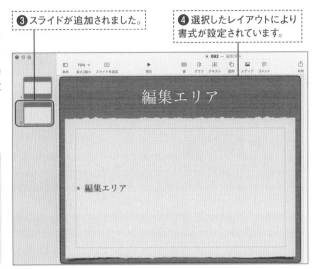

❸ スライドが追加されました。

❹ 選択したレイアウトにより書式が設定されています。

> **Hint スライド番号を挿入できる**
>
> スライドナビゲーターで対象のスライドを選択し、[フォーマット] インスペクタの [スライド番号] にチェックを付けると、スライド番号を挿入できます。

4 同じレイアウトのスライドを素早く追加する

スライドナビゲータでスライドを選択して [return] キーを押すと❺、選択したスライドと同じレイアウトのスライドを追加できます❻。同じレイアウトのスライドを続けて利用したいときに便利です。

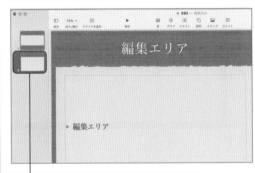 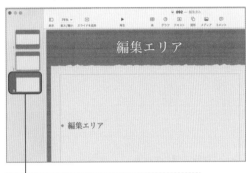

❺ スライドを選択して [return] キーを押すと、

❻ 同じレイアウトのスライドが追加されます。

> **Hint スライドを削除するには**
>
> スライドナビゲータでスライドを選択し、[delete] キーを押すとスライドを削除できます。

スライドを選択して [delete] キーを押して削除します。

Chapter 4　スライドの追加

文字を入力するには

作成したスライドに文字を入力してみましょう。既存のテキストボックスに入力する場合に
加え、新しいテキストボックスの作成方法も覚えておきましょう。

▶ 既存のテキストボックスへの入力

1 文字をダブルクリックする

テキスト入りのレイアウトを選択したスライ
ドには、あらかじめテキストボックスが配置
されています。文字を入力するには、テキス
トボックス内の文字（初期設定であれば「編
集エリア」など）をダブルクリックします❶。

❶ ここの文字をダブルクリックします。

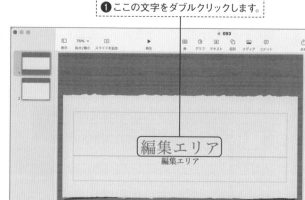

2 文字を入力する

するとテキストボックス内でカーソルが点滅
し❷、文字を入力できます❸。

❷ カーソルが点滅するので、

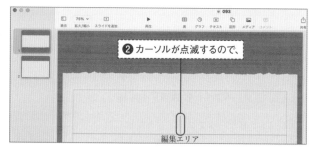

StepUp 縦書きの文字を入力する

テキストボックスは縦書きにもできます。
縦書きにしたいテキストボックスを右ク
リックして［縦書きテキストをオン］を選択
するか、フォーマットインスペクタの［テキ
スト］タブの［スタイル］で［縦書きテキスト］
にチェックを付けましょう。

❸ 文字を入力します。

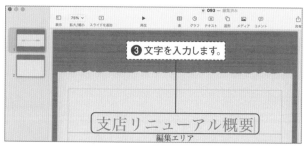

1 [テキスト] ボタンをクリックする

テキストボックスは自由に追加できます。ツールバーの [テキスト] ボタンをクリックしましょう❶。

Point オブジェクトの重ね順は変更できる

テキストボックス、画像、図形などスライド上のオブジェクトの重ね順は、Pagesの場合と同じく [前面] などのボタンをクリックして変更できます (P.74)。画像の上に文字を配置するなど使い方も簡単にできます。

❶ここをクリックします。

2 テキストボックスの配置を整える

テキストボックスが作成されました❷。テキストボックスはドラッグで移動できるので、配置を調節しましょう❸。

Hint テキストボックスを削除するには

テキストボックスを削除するには、枠線部分をクリックして選択し、[delete]キーを押します。

❷テキストボックスが追加されました。

❸ドラッグして配置を整えます。

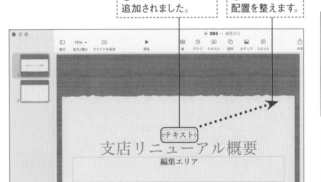

3 文字を入力する

追加したテキストボックスをダブルクリックして文字を挿入します❹。なおテキストボックスに入力される文字の色やフォントは、利用しているテーマに応じて設定されています。そのため挿入位置によっては、見にくい場合もあります。文字色やサイズはP.225の方法で変更できます。

❹文字が挿入できました。

Chapter 4

文字の入力

221

箇条書きを利用するには

スライドの作成において、箇条書きはとても利用頻度の高い書式です。Keynoteでは箇条書き用のレイアウトを使えば簡単に入力できます。行頭記号の変更方法も併せて覚えておきましょう。

1　1行目を入力して改行する

用意されたスライドのレイアウトでは、タイトル用以外のほとんどのテキストボックスに箇条書きの書式が設定され、行頭記号が表示されています❶。行頭記号の後ろに1行目のテキストを入力し、return キーを押して改行しましょう❷。

Hint　箇条書き以外の書式を箇条書きにもできる

自分で追加したものなど、箇条書きの書式が設定されていないテキストボックスの場合も、テキストボックスを選択し、手順3の要領で行頭記号を設定すれば同じように箇条書きにできます。

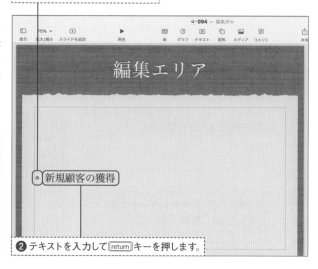

❶ 行頭文字が表示されています。

❷ テキストを入力して return キーを押します。

2　行頭記号が入力された！

すると次の行に自動で行頭記号が挿入され、箇条書きで入力できます❸。

Point　段落を変えずに改行するには

shift キーを押しながら return キーを押すと、段落を変えずに改行でき、行頭記号は付きません。

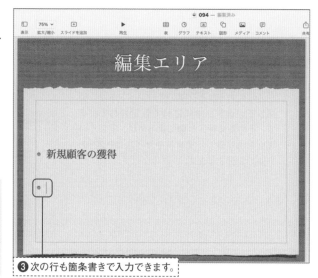

❸ 次の行も箇条書きで入力できます。

3 **テキストボックスを選択する**

続いて箇条書きの行頭記号をまとめて変更してみます。まずはテキストボックスを選択します④。文字の編集中にテキストボックス自体の選択がうまくいかないときは、テキストボックスの外を一度クリックして選択を解除し、再度テキストボックス内をクリックするとうまくいきます。図のようにテキストボックスの枠線にハンドルが表示された状態にしましょう。

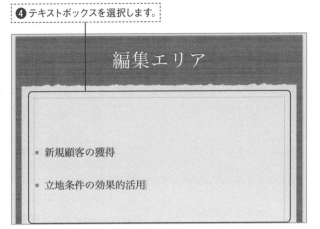

④ テキストボックスを選択します。

4 **行頭記号を選択する**

フォーマットインスペクタの［テキスト］タブをクリックし⑤、［箇条書きとリスト］の行頭の▶をクリックして展開します⑥。図のテーマでは、テーマに合うデザインの画像を箇条書きの行頭記号として利用しているので、［現在のイメージ］をクリックして⑦、利用したいイメージを選択します⑧。

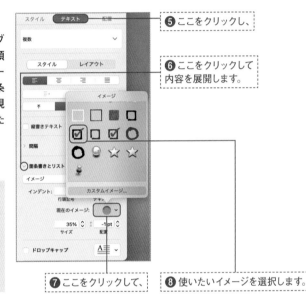

⑤ ここをクリックし、

⑥ ここをクリックして内容を展開します。

⑦ ここをクリックして、

⑧ 使いたいイメージを選択します。

 行頭文字や数字も利用できる

イメージ以外に、●などの文字や数字を行頭記号に利用できます。［箇条書きとリスト］で［行頭記号］や［数字］などを選択して設定しましょう。

5 **行頭記号が変わった！**

テキストボックス内の行頭記号が、選択したイメージにまとめて変わりました⑨。［テキスト］パネルで大きさや配置を調節しましょう⑩。

Point **特定の行の行頭記号だけを変更するには**

テキストボックス内で対象の段落を選択してから操作すると、その段落の行頭記号だけを変更できます。

⑨ 行頭記号が変わりました。

⑩ サイズと配置をここで調節します。

テキストの書式を変更するには

スライド内のテキストには、選択したテーマに合う書式が設定されていますが、変更することも可能です。文字量の少ない部分は文字を大きくする、目立たせたい箇所の色を変えるなどしてスライドの見やすさを向上させましょう。

1 フォントを選択する

テキストの書式設定方法を順に見ていきましょう。まずは変更したい文字をドラッグして選択します❶。フォーマットインスペクタの［テキスト］タブを表示し❷、［スタイル］をクリックします❸。フォントの種類を変更するには、［フォント］のポップアップメニューをクリックしてフォントを選択します❹。

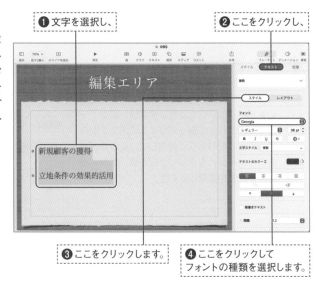

❶文字を選択し、

❷ここをクリックし、

❸ここをクリックします。

❹ここをクリックしてフォントの種類を選択します。

2 サイズを選択する

フォントの種類が選択したものに変わります❺。続いて文字のサイズを変更するには、サイズ指定欄の数値を変更します❻。

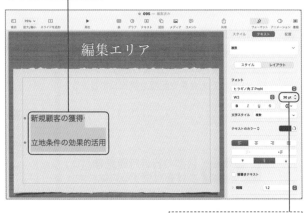

❺フォントの種類が変わりました。

❻ここでサイズを変更します。

StepUp 文字の方向を変更する

図のフォーマットインスペクタの［テキスト］タブで［縦書きテキスト］にチェックを付けると、テキストボックス内のテキストが縦書きになります。チェックを外すと横書きに戻ります。

3 文字色を選択する

文字のサイズが変わりました❼。さらに文字の色を変更するには、色変更用のアイコンをクリックし❽、文字色を選択します❾。

❼ 文字の大きさが変わりました。

❽ ここをクリックして、

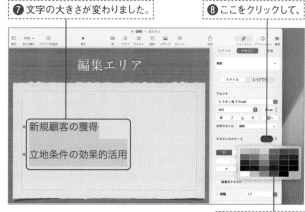

❾ 色を選択します。

💡Hint より自由な色を利用するには

図で利用したアイコンから選択できるのは、利用しているテーマに合う色としてピックアップされた色です。より自由に色を選びたいときは、隣にあるカラーホイール⬭をクリックして色を指定しましょう。

4 文字色が変わった！

文字の色が変わりました❿。なお［テキスト］タブの［フォント］には、太字や下線などの文字飾りの設定が可能なボタンやポップアップメニューもあります。必要に応じて使いましょう。

❿ 文字の色が変わりました。

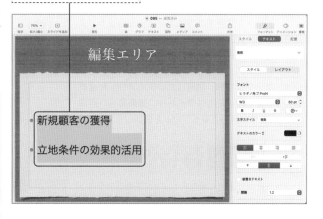

✏Point 文字の配置を変更するには

［テキスト］タブにあるボタンをクリックすると、テキストボックス内での文字の配置を変更できます。ボタンは上から、中央揃えなど左右の位置を指定するボタン、テキストボックス内でのインデントを設定するボタン、上揃えなど上下の位置を指定するボタンとなっています。

🌙StepUp 段落スタイルを活用する方法もある

スライド内のテキストには、あらかじめ段落スタイルが適用されています。このスタイルを変更することで書式を変更する方法もあります。また、スタイルの書式自体を更新すると、同じスタイルが適用された他の文字列の書式もまとめて変更することもできます。段落スタイルの仕組み、適用方法や更新方法はPagesの場合と同じですので、P.32～33、44～47を参考に利用してみましょう。

テキストにはなんらかの段落スタイルが初期設定されています。

スライドのレイアウトを変更するには

スライドの追加時に選択したレイアウトは、作成途中で変更することも可能です。既存の別のレイアウトを適用する以外に、オブジェクトのサイズや位置を手動で変更することもできます。

▶既存のレイアウトを使った変更

1 レイアウトを選択する

既存のレイアウトを利用してスライドのレイアウトを変更する方法を見てみましょう。スライドナビゲータで対象のスライドを選択し❶、フォーマットインスペクタの［スライドレイアウト］タブで変更用のアイコンをクリックして❷、利用したいレイアウトを選択します❸。図ではタイトル、箇条書き、画像の3つが入ったレイアウトを選択しました。

> **Point オブジェクトの重ね順は変更できる**
>
> 画像、図形、テキストボックスなどスライド上のオブジェクトの重ね順は、Pagesの場合と同じく［前面］などのボタンをクリックして変更できます（P.74）。

❶スライドを選択し、

❷ここをクリックして、

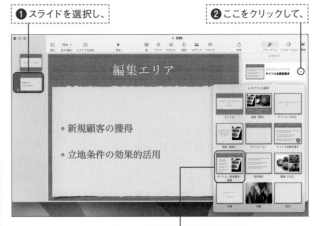

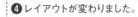
❸レイアウトをクリックします。

2 レイアウトが変わった！

レイアウトが変更されました❹。選択した通り、タイトル、箇条書き用テキストボックス、画像の入ったレイアウトになっています。

> **Hint 要素の追加や削除もできる**
>
> 図の［スライドレイアウト］タブの［アピアランス］では、タイトル、本文、スライド番号の挿入と削除を選択できます。不要な要素はチェックを外せば削除できます。一方タイトルや本文のないレイアウトでここにチェックを付けると、それぞれが追加されます。

❹レイアウトが変わりました。

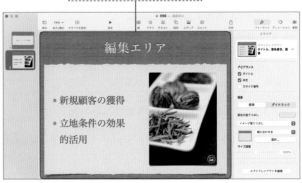

Chapter 4

Keynote で人の心を動かすプレゼン作成

1 テキストボックスの大きさを変更する

テキストボックスの場合を例に、サイズや配置の手動調節の方法を見ていきましょう。テキストボックスのサイズを変更するには、対象のテキストボックスをクリックして選択し、四辺四隅に表示されるサイズ変更用のハンドルをドラッグします❶。ここでは右下のハンドルをドラッグしてテキストボックスを小さくしました。

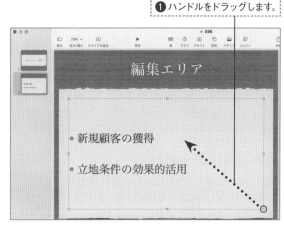

❶ ハンドルをドラッグします。

2 テキストボックスを移動する

テキストボックスをクリックして❷、ドラッグすると移動できます❸。

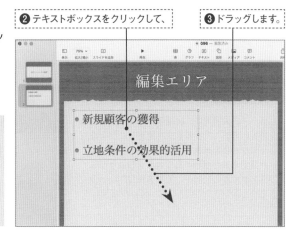

❷ テキストボックスをクリックして、

❸ ドラッグします。

Hint 画像やグラフも同様に移動できる

ここでは例としてテキストボックスを使っていますが、画像やグラフなどのオブジェクトも同様の操作でサイズ変更や移動が行えます。

3 テキストボックスが移動した！

ドラッグした分だけテキストボックスが移動しました❹。空いたスペースにテキストボックスや画像を追加するなどして、オリジナルのレイアウトが作成できます。

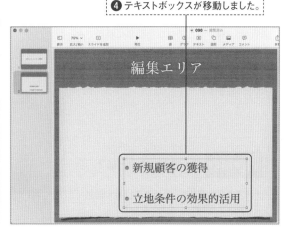

❹ テキストボックスが移動しました。

Point 移動時に表示される黄色のライン

テキストボックスのサイズ変更や移動時に表示される黄色のラインは、大きさや配置を整えるためのガイドです。スライドの中央や他のオブジェクトと揃える際の目安になります。

Chapter 4

レイアウトの変更

オリジナルのテーマを保存するには

テーマに変更を加えた状態をオリジナルのテーマとして保存することができます。他のプレゼンテーションファイルにも同じデザインを利用したいときに重宝する機能です。

1 ［テーマを保存］を選択する

図のプレゼンテーションは、あらかじめ用意されたテーマ（京都風）を設定し❶、文字の色やフォントを手動で変更しています❷。これをオリジナルのテーマとして保存するには、［ファイル］メニューから［テーマを保存］を選択します❸。

✎Point 段落スタイルを更新しておこう

テーマ内の書式は、段落スタイルで管理されています。文字の書式を変更したら、段落スタイルを更新し、段落スタイルの書式が変更された状態にしておきましょう。段落スタイルの仕組み、更新方法はPagesの場合と同じです（P.32〜33、44〜47参照）。

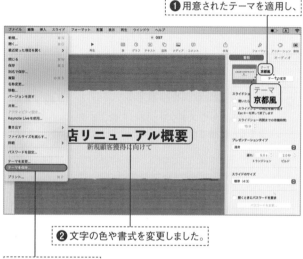

❶用意されたテーマを適用し、

❷文字の色や書式を変更しました。

❸ここを選択します。

2 ［テーマセレクタに追加］をクリックする

オリジナルのテーマの保存を問う図の画面が表示されます。ここでは以後簡単に利用できるテーマセレクタに追加するため、［テーマセレクタに追加］をクリックします❹。

✎Point テーマセレクタとは？

テーマセレクタとは、テーマの設定・変更時に利用する手順4の画面を指します。

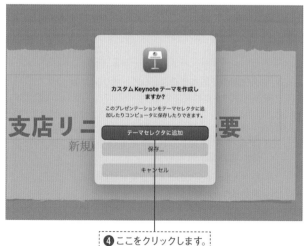

❹ここをクリックします。

3 テーマ名を入力する

するとテーマが作成されるので❺、テーマ名を入力しましょう❻。内容がわかりやすい名前にしておくと後から選びやすいでしょう。これでオリジナルのテーマを保存できました。

💡 **Hint** 別のMacやデバイスでも作ったテーマを使うには

作成したオリジナルテーマは、同じApple IDでiCloudにサインインしていて、KeynoteのiCloud Driveがオンになっている別のMacやiPadなどと同期され、それらのデバイスでも同じようにテーマを利用できます。なおこの機能を利用するには、iOSデバイスがiOS 11.2以降を使用し、MacがmacOS 10.13.2以降を使用している必要があります。

❺ テーマが作成されたら、　　　❻ テーマ名を入力します。

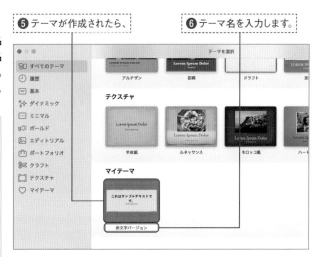

4 オリジナルテーマを利用する

新規プレゼンテーションを作成し、オリジナルのテーマを適用してみます。新規スライド作成時（またはテーマの変更時）に表示される図の画面で［マイテーマ］をクリックすると❼、オリジナルのテーマが表示されます。利用したいテーマを選択して❽、［作成］（または［選択］）ボタンをクリックしましょう❾。

❼ ここをクリックして、　　　❽ オリジナルのテーマを選択し、

❾ ここをクリックします。

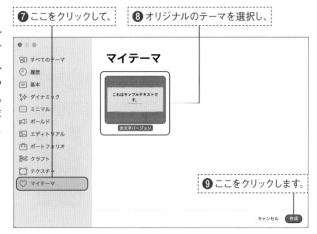

5 オリジナルのテーマが適用された！

オリジナルのテーマが適用されました❿。スライド内の文字の書式はオリジナルテーマのものになっています⓫。

💡 **Hint** スライドレイアウトの変更を保存できる

ここでは例として文字の書式のみ変更したものを利用しましたが、スライドレイアウト（P.236参照）に加えた変更はテーマとして保存できます。より多くのアレンジを加えたオリジナルのテーマも作成可能です。

❿ オリジナルのテーマが適用されました。　　　⓫ オリジナルテーマに保存した書式が設定されています。

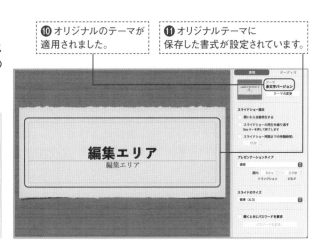

編集エリア

スライドの順番を変更するには

作成したスライドはドラッグで簡単に並べ替えることができます。スライドナビゲータのサムネールを利用するほか、ライトテーブル、アウトラインの各ビューを利用することも可能です。それぞれの特徴を知り、状況に応じて使い分けましょう。

► スライドナビゲータでの並べ替え

1　スライドナビゲータ内でドラッグする

もっとも利用頻度の高いスライドナビゲータでスライドを並べ替えるには、対象のスライドのサムネールをクリックし❶、移動したい場所までドラッグ＆ドロップします❷。するとスライドの順番が変わります❸。スライドの編集作業中に、数ページ前後させたいといった場合などに便利です。なお不要なスライドは、delete キーを押すと削除できます。スライドナビゲータ、アウトラインビュー、ライトテーブルビューのいずれでも削除可能です。

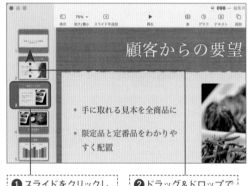

❶スライドをクリックし、　　❷ドラッグ＆ドロップで移動すると、　　❸並び順が変わります。

StepUp　構成を考えるときはアウトラインビューが便利

アウトラインビューでは、スライド番号のアイコンをクリックし❶、ドラッグ＆ドロップしてスライドの並べ替えが行えます❷。アウトラインには各スライドのタイトルと箇条書きのテキストの内容が表示されるので、プレゼンテーションの流れや構成を検討する際に便利です。

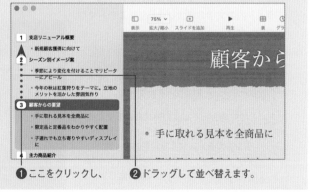

❶ここをクリックし、　　❷ドラッグして並べ替えます。

1 表示倍率を変更する

ライトテーブルビューでは、図のようにスライドのサムネールが並びます。このサムネールのサイズは変更できます。画面右下のスライダをドラッグして、表示倍率を変更しましょう❶。

Point 表示方法の切り替え方

ツールバーの［表示］ボタンをクリックし、［ナビゲータ］［アウトライン］［ライトテーブル］のいずれかを選択するとそれぞれのビューで表示できます。

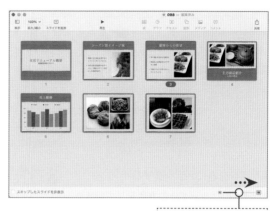

❶ここをドラッグします。

2 スライドをドラッグする

サムネールが大きく、見やすくなりました❷。スライドをクリックし❸、移動したい場所にドラッグ＆ドロップしましょう❹。

Point スライド数が多いときは縮小表示で

例とは逆にサムネールを縮小表示すると、一画面に多くのサムネールを表示できます。スライド数が多いプレゼンテーションで、離れた場所へスライドを移動したいといった場合にはこちらが便利です。

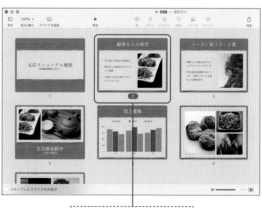

❷ 大きく表示されました。

❸ スライドをクリックし、

❹ ドラッグ＆ドロップします。

3 スライドが移動した！

スライドが移動し、並び順が変わりました❺。

Hint 複数のスライドをまとめて移動するには

複数のスライドを選択してドラッグすると、まとめて移動できます。連続するスライドをまとめて選択するには、先頭のスライドをクリックした後、shift キーを押しながら最後のスライドをクリックします。離れた場所のスライドの場合は、command ⌘ キーを押しながら対象のスライドを順にクリックして選択しましょう。

❺ スライドが移動しました。

Chapter 4

スライドの移動

スライドをグループ化して
管理するには

スライドナビゲータ内のスライドをグループ分けする機能を紹介します。階層分けすることでプレゼンテーションの全体像が把握しやすくなる上、グループ単位での移動や表示・非表示の切り替えにより効率的にスライドを管理できます。

1　スライドを右にドラッグする

スライドのグループ化の方法を見ていきましょう。ここでは図のスライド2と3をスライド1の下位レベルに配置します。レベルを下げたいスライドを選択し❶、左側に青い線が表示されるまで右にドラッグします❷。

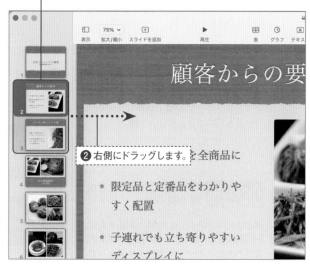

❶ スライドを選択し、

❷ 右側にドラッグします。

Point　再生には影響しない

ここで紹介するグループ化は、スライドナビゲータ内で効率よくスライドを管理するための機能です。プレゼンテーションの再生には影響ありません。

2　スライドが下位に配置された!

スライド2と3がスライド1の下位に配置され、スライドナビゲータ内での配置も変わりました❸。スライドの階層が一目で把握できます。

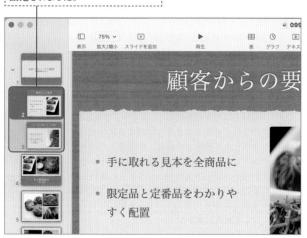

❸ スライド1の下位のスライドとして設定されました。

Hint　6レベルまで設定できる

図の例では1レベル下げたのみですが、さらに右側にドラッグしていくことで、グループ内に6レベルまでの階層を設定できます。スライド数の多いプレゼンテーションの管理に役立てましょう。

232

3 表示切替用のアイコンをクリックする

図はスライド4、5、6も同様にグループ化した状態です。下の階層があるスライドは左側に▼が表示されます。下位の階層を非表示にするにはこれをクリックします❹。

❹ここをクリックします。

Point グループ化を
解除するには

スライドを左側にドラッグし、レベルを元に戻すとグループ化を解除できます。

4 グループが非表示になった！

下位の階層にあるスライドが非表示になりました❺。再度▶をクリックすると元通り表示できます。必要に応じて表示するスライドを限定でき、より見やすい環境で作業できます。

❺下位レベルのスライドが非表示になりました。

StepUp グループ単位で並べ替えもできる

グループ化したスライドは、まとめて移動できます。図のように下位の階層を非表示にした状態でスライドをドラッグし、順序を入れ替えましょう❶。移動後に表示してみると、下位のスライドも一緒に移動していることがわかります❷。

❶グループ内を非表示にしてドラッグすると、

❷グループ単位で並べ替えできます。

全体の構成を考えながら
作成するには

アウトラインビューを使い、スライドの追加やタイトルなどの入力を行う方法をマスターしましょう。全体の構成を考えながら、プレゼンテーションのたたき台を作成するのに重宝します。

1 1ページ目をクリックする

図は新規プレゼンテーションを作成した状態です。アウトラインビュー（P.215参照）を利用し、タイトルや見出しの入力、スライドの追加を行っていきます❶。アウトラインビューで1ページ目のスライドにカーソルを合わせましょう❷。

> **Point ここで作成するのは
> たたき台**
>
> ここで紹介するのは、構成を考えながら必要なスライドを手早く並べてみるのに有効な手法です。作成されるのは手順4にあるシンプルなレイアウトのスライドなのでP.218やP.226の方法を利用して整えていきましょう。

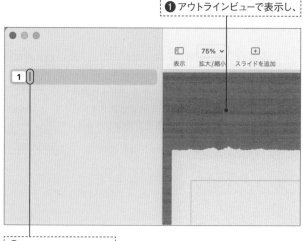

❶ アウトラインビューで表示し、

❷ ここをクリックします。

2 1ページ目のタイトルを入力する

1ページ目のスライドのタイトルを入力すると❸、スライドにもその内容が反映されます❹。次のスライドを作成するには[return]キーを押します❺。

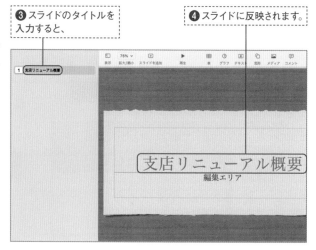

❸ スライドのタイトルを入力すると、

❹ スライドに反映されます。

❺ [return]キーを押します。

3 **2ページ目のタイトルを入力する**

2ページ目のスライドができました⑥。1ペー
ジ目と同様にスライドのタイトルを入力、
[return]キーを押すと次のページができます⑦。

⑥ 次のページができました。

⑦ 2ページ目のタイトルを入力し、[return]キーを押します。

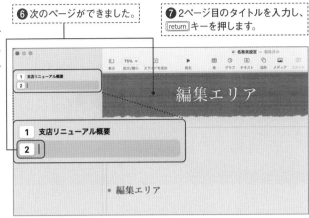

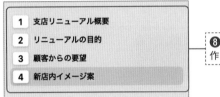

4 **必要数のスライドを追加！**

タイトルを入力して[return]キーを押すという
作業を繰り返し、必要なスライドを作成しま
す。図では4枚のスライドを作成しました⑧。
キーボードからの操作だけでプレゼンテー
ションの骨子が素早くできあがります。

1	支店リニューアル概要
2	リニューアルの目的
3	顧客からの要望
4	新店内イメージ案

⑧ 4枚のスライドを作りました。

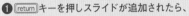**StepUp** **サブタイトルや箇条書きを入力するには**

スライド1を選択して[return]キーを押すと、手順2〜3のように新しいスライドが追加されますが①、何も入力せずに[tab]キーを
押すと②、追加されたスライドが消え、スライド1内のサブタイトルにカーソルが移り入力できます③。スライド内の箇条書き
も同様に[tab]キーでカーソルを移動して入力できます。

① [return]キーを押しスライドが追加されたら、　② [tab]キーを押すと、　③ サブタイトルを入力できます。

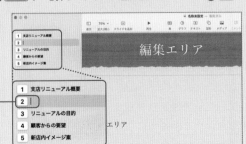
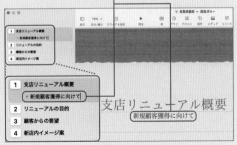

Chapter 4 アウトラインビュー

235

各スライド共通の項目を設定するには

Keynoteでは、各スライドに共通する要素は「スライドレイアウト」で管理されています。このスライドレイアウトを編集すると、同じレイアウトのスライドにまとめて適用することができます。ここではその方法と仕組みを理解しましょう。

1 スライドレイアウトを表示する

各スライドの共通設定を管理しているスライドレイアウトを編集するには、ツールバーの[表示] ボタンをクリックし❶、[スライドレイアウトを編集] を選択します❷。

❶ ここをクリックして、　　**❷ ここを選択します。**

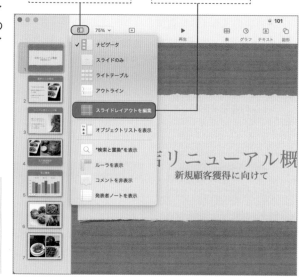

💡 Hint 初回の利用時は

初回の利用時はスライドレイアウトへの編集の可否を確認する画面が表示されます。了承して先へ進みましょう。

2 変更したいレイアウトを選択する

スライドレイアウトの編集画面が表示されました。スライドレイアウトはレイアウトの種類ごとに用意されています。設定を行いたいレイアウトを選択しましょう❸。図では「タイトル、箇条書き、画像」のスライドレイアウトを選択しました。

❸ 編集したいスライドレイアウトをクリックします。

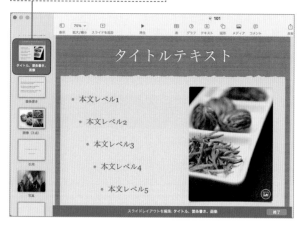

236

3 スライドレイアウトを変更する

このレイアウトのスライドに対して共通して適用させたい編集を加えます④。例ではわかりやすいようタイトルの横にイラストを配置しました。スライドレイアウトの編集を終えたら、[終了] ボタンをクリックしましょう⑤。

④ スライドレイアウトを変更して、　⑤ ここをクリックします。

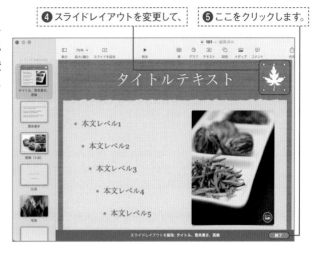

4 スライドに変更が反映された！

手順1の状態に戻ります。スライドを確認すると、スライドレイアウトで挿入したイラストが挿入されています⑥。

⑥ スライドレイアウトの編集が反映されました。

5 レイアウト単位で変更された！

ライトテーブルビューにしてみると、スライドレイアウトを編集した「タイトル、箇条書き、画像」レイアウトのスライドにまとめてイラストが挿入されたことがわかります⑦。

⑦ 同じレイアウトのスライドにまとめて適用されました。

Point 通常の編集では削除できない

スライドレイアウトに加えた編集は、通常のスライドの編集時には変更できません。たとえば例で加えたイラストを削除したい場合は、再度スライドレイアウトの編集画面を表示し、そこで削除する必要があります。

画像を挿入するには

オリジナルの写真やイラストの挿入は、スライド作りには欠かせません。画像ファイルの挿入方法をしっかりマスターしておきましょう。方法はいくつかありますが、どれも簡単な操作で画像を挿入できます。

▶写真入りレイアウトでの写真挿入

1 プレースホルダ内のアイコンをクリックする

写真用のプレースホルダのあるレイアウトには、見本の写真が入っています。これをオリジナルのものに入れ替えるには、プレースホルダの右下にあるアイコン◙をクリックします❶。

💡Hint スタイルや枠線を設定できる

フォーマットインスペクタの［スタイル］タブでは、画像のスタイル、影や枠線の設定が可能です。方法は動画の場合と同じですのでP.249を参考に利用してみましょう。

❶ここをクリックします。

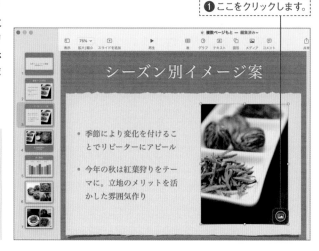

2 写真を選択する

ファイル選択用の画面が開きます。左側の一覧で［写真］を選択すると、写真アプリ内の写真が表示できます❷。写真を選択し❸、［挿入］ボタンをクリックすると❹、プレースホルダ内の写真が置き換わります。

✏️Point 挿入後の写真を入れ替えるには

オリジナルの画像を挿入すると、手順1でクリックしたアイコンは消えます。以後写真を入れ替えたいときは、写真を右クリックし、［イメージを置き換え］を選択しましょう。

❷ここをクリックし、　　❸写真を選択して、

❹ここをクリックします。

Chapter 4　Keynote で人の心を動かすプレゼン作成

1 写真をクリックする

写真のないレイアウトのスライドなど、プレースホルダを使わずに写真を挿入するには、ツールバーの［メディア］をクリックして❶、［写真］を選択します❷。写真アプリ内の画像が表示されるのでアルバムを選択し❸、写真をクリックします❹。

❶ ここをクリックし、　❷ ［写真］を選択します。

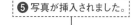

❸ アルバムをクリックして、　❹ 写真をクリックします。

Hint トリミングや背景の削除にも対応

挿入した画像はトリミングや背景の削除が行えます。方法はPagesの場合と同じです（P.84〜87参照）。

2 写真が挿入された！

スライド内に写真が挿入されました❺。この方法の場合、挿入される写真の大きさは元の写真のサイズにより変化します。サイズや位置を調節しましょう。方法はPagesの場合とほぼ同じです（P.82〜83参照）。

❺ 写真が挿入されました。

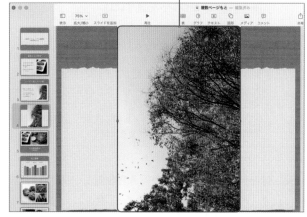

Point 写真は複数挿入もOK

スライド内には複数の画像を挿入できます。プレースホルダのあるレイアウトに別の画像を増やしたいときもこちらの方法で追加でき、重なり順も調節できます（P.74参照）。

StepUp 写真アプリにない画像を追加するには

写真アプリにない画像は、保存してあるフォルダを開き❶、挿入したい画像ファイルをスライド上へドラッグ＆ドロップすると挿入できます❷。画像用のプレースホルダがある場合は、その上にドラッグするとプレースホルダ内に画像が収まります。また［挿入］メニューから［選択］を選択し、表示される画面で画像を選択しても挿入できます。さらに［メディア］の［写真を撮る］から、カメラを起動して写真を撮ることもできます（詳細はP.80のコラム参照）。

❶ 保存してあるフォルダを開き、　❷ 画像ファイルをスライドの上へドラッグ＆ドロップします。

Chapter 4

画像の挿入

スライドに音楽ファイルを挿入するには

スライドにオーディオファイルを挿入すると、そのスライドの表示時に曲や効果音などを再生できます。ここではオーディオファイルの挿入方法と再生などの設定について紹介します。

1 オーディオファイルをドラッグする

オーディオファイルをスライドに挿入してみます。オーディオファイルのあるフォルダを開いたら、オーディオファイルをスライドの上へとドラッグ＆ドロップします❶❷。

Hint 複数のスライドで同じサウンドを流すには

連続する複数のスライドで同じ音楽を続けて流すには、対象のスライドそれぞれに同じサウンドファイルを挿入し、手順4の画面の「オーディオをスライド間で再生」にチェックが付いた状態にします。ファイルの音量は、手順3の要領でスライドごとに設定可能です。なお、プレゼン全体に音楽を設定する場合はP.242の方法もあります。

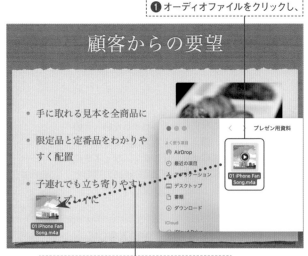

❶ オーディオファイルをクリックし、

❷ スライドの上にドラッグ＆ドロップします。

2 オーディオがファイルが挿入された！

オーディオファイルが挿入されると、図のようなオーディオファイル用アイコンが表示されます❸。ボタンをクリックするとオーディオの再生と停止ができます❹。

Point オーディオファイルの配置と削除

挿入されたオーディオファイル用アイコンはドラッグで移動できます。プレゼンテーションの邪魔にならない位置に配置しましょう。選択して delete キーを押すと、オーディオファイルを削除できます。

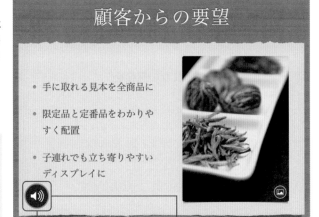

❸ オーディオファイルが挿入されました。

❹ クリックして再生・停止が行えます。

3 音量と繰り返しを設定する

挿入したオーディオファイルを選択し**5**、フォーマットインスペクタ**6**の［オーディオ］タブを表示します**7**。［コントロール］の［音量］のスライダで音量を設定できます**8**。［繰り返し］ではオーディオファイルの再生方法を選択できます。初期設定の［なし］以外に、次のスライドに進むまで再生を繰り返す［再生の繰り返し］、再生してから逆再生する［再生／逆再生の繰り返し］を選択できます**9**。

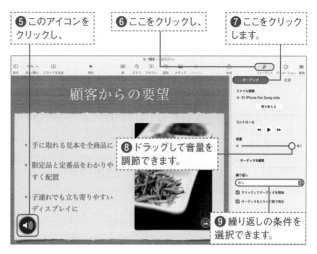

5 このアイコンをクリックし、

6 ここをクリックし、

7 ここをクリックします。

8 ドラッグして音量を調節できます。

9 繰り返しの条件を選択できます。

4 再生開始のタイミングを指定する

［オーディオ］タブの［クリックしてオーディオを開始］では、オーディオ再生のタイミングを設定できます**10**。チェックが付いているときは、スライド上でクリックするとオーディオが再生されます。スライド表示時に自動的に再生したいときは、このチェックを外しておきましょう。

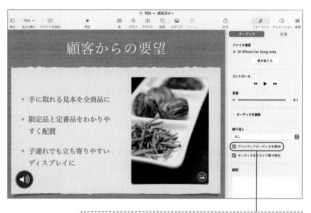

10 オーディオを再生するタイミングを指定できます。

StepUp　ミュージックアプリ内のオーディオファイルを挿入するには

ミュージックアプリ内のオーディオファイルは、［メディア］ボタンを使うと簡単に挿入できます。挿入したいスライドを表示したら、ツールバーの［メディア］ボタンをクリックし**1**、［ミュージック］を選択します**2**。表示される画面で挿入するオーディオファイルをクリックしましょう**3**。

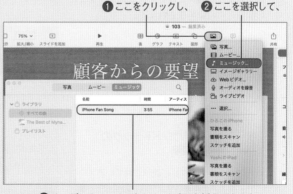

1 ここをクリックし、　**2** ここを選択して、

3 オーディオファイルをクリックすると挿入できます。

プレゼンテーション全体に BGMを設定するには

前ページでは特定のスライドにオーディオファイルを挿入しましたが、プレゼンテーション全体にサウンドトラックを設定することもできます。サウンドトラックは、プレゼンテーションの開始と同時に再生が始まります。

1 [サウンドトラック] にファイルをドラッグする

プレゼンテーションの開始とともに再生されるサウンドトラックを設定してみます。まずは書類インスペクタの❶、[オーディオ] タブを表示します❷。オーディオファイルのあるフォルダを開いたら、[サウンドトラック] の[オーディオファイルを追加] と書かれた部分にファイルを❸ドラッグ＆ドロップします❹。

✎ Point　オーディオファイルと両方設定した場合

サウンドトラックは、すでにオーディオまたはビデオが追加されているスライド上でも再生されるので注意しましょう。

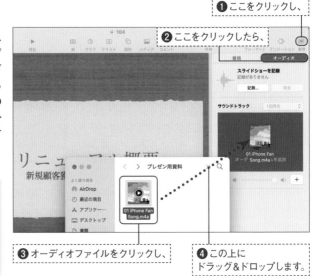

❶ ここをクリックし、

❷ ここをクリックしたら、

❸ オーディオファイルをクリックし、

❹ この上にドラッグ＆ドロップします。

2 サウンドトラックに設定された！

サウンドトラックにオーディオファイルが追加できました❺。これでプレゼンテーションの開始と同時に再生されます。

💡 Hint　サウンドトラックの削除

[サウンドトラック] に表示されているオーディオファイルをクリックし、delete キーを押すと削除できます。

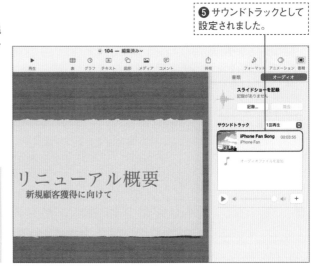

❺ サウンドトラックとして設定されました。

3 再生方法を指定する

[サウンドトラック]の横にあるポップアップメニューを使い、サウンドトラックの再生方法を指定できます❻。初期設定されている[1回再生]は、プレゼンテーションの開始時に再生を開始し、プレゼンテーションの長さに関わらず一度だけ再生する方法です。一方[再生の繰り返し]を選択すると、プレゼンテーションを終えるまでサウンドトラックが繰り返し再生されます。[オフ]を選択した場合はサウンドトラックは再生されません。

❻ 再生方法を選択できます。

4 音量を調節するには

[サウンドトラック]で音楽ファイルを選択し❼、音量のスライダーをドラッグすると音量を調節できます❽。設定した音量は、再生ボタンをクリックして確認できます❾。

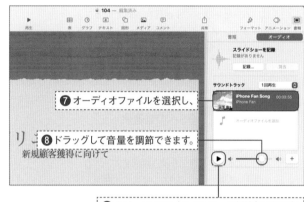

❼ オーディオファイルを選択し、

❽ ドラッグして音量を調節できます。

❾ クリックしてサウンドトラックを再生できます。

StepUp　ミュージックアプリ内のオーディオファイルを挿入するには

ミュージックアプリ内のオーディオファイルをサウンドトラックに設定するには、書類インスペクタの[オーディオ]タブの右下にあるアイコン⊞をクリックします❶。表示される画面でオーディオファイルをクリックすると❷、サウンドトラックに追加されます。

❶ ここをクリックし、

❷ オーディオファイルをクリックします。

動画を挿入するには

スライドにムービーファイルを挿入すると、動画を盛り込んだプレゼンテーションが作成できます。ここではムービーの挿入方法に加え、再生に関する設定方法をマスターしましょう。

1 ムービーファイルをドラッグする

ムービーファイルをスライドに挿入するには、ムービーファイルが保存されているフォルダから、スライドの上へとドラッグ＆ドロップします❶❷。

✏ Point iOSへの最適化

ムービーファイルの種類によっては、挿入時にiOSへの最適化を問う画面が表示されます。iOSでプレゼンテーションを表示する予定がある場合、[最適化]ボタンをクリックして最適化しておくとスムーズに利用できます。

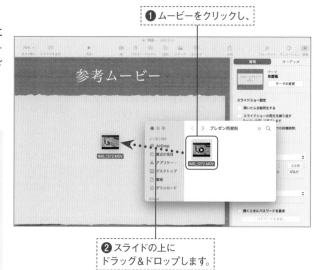

❶ ムービーをクリックし、

❷ スライドの上にドラッグ＆ドロップします。

2 ムービーがファイルが挿入された！

ムービーファイルが挿入されます❸。選択時に四辺四隅に表示されるハンドルをドラッグし、サイズを調節しましょう❹。ムービーをドラッグして位置を調節できます。再生用のボタンをクリックすると再生できます❺。

💡 Hint ムービーファイルの配置と削除

挿入されたムービーファイルはドラッグで移動できます。選択して delete キーを押すと削除できます。

❸ ムービーファイルが挿入されました。

❹ ハンドルをドラッグしてサイズを調整します。

❺ クリックして再生が行えます。

3 音量を設定する

挿入したムービーファイルを選択し⑥、フォーマットインスペクタ⑦の［ムービー］パネルを表示します⑧。［コントロール］の［音量］のスライダで音量を設定できます⑨。

⑥ ムービーをクリックし、　⑦ ここをクリックし、　⑧ ここをクリックします。

Hint　再生開始のタイミングを変更する

図の［クリックしてムービーを開始］ではムービーの再生のタイミングを設定できます。スライド表示時に自動的に再生したいときはこのチェックを外しておきましょう。

⑨ ドラッグして音量を調節できます。

4 繰り返しを指定する

［繰り返し］ではファイルの再生方法を選択できます⑩。初期設定の［なし］以外に、次のスライドに進むまで再生を繰り返す［再生の繰り返し］、再生してから逆再生する［再生／逆再生の繰り返し］を選択できます。

Hint　複数のスライドで同じムービーを流すには

連続する複数のスライドで同じムービーを続けて再生できます。方法はオーディオの場合と同じなので、P.240の「HINT」を参考にしてください。

⑩ 繰り返しの条件を選択できます。

StepUp　写真アプリのムービーファイルを挿入するには

写真アプリ内のムービーファイルは、［メディア］ボタンを使うと簡単に挿入できます。挿入したいスライドを表示したら、ツールバーの［メディア］ボタンをクリックし❶、［ムービー］をクリックします❷。写真アプリ内のムービーの一覧画面が表示されるので、目当てのムービーファイルをクリックしましょう❸。クリックしても挿入されないときは、ムービーファイルをスライド上にドラッグしましょう。

❶ ここをクリックし、　❷ ここをクリックして、

❸ 表示される画面でファイルをクリックすると挿入できます。

Chapter 4

ムービーの挿入

動画や音楽の再生開始・終了位置を変更するには

スライドに挿入したムービーやオーディオの再生開始位置と、終了位置を変更できる機能を使ってみましょう。編集用の専用のソフトがなくてもムービーやオーディオをトリミングでき、とても便利です。

1 ムービーを選択する

スライドに挿入したムービーの再生開始・終了位置を変更してみます。まずは対象のムービーをクリックして選択します❶。

❶ ムービーを選択します。

Hint 短くしたムービーを再度長くすることもできる

この操作で行うのは、再生開始と終了の位置の変更で、ムービーファイル自体を短くするわけではありません。開始位置や終了位置を変更すれば、いつでも元の長さで再生できます。

2 再生開始位置を変更する

フォーマットインスペクタの［ムービー］タブをクリックし❷、［ムービーを編集］の［トリミング］で開始位置を示すトリミングスライダを希望の開始位置までドラッグします❸。

❷ ここをクリックし、

❸ 開始位置までドラッグします。

3 **再生開始位置が変わった！**

再生の開始位置が変わりました④。このようにムービーファイルの内容を見ながら調節できる点も便利です。

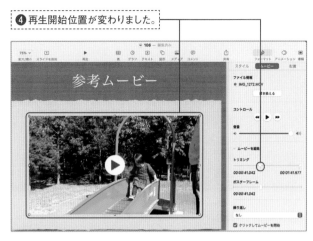

④再生開始位置が変わりました。

> **Point** **ポスターフレームも一緒に変わる**
>
> ムービーの開始位置とポスターフレーム（次ページ参照）が同じになるよう初期設定されているため、開始位置を変更すると同時にポスターフレームも変化します。ただし手動でポスターフレームを設定している場合は、そちらの設定が優先されます。

4 **再生終了位置を変更する**

ムービーの途中で再生を終えるには、終了位置を示すトリミングスライダを希望の開始位置までドラッグします⑤。

⑤終了位置までドラッグします。

> **StepUp** **オーディオファイルのトリミング**
>
> スライドに挿入したオーディオファイルも、ムービーと同じ操作で再生開始・終了位置を変更できます。対象のオーディオファイルのアイコンを選択し①、フォーマットインスペクタの［オーディオ］タブの［オーディオを編集］で②、トリミング用のスライダをドラッグしましょう③④。

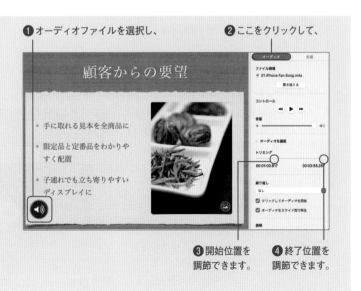

①オーディオファイルを選択し、

②ここをクリックして、

③開始位置を調節できます。

④終了位置を調節できます。

動画の見栄えを整えるには

挿入したムービーの見栄えを整える機能を2つ紹介します。簡単な操作で印象アップを図れますので、ぜひ利用してみましょう。

▶ ポスターフレームを設定する

1　スライダをドラッグする

ポスターフレームを変更するには、ムービーを選択し❶、フォーマットインスペクタの[ムービー]タブ❷で[ムービーを編集]を展開します❸。[ポスターフレーム]のスライダをドラッグするとムービーのフレームが切り替わるので、ポスターフレームにしたい箇所まで移動します❹。

> **Point　ポスターフレームとは**
>
> ムービーの再生開始前に表示されているフレームを「ポスターフレーム」と言います。初期設定ではムービーの最初のフレームとなっていますが、よりインパクトのあるフレームに変更するとスライドの印象もアップします。

❶ムービーをクリックし、　❷ここをクリックして、

❸ここをクリックします。　❹このスライダをドラッグします。

2　ポスターフレームが変わった！

スライダが移動した位置のフレームがポスターフレームとして設定され❺、ムービーに適用されました❻。

> **Hint　タイトルと説明を挿入できる**
>
> [スタイル]タブの[タイトル][キャプション]を使い、ムービーにタイトルと説明を挿入できます。詳しくはP.96を参考にしてください。

❺ポスターフレームの位置が変わり、

❻表示されるフレームが変わりました。

1 [スタイル] パネルの[枠線]を表示する

影や枠線を設定すると見栄えがよくなります。飾り枠の場合を例に利用方法を見てみましょう。ムービーを選択し❶、フォーマットインスペクタの［スタイル］タブを表示します❷。[枠線] の行頭の▶をクリックして内容を展開します❸。

❶ ムービーをクリックし、

❷ ここをクリックして、

❸ ここをクリックします。

スタイルや影も設定できる

枠線に加え、スタイルや影などの設定もできます。設定方法は画像の場合と同じで、Pages・Numbersとも共通です。本書ではPagesを例にP.88〜93で詳しく解説しています。

2 飾り枠を選択する

[飾り枠] を選択し❹、表示されているアイコンをクリックして❺、利用したい飾り枠を選択しましょう❻。

❹ [飾り枠] を選択し、

❺ ここをクリックして、

❻ 飾り枠の種類を選びます。

画像と同じ加工が可能

Keynoteでは、画像にも同様に枠線や影の設定が可能です。同じ枠線や影を使うことで、スライドに統一感を持たせることができます。

3 飾り枠が設定された！

図はムービーの選択を解除した状態です。選択した飾り枠が設定されています❼。最初の時点（手順1）と比べると、ポスターフレームと飾り枠によりずいぶんとスライドの印象が変わりました。

❼ 飾り枠が付きました。

Point 編集時に表示されるフレーム

ムービーを選択している間は最初のフレームが表示されます。選択を解除すると、ポスターフレームが表示されます。

Chapter 4

ポスターフレーム・ムービーのスタイル

YouTubeなど Web上のビデオを挿入するには

Webビデオは、YouTubeやVimeoで公開されているWeb上の動画をスライド内で直接再生できる機能です。動画のURLアドレスをスライドに追加するだけで、簡単にWebビデオを挿入できます。

1 ［Webビデオ］を選択する

挿入したい動画をブラウザで開き、動画のURLアドレスをコピーしておきます❶。Webビデオを挿入したい箇所をクリックし❷、［メディア］をクリックして❸、［Webビデオ］を選択します❹。

❶ 動画のURLをコピーしておきます。

❷ 挿入箇所をクリックし、

❸ ここをクリックして、

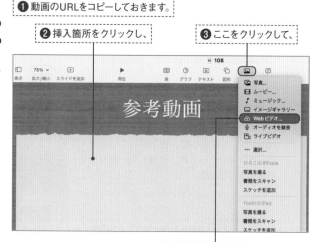

❹ ここをクリックします。

2 動画のURLを貼り付ける

Webビデオ追加用の画面が表示されるので、［URLを入力］欄にコピーしておいた動画のURLを貼り付けます❺。

 Point　動画の利用条件に注意

図のURL入力画面にも表示されているように、Web上の動画には、製作者による利用条件が設けられている場合があります。

Web ビデオを追加

YouTube および Vimeo からビデオを追加する

他社製のコンテンツやサービスについては、別の利用条件が追加される場合があります。

URL を入力

キャンセル　　　挿入

❺ ここをクリックしてURLを貼り付けます。

3 Webビデオを挿入する

URLが認識され、動画表示されたら⑥、[挿入]
ボタンをクリックします⑦。

⑥動画が表示されます。
⑦ここをクリックします。

Point　Pages、Numbersでも利用できる

Webビデオ機能は、Pages、Numbersでも
同じ要領で利用できます。

4 Webビデオが挿入できた！

スライド内にWebビデオを挿入できました
⑧。サイズや配置の設定は、通常の動画ファ
イルと同じ要領で行えます。

⑧Webビデオが挿入できました。

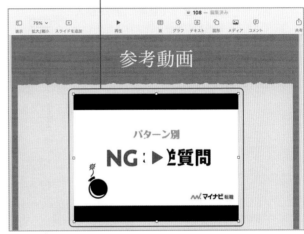

Hint　タイトル・キャプションを追加できる

Webビデオを選択し、[フォーマット] イン
スペクタの [Webビデオ] タブで [タイトル]
[キャプション] にチェックを付けると、
Web動画にタイトルと説明を追加できます。

5 Webビデオを再生する

挿入したWebビデオは、スライド内で再生で
きます。スライド編集中は、Web動画選択
時に表示される再生用のボタンをクリックし
て再生します⑨⑩。スライドショー実行時は、
通常の動画と同様にクリックなどで再生を開
始します。また、[フォーマット] インスペク
タの [Webビデオ] タブで [クリック時にビ
デオを読み込む] のチェックを外すと、スラ
イド表示と同時に再生することもできます。

⑨Webビデオを選択し、
⑩ここをクリックします。

Chapter 4

Webビデオ

スライドに図形を挿入するには

図形を組み合わせることで、プレゼンテーションにおいて利用頻度の高い組織図やフローチャートなどを作成できます。ここでは図形の挿入に加え、配置などの調節に役立つ機能も併せて紹介します。

▶ 図形の挿入

1 [図形] をクリックする

色と形を選択するだけで簡単に図形を挿入できます。四角形の場合を例に方法を見ていきます。ツールバーの [図形] をクリックしましょう❶。

❶ここをクリックします。

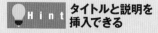

> **Hint タイトルと説明を挿入できる**
>
> 図形を選択し、[スタイル] タブの [タイトル] [キャプション] を設定すると、図形にタイトルと説明を挿入できます。詳しくはP.96を参考にしてください。

2 図形を選択する

図形の見本が表示されます。挿入したい図形 (ここでは四角) をクリックします❷。

❷ 図形をクリックします。

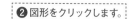
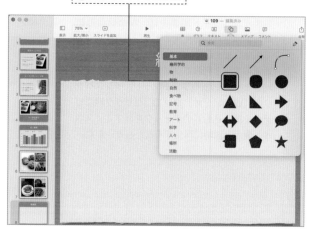

> **Hint 色や線の設定も可能**
>
> 挿入される図形のスタイルは、スライドのテーマに合うものになっています。図形選択時に表示される [シェイプのスタイル] (手順3図参照) には、同じようにテーマに合うスタイルが表示されていて、クリックして簡単に利用できます。また、図形の色や枠線は自由に変更も可能です (P.68)。

3 四角形が挿入された！

選択図形が挿入されました❸。挿入した図形は、四辺四隅に表示されるハンドルをドラッグしてサイズを変更できます❹。また、ドラッグで移動もできます。

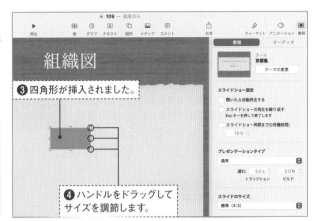

❸四角形が挿入されました。

❹ハンドルをドラッグしてサイズを調節します。

Point	図形に文字を 入力するには

Keynoteで挿入した画像は、ダブルクリックすると文字を入力できます。組織図やフローチャートの作成時に活用しましょう。

StepUp 図形を組み合わせよう

たとえば組織図であれば、四角形と直線や接続線（P.256）を組み合わせて作成できます。挿入した線は、フォーマットインスペクタの［スタイル］タブで太さの設定が可能です❶。また色も変更できます。［カラーウェル］をクリックするとテーマに合う色が選択できるので簡単に色味を揃えることができます❷。配置を整える際は表示されるガイド（黄色の線）を参考にしましょう。四角形の中央近くに直線を寄せるとガイドが示され、簡単に真ん中に配置できます。

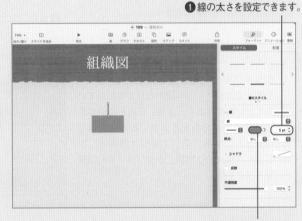

❶線の太さを設定できます。

❷ここをクリックしてテーマに合う色に変更できます。

StepUp 図形の形を変更できる

図形選択時に緑のハンドルが表示されている図形は、形を変えることもできます。緑のハンドルをドラッグしてみましょう❶❷。図のように形を大きく変えるだけでなく、吹き出しの引き出し部分の向きや長さも緑のハンドルで調節できます。

❶緑のハンドルをドラッグすると、

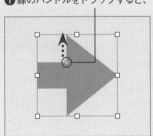

❷図形の形が変わります。

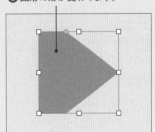

Next

1 **[グループ] をクリックする**

複数の図形を組み合わせて使う場合、「グループ」機能で図形をまとめると一つの図形として扱え便利です。グループ化したい図形（図では直線と四角）を選択したら❶、[配置] タブの [グループ] をクリックしましょう❷。

> **Hint** **複数の図形を選択するには**
>
> 複数の図形をまとめて選択するには、[shift] キーを押しながら図形を順にクリックします。また対象の図形をすべて含むようにドラッグしても選択できます。

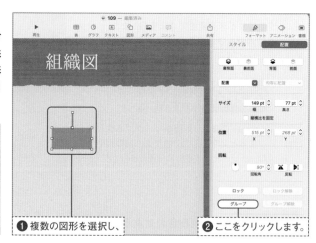

❶ 複数の図形を選択し、

❷ ここをクリックします。

2 **図形がグループ化された！**

図形がグループ化されました❸。ハンドルの配置が変わり、一つの図形として扱われていることがわかります。なお、グループ化した状態では図形の色などスタイルの変更はできません。必要に応じて解除するなどしましょう。[グループ解除] をクリックすれば解除できます❹。

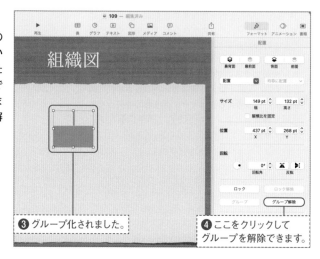

❸ グループ化されました。

❹ ここをクリックしてグループを解除できます。

StepUp **図形をコピーする**

組織図など同じ図形をいくつも使いたいときは、図形をコピーすると便利です。方法はテキストの場合と同じです。図形を選択し❶、[編集] メニューからコピー＆ペーストを行いましょう❷。なおここで紹介した方法でグループ化した図形は、グループ単位でコピーできます。

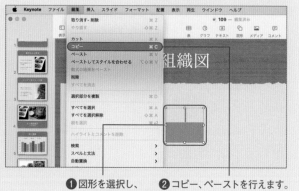

❶ 図形を選択し、　❷ コピー、ペーストを行えます。

1 上下の配置の基準を選択する

図の3つの図形の上下の位置を揃え、等間隔に並べる場合を例に図形の配置に役立つ機能を見ていきましょう。対象の図形を選択したら❶、フォーマットインスペクタの［配置］タブで［配置］をクリックし❷、上下の配置の基準を選択します❸。ここでは［上揃え］を選択しました。

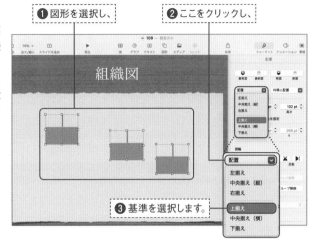

❶図形を選択し、
❷ここをクリックし、
❸基準を選択します。

2 左右を均等に配置する

図形の上辺の位置が揃いました❹。続いて隣同士が等間隔になるよう並べるため、［均等に配置］をクリックして❺、［横方向］を選択します❻。

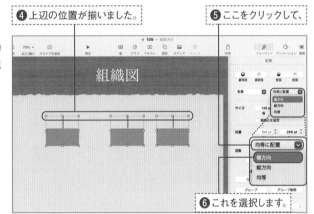

❹上辺の位置が揃いました。
❺ここをクリックして、
❻これを選択します。

3 均等に配置された！

横方向の間隔が均等になり、美しく並べることができました❼。

Point 図形の重ね順を変更する

通常は後から挿入した図形が前面に配置されています。この重なり順は［配置］タブの上部にあるボタンで変更できます。［最前面］［最背面］に加え、［背面］［前面］をクリックして一つずつ順序を変えることもできます。図形を選択してボタンをクリックしましょう。なお、写真やテキストボックスも同様の操作で重ね順を変更できます。

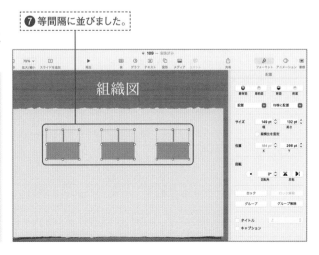

❼等間隔に並びました。

Chapter 4

図形

255

組織図やチャートに便利な接続の線を利用するには

オブジェクトの移動に応じて自動的に移動する線で2つのオブジェクトを接続できる機能があります。組織図やフローチャートの作成に重宝するこの機能の仕組みと使い方をおさえておきましょう。

► 曲線で接続する

1 接続の線を挿入する

接続線機能を使うには、ツールバーの［図形］をクリックして❶、［接続の線］をクリックします❷。

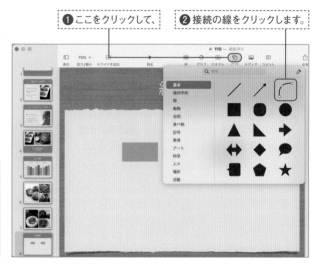

❶ ここをクリックして、
❷ 接続の線をクリックします。

 Hint 直線や直角線でつなぎたい場合

直線や直角線で接続したい場合でも、最初は曲線の接続の線を挿入し、つないでから線を変更する必要があります（次ページ参照）。

2 一方の終点をドラッグする

線の片方の終点にあるハンドルをオブジェクトにつながるようドラッグします❸。オブジェクトに近づけると、スナップ（ピタッと吸着するような動き）するので、そこでドロップすればOKです。

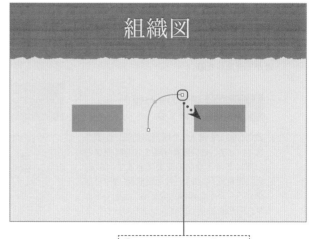

組織図

❸ ハンドルをドラッグします。

もう一方の終点をドラッグする

オブジェクトと曲線が接続されました❹。もう一方の終点にあるハンドルを別のオブジェクトにつながるようドラッグします❺。

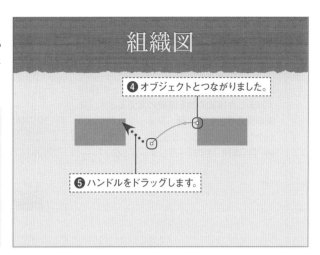

❹ オブジェクトとつながりました。

❺ ハンドルをドラッグします。

> **Point Pagesで使う場合の注意点**
>
> 接続線は、Pages、Numbersでも同様に利用できます。ただしPagesでは、対象のオブジェクトがテキストと一緒に移動するよう設定されている場合、ハンドルがうまくスナップしません。[移動しない]に設定しましょう（P.72）。

 オブジェクトを移動する

2つのオブジェクトが曲線で接続できました。片方のオブジェクトを移動してみます❻。

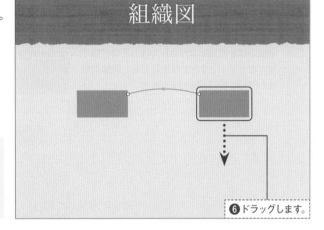

組織図

❻ ドラッグします。

> **Point 画像でも利用できる**
>
> 図では例として図形を利用していますが、画像も同様に線で接続できます。

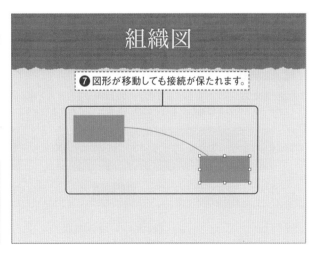 **接続が維持された！**

図形の移動に合わせて線の長さや角度が自動的に変化し、接続が保たれました❼。

組織図

❼ 図形が移動しても接続が保たれます。

> **Hint 色や太さを変更できる**
>
> こうして挿入した接続線は、通常の図形と同様に線の色や太さの設定が行えます。

Next ⊘

1 [直線] をクリックする

直線で接続したい場合は、前ページの操作で挿入した接続の線を直線に変更します。対象の線を選択したら❶、フォーマットインスペクタの [配置] タブをクリックして❷、[接続] の [直線] をクリックしましょう❸。

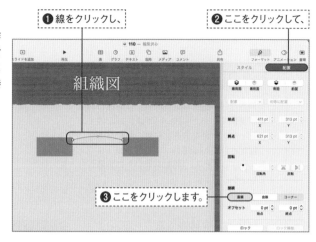

❶ 線をクリックし、

❷ ここをクリックして、

❸ ここをクリックします。

2 直線で接続された！

接続の線が直線になりました❹。この状態で片方のオブジェクトを移動しても、曲線の場合と同様に接続が維持されます。

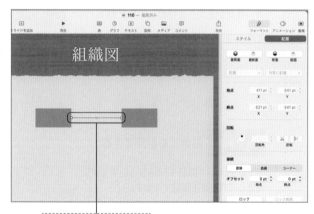

❹ 直線に変わりました。

StepUp 両端のオブジェクトと接続の線を同時に移動するには

接続の線のハンドル以外の部分をクリックしてドラッグすると❶、両端のオブジェクトと接続の線を同時に移動できます❷。オブジェクトのみを移動した場合との違いを把握しておきましょう。

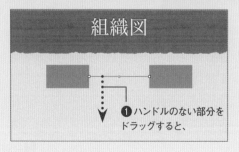

❶ ハンドルのない部分をドラッグすると、

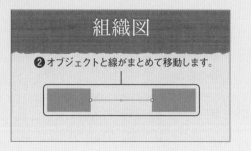

❷ オブジェクトと線がまとめて移動します。

1 ［コーナー］をクリックする

P.256の操作で挿入した接続の線を選択し、［配置］タブの［接続］で［コーナー］をクリックすると❶、接続の線が直角を含む直線に変化します❷。

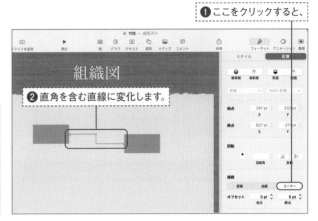

❶ここをクリックすると、

❷直角を含む直線に変化します。

組織図

Hint 角を含んだ線にならないときは

［コーナー］を選んでも角を含んだ線にならないときは、図形同士の位置をずらして試すか、緑色のハンドルをドラッグしてみましょう。

2 コーナーの位置を調節する

接続の線を選択して、緑色のハンドルをドラッグすると❸、コーナーの位置を変更できます❹。利用する内容に応じて調節してみましょう。

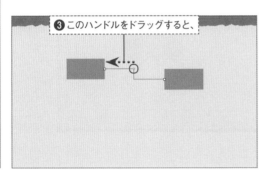

❸このハンドルをドラッグすると、

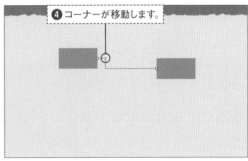

❹コーナーが移動します。

Hint 線とオブジェクトの間隔は変更できる

接続の線を選択し、［配置］タブの［オフセット］を変更すると❶、接続の線とオブジェクトの間隔を変更できます❷。オフセットを拡げ、図のように線とオブジェクトが離れた場合でも接続は維持されています。

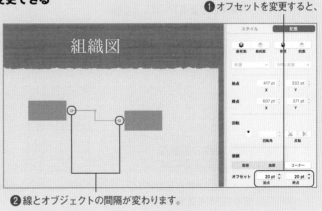

❶オフセットを変更すると、

組織図

❷線とオブジェクトの間隔が変わります。

Chapter 4

接続の線

オリジナルの図形を作成するには

スライドに描画した図形を使って、オリジナルの図形を作成する方法を2つ紹介します。
より多彩な図形が利用可能になり、スライドの視認性アップなどに役立ちます。

▶ 図形を結合する

1 図形を描画する

描画した複数の図形を組み合わせ、1つの図
形にする結合機能の使い方を見てみましょ
う。図は、P.252の操作で4つの図形を描画
した状態です。図形にはそれぞれ枠線が設
定されています❶。

❶ 4つの図形を描画しました。

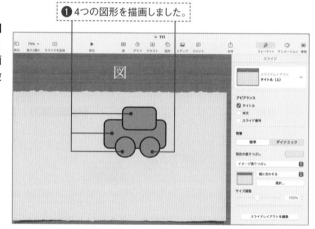

2 対象の図形を選択する

このうち2つの図形を結合して1つの図形にし
てみます。対象の図形を選択しましょう❷。

❷ 対象の図形を選択します。

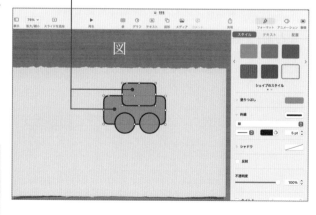

> **Point 複数の図形を選択するには**
>
> shift キーを押しながら図形を順にクリック
> すると、複数の図形を選択できます。

3 [結合] をクリックする

フォーマットインスペクタの [配置] タブで
❸、[結合] をクリックします❹。

❸ ここをクリックして、

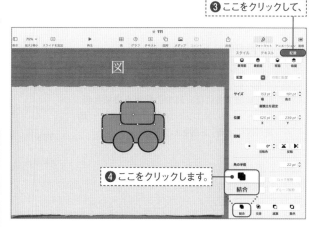

> **Hint** **3つ以上の図形でも OK**
>
> 図では2つの図形を選択していますが、3つ
> 以上の図形を選択し、結合することもでき
> ます。

❹ ここをクリックします。

結合

---

4 図形が結合された!

図形が結合され、1つの図形になりました❺。

❺ 図形が結合されました。

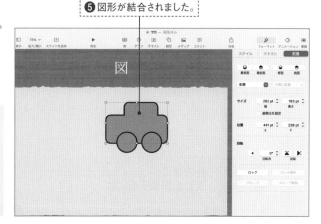

> **Point** **後からは解除できない**
>
> 図形の結合は、後から解除できません。操
> 作直後の取り消し (P.14) はできるので、結
> 果に問題ないことを確認してから次の操作
> に移りましょう。

Chapter 4

図形の結合・編集

> **StepUp** **その他の組み合わせ方も チェックしよう**
>
> フォーマットインスペクタの [配置] タブにある
> ボタンでは、結合に加えていくつかの画像の
> 組み合わせ方が可能です。それぞれどのよう
> な結果になるかチェックしておきましょう。

❶ 図形を選択して、　　❷ ここのボタンをクリックします。

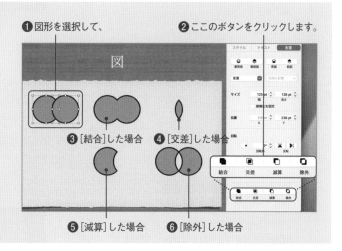

❸ [結合] した場合　❹ [交差] した場合

❺ [減算] した場合　❻ [除外] した場合

Next ⊕

1 **［編集可能にする］を選択する**

P.252の操作で描画した図形を編集すること
でも、オリジナルの図形を作成できます。図
形を編集するには、対象の図形を選択し❶、
フォーマット］メニューから［図形と線］→［編
集可能にする］を選択します❷。

Hint **ハンドルを**
追加するには

編集可能な状態でハンドルとハンドルの中
間点にポインタを合わせると新たなハンド
ルが表示され、クリックするとハンドルを
追加できます。ハンドルが増えると、より
自由な図形に編集できます。

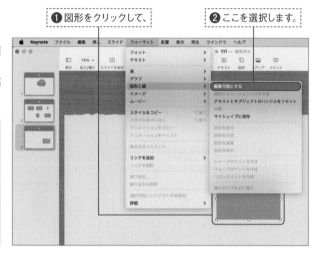

❶図形をクリックして、

❷ここを選択します。

2 **ハンドルをドラッグする**

編集用の赤いハンドルに変化するので、ハン
ドルをドラッグします❸。

Hint **曲線的に**
図形を編集するには

編集可能な状態でハンドルをダブルクリッ
クすると、曲線用のハンドル（丸い形）に
代わり、ドラッグすると曲線的に図形を編
集できます。

❸ハンドルをドラッグします。

3 **図形の形が変わった！**

ドラッグしたハンドルのみが動き、図形の形
が変わりました❹。

Point **図形の編集を**
終了するには

図形の編集を終了するには、文書上の図形
以外の場所をクリックして図形の選択を解
除します。

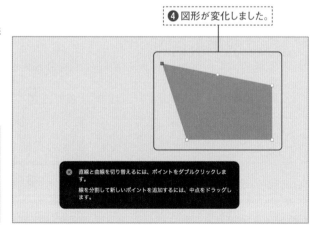

❹図形が変化しました。

1 **［マイシェイプに保存］を選択する**

作成した図形をマイシェイプに追加すると、図形の同期機能により他のデバイスでも利用可能になります。対象の図形を右クリックして❶、［マイシェイプに保存］を選択します❷。

> **Point** **マイシェイプへの保存は図形単位で行われる**
>
> 図は、4つの三角形を結合して1つの図形にした状態です。4つの三角形が結合されておらず、複数の図形を同時に選択した状態で操作すると、三角形4つ分のマイシェイプが登録されるので注意しましょう。

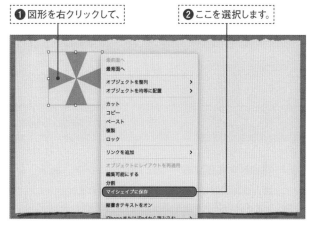

❶図形を右クリックして、

❷ここを選択します。

2 **シェイプに名前を付ける**

マイシェイプに図形が追加され❸、名前が入力可能な状態になっているので、シェイプの名前を入力します❹。これでマイシェイプへに保存できました。

> **Point** **同じApple IDでサインインする**
>
> 保存したマイシェイプは、同じApple IDでiCloudにサインインしていて、KeynoteのiCloud Driveがオンになっている別のMacやiPadなどと同期され、それらのデバイスでも同じように利用できます。なおこの機能を利用するには、iOSデバイスがiOS 11.2以降を使用し、MacがmacOS 10.13.2以降を使用している必要があります。

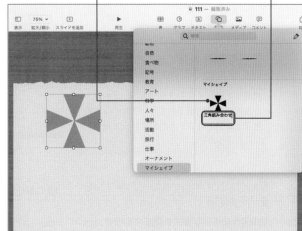

❸マイシェイプに保存されたら、

❹シェイプ名を入力します。

3 **保存したマイシェイプを利用する**

保存したマイシェイプを利用するには、P.254の要領で図形を挿入する際、図形のカテゴリで［マイシェイプ］を選択し❺、追加したい図形をクリックすると追加できます❻。

> **Point** **色情報は保存されない**
>
> マイシェイプとして保存されるのは、図形の形です。図形の色は保存されないため、初期設定で用意されている図形と同じように、適用しているテーマの配色に応じて変化します。

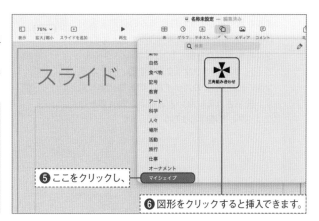

❺ここをクリックし、

❻図形をクリックすると挿入できます。

Chapter 4

図形の結合・編集

オリジナル図形のスタイルを利用するには

挿入した図形にはシェイプのスタイルにより、あらかじめ塗りつぶしやテキストの色が設定されていますが、手動で変更も可能です。変更後の設定を何度も利用したいときは、オリジナルのシェイプのスタイルとして登録すると効率的です。

1 色などを変更する

挿入した図形には、あらかじめ用意されたシェイプのスタイルが適用されていますが、色などの設定は変更可能です。図の例では枠線を付け（P.68参照）、文字の書式を変えました❶。

> **Point** 利用できるのは同じファイル内だけ
>
> 作成したシェイプのスタイルは、そのファイル内だけで利用できます。ファイル内のオブジェクトのスタイルを統一させたいときに重宝します。

❶ 枠線や文字書式を変更しました。

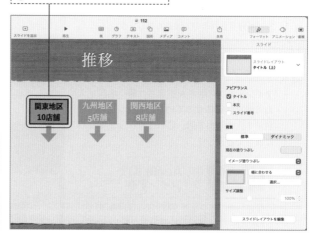

2 シェイプのスタイル追加用のボタンをクリックする

他の図形にも同じ書式を設定する場合、一つ一つ設定を繰り返すのは手間がかかります。設定済みの図形を元に新しいシェイプのスタイルを作りましょう。設定済みの図形を選択し❷、フォーマットインスペクタの［スタイル］タブを表示したら❸、［シェイプのスタイル］で［＋］ボタンをクリックします❹。［＋］ボタンは、［シェイプのスタイル］の最後にあります。表示されていないときは、右向きの▶をクリックして表示しましょう。

❷ 登録したい設定の図形を選択し、

❸ ここをクリックして、

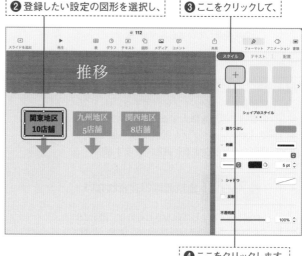

❹ ここをクリックします。

3 シェイプのスタイルが追加された

すると新しいシェイプのスタイルが追加されました❺。

Point **スタイルを
削除するには**

不要になったスタイルは削除できます。スタイルを右クリックし、[スタイルを削除]を選択しましょう。

❺新しいスタイルが追加されました。

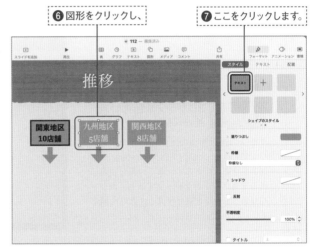

4 他の図形に適用する

作成したスタイルを別の図形に適用してみましょう。対象の図形を選択し❻、作成したシェイプのスタイルをクリックします❼。

❻図形をクリックし、　　❼ここをクリックします。

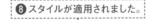

5 図形のデザインが変わった!

追加したスタイルが適用され、図形のデザインが変わりました❽。操作を繰り返して他の図形にも適用すれば、複数の図形のデザインを簡単に統一できます。

❽スタイルが適用されました。

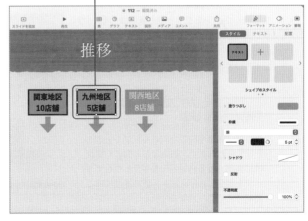

グラフを挿入するには

データを視覚化できるグラフは、プレゼンテーションにおいて頻繁に利用されます。Keynoteには多彩な種類の美しいグラフを素早く作成できる機能が備わっていますので、ぜひ使いこなしましょう。

1 グラフの種類を選択する

Keynoteのグラフ機能を使いグラフを作成するには、ツールバーの［グラフ］をクリックし❶、利用したい種類のグラフをクリックします❷。例では2Dの縦棒グラフを選択しました。

StepUp　3Dグラフや色違いを選ぶには

グラフの選択画面の上部にあるタブをクリックすると、［3D］グラフ、［Interactive］グラフを選択できます。また、画面左右にある三角ボタンをクリックすると、カラーバリエーションを切り替えることも可能です。

❶ここをクリックし、　❷グラフの種類をクリックします。

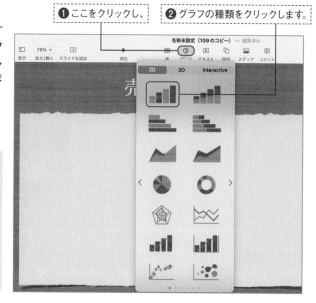

2 グラフデータの編集画面を表示する

選択した種類のグラフが作成されます❸。グラフのデータを編集するため、［グラフデータを編集］ボタンをクリックしましょう❹。［グラフデータを編集］ボタンはグラフの選択時のみ表示されるボタンです。非表示の場合はグラフを選択してみましょう。

Hint　グラフのサイズ変更や移動

グラフは画像や図形と同じくオブジェクトとして扱われます。画像などと同じく選択時に表示されるハンドルをドラッグしてサイズを変更したり、ドラッグで移動することが可能です。

❸グラフが挿入されます。　❹ここをクリックします。

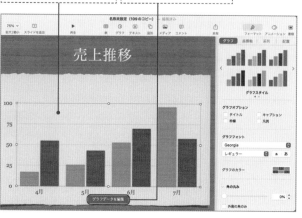

3 グラフデータを入力する

データ編集用の画面が表示されるので、グラフ化したいデータを入力していきます❺。列の数を変更するには、列の一番上のセルにポインタを合わせ、表示される▼をクリックして❻、挿入や削除を選択します❼。また行を削除したいときは、行の左端の部分にポインタを合わせると表示される▼から、列と同様に選択できます。

Point データ系列を入れ替えるには

グラフデータの編集画面の右上にあるボタンをクリックすると、データ系列を切り替えることができます。

❺ グラフ化したいデータを入力します。

❻ ポインタを合わせてここをクリックし、

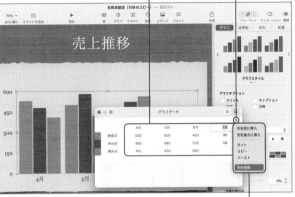

❼ 列の削除や挿入を選択できます。

4 データの編集を終了する

データを編集し終えたら、閉じるボタンをクリックしてデータ編集用の画面を閉じます❽。

Hint 行を簡単に増やすには

図の例であれば3行目のように、初期設定ではデータのなかった行にデータを入力すると、自動的にグラフデータの範囲に含まれます。

❽ ここをクリックします。

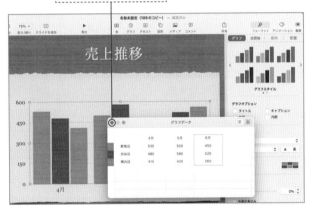

5 グラフができた!

グラフが挿入できました❾。表示したい［グラフオプション］にチェックを付けましょう（図は［凡例]）❿。なお、作成したグラフは、［グラフデータを編集］ボタンをクリックしていつでもデータを編集できます。

Point グラフの編集方法

グラフの要素や目盛、軸、色の変更などの編集方法は、Numbersの場合とほぼ同じです（P.186〜189参照）。

❾ グラフができました。

❿ 表示したい項目にチェックをつけます。

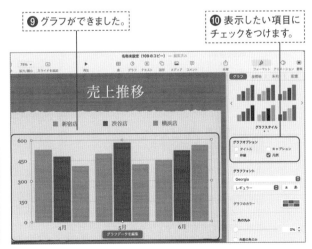

画像にアニメーションを設定するには

写真や図形、イラストなどにアニメーションを設定すると、スライドに動きを付けることができます。情報を見せるタイミングを調整して重要な部分を強調するなど、より効果なプレゼンテーション作りに役立ちます。

▶ スライドに出入りするときのアニメーションを設定する

1 アニメーションインスペクタを表示する

Keynoteでは、画像がスライドに出入りするときの「イン」と「アウト」、さらにスライド上での動きとなる「アクション」の3種類のアニメーションを設定できます。まずは画像が現れる「イン」のタイミングにアニメーションを設定してみましょう。対象の画像を選択し❶、アニメーションインスペクタ❷の[イン]タブを表示します❸。

❶ 画像を選択し、

❷ ここをクリックして、

❸ ここをクリックします。

2 エフェクトを選択する

[エフェクトを追加]をクリックし❹、利用したいエフェクトを選択します❺。図では[絞り]を選択しました。

❹ ここをクリックして、

❺ エフェクトを選択します。

Point プレビューを参考にする

エフェクトの選択画面でエフェクト名にポインタを合わせると、右側に[プレビュー]の文字が表示されます。[プレビュー]をクリックすると動きがプレビュー表示されるので、選択の参考にしましょう。

3 エフェクトが設定された！

エフェクトが設定されました⑥。[プレビュー]
ボタンをクリックすると、プレビュー表示で
きるので確認してみましょう⑦。

⑥エフェクトが設定されました。

⑦ここをクリックして
プレビュー表示できます。

Point エフェクトを変更・削除するには

設定したエフェクトが気に入らないときは、
図の[変更]ボタンをクリックし、別のエフェ
クトを選択すると変更できます。[なし]を
選ぶとエフェクトを削除できます。

4 細かな条件を設定する

[継続期間と方向]で表示までにかかる秒数
や⑧、方向を指定できます⑨。この詳細部
分は、選択したエフェクトにより内容が異な
ります。プレビューを見ながら調整しましょ
う。

⑧所要秒数を指定できます。

Hint 順番を選択できる

1つの画像に複数のアニメーションを設定
している場合、図の[順番]で再生順を指
定できます。再生の順序についてはP.276
で詳しく解説しています。

⑨エフェクトの方向を選択できます。

StepUp 画像が消えるときのアニメーションを設定する

アニメーションインスペクタの[アウト]タブでは、
画像が消えるときのアニメーションを設定できま
す。設定方法は[イン]タブの場合と同じです。対
象の画像を選択したら、[アウト]タブ❶の[エフェ
クトを追加]をクリックし❷、設定するエフェクト
を選択しましょう❸。

❶ここをクリックし、
❷ここをクリックして、

❸アウト時のエフェクトを選択します。

Next ⊖

1 エフェクトを選択する

[アクション] タブでは、スライド上での画像の動きを設定できます。対象をスライド内で移動させたり、強調のための動きを設定したりといったことが可能です。ここでは図の画像を移動する場合を例に設定方法を見ていきます。対象の画像を選択し❶、アニメーションインスペクタの [アクション] タブを表示します❷。[エフェクトを追加] をクリックし❸、表示される選択肢からエフェクト（ここでは [移動]）を選択します❹。

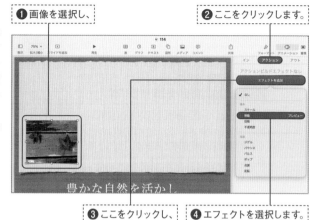

❶ 画像を選択し、

❷ ここをクリックします。

❸ ここをクリックし、

❹ エフェクトを選択します。

2 動きの詳細を設定する

[移動] のエフェクトが設定されました。それぞれをドラッグし、不透明なオブジェクトを出発点❺、半透明のオブジェクトを終点に配置します❻。[アクション] タブ内で時間や細かな位置の指定も可能です❼。プレビューを確認しながら調整しましょう。

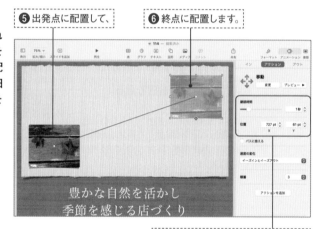

❺ 出発点に配置して、

❻ 終点に配置します。

❼ 継続時間や位置を指定できます。

💡 Hint 移動パスに曲線を追加する

[移動] のアクションは、出発点の画像と終点の半透明の画像を結ぶ移動パス（赤い線）の通りに移動します。移動パスにポインタを合わせると表示される白丸（移動後は赤丸）のハンドルをドラッグすると、移動パスに曲線を追加できます。白丸のハンドルは最初は1つですが、ドラッグする度に追加されます。移動パス上の曲げたい辺りにポインタを合わせてみましょう。

白丸のハンドルをドラッグして、移動パスに曲線を追加できます。

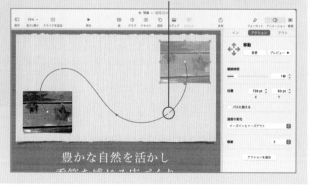

StepUp　動きを組み合わせて実行できる

アクションの［基本］に分類されている動き同士は、同時に実行可能です。ここでは例として前ページで設定した「移動」と、さらに「回転」を追加して同時に実行し、回転しながら移動させてみます。「移動」の設定された画像を選択し❶、［アクション］タブの［アクションを追加］をクリックして❷、追加の動き（ここでは［回転］）を選択します❸。エフェクトが追加されたら、前ページ手順2の操作で詳細も設定しておきましょう。

❶画像を選択し、

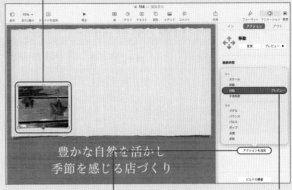

❷ここをクリックして、　❸エフェクトを選択します。

複数のエフェクトを設定した画像を選択し、［アクション］タブの［ビルドの順番］をクリックします❹。

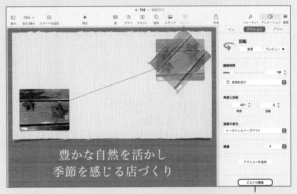

❹ここをクリックします。

初期設定ではエフェクトは1から順に1つずつ実行されるので、図の例であれば移動した後に回転するという動きになります。この実行のタイミングを変更するため、表示される［ビルドの順番］画面で［回転］を選択し❺、［開始］で［ビルド1と同時］を選択します❻。プレビューで確認すると、回転しながら移動するように変わったことがわかります。

❺このエフェクトを選択し、

❻ここを［ビルド1と同時］に変更します。

Chapter 4

オブジェクトのアニメーション設定

テキストにアニメーションを設定するには

テキストボックスに対してもアニメーションの設定が可能です。テキストボックスのアニメーション設定では、すべての文字をまとめて動かすか、段落単位や文字単位で動かすかを設定できる点がポイントです。

1 エフェクトを選択する

テキストへのエフェクトの実行単位を変更する方法を見てみましょう。なおテキストボックスに対するアニメーションの設定方法は、前ページの画像の場合と同じです。テキストボックスを選択したら❶、前ページの方法で設定しましょう。図はアニメーションインスペクタの［イン］タブで［ぼかし］のエフェクトを設定した状態です❷。

> ✎ **Point**　「打ち上げ花火」や「炎」もある
>
> 図ではわかりやすいようシンプルなエフェクトを選択していますが、エフェクトは豊富な種類が用意されていて、「打ち上げ花火」「彗星」「炎」など楽しいものもあります。

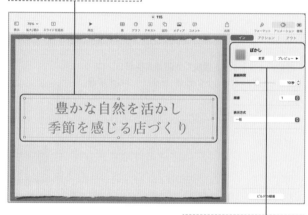

❶ テキストボックスを選択し、

❷ エフェクトを選択します。

2 ［表示方式］が［一括］の場合

［表示方式］が「一括」の状態でプレビューすると❸、テキストボックス内の文字がひとまとめで動きます❹。図では「ぼかし」のエフェクトを設定しているので、すべての文字が同時に浮かび上がってきました。

❸ ここが一括の場合、

❹ すべての文字が同時に動きます。

3 [表示形式] を変更する

エフェクトが実行される単位は、[イン] パネルの [表示方式] で選択できます❺。ここでは [段落単位] を選択しました。

❺ここで単位を変更します。

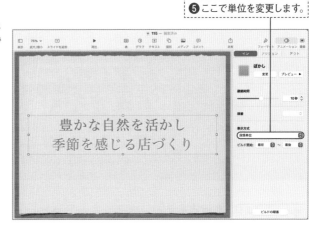

4 段落単位で動いた!

プレビューを実行してみると、最初の段落が浮かび上がった後❻、次の段落というように❼、段落単位でエフェクトが実行できました。

❻ 最初の段落で
エフェクトが実行され、

❼ その後次の段落で
実行されます。

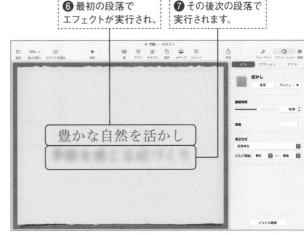

**StepUp　文字単位で動かせる
エフェクトもある**

エフェクトの種類によっては、文字単位で動かすことができるものもあります。文字単位での設定が可能なエフェクトを選ぶと、図のように [テキストアニメーション] の設定項目が表示されます。[文字ごと] [単語ごと] など単位を選択しましょう。

文字や単語単位で動かせるエフェクトもあります。

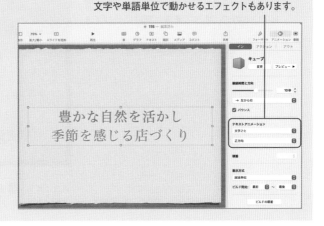

グラフにアニメーションを設定するには

グラフに対してもアニメーションの設定が可能です。アニメーションの設定方法自体はP.268の画像の場合と同じですが、系列や項目単位でエフェクトを実行できる点がポイントです。ここではその設定方法を紹介します。

1 エフェクトを選択する

グラフでのエフェクトの実行単位の変更方法を見てみましょう。なおグラフに対するアニメーションの設定方法は、画像の場合と同じです。グラフを選択したら❶、P.268の方法で設定しましょう。図はアニメーションインスペクタの [イン] タブで [ワイプ] のエフェクトを設定した状態です❷。違いがわかりやすいよう [方向] を [下から] に設定しています。

❶ グラフを選択し、

❷ エフェクトを選択します。

2 [表示方式] が[一括] の場合

[表示形式] が「一括」の状態でプレビューすると❸、棒グラフの棒が一括して動きます❹。図では下からの「ワイプ」エフェクトを設定しているので、すべての棒が同時に伸びてきました。

売上推移

❸ ここが一括の場合、

❹ すべての棒が同時に伸びます。

3 [表示形式]を変更する

エフェクトが実行される単位は、[イン]タブ
の[表示方式]で選択できます❺。ここでは[系
列単位]を選択しました。

❺ここで単位を変更します。

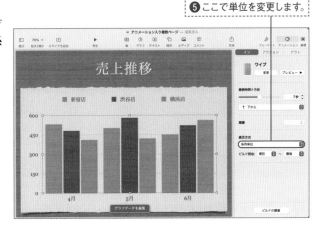

4 系列単位で動いた！

プレビューを実行してみると、最初の棒が表
示された後❻、次の棒というように❼、系列
単位でエフェクトが実行できました。

❻最初の棒にエフェクトが実行され、

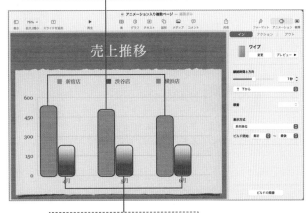

❼その後次の棒が実行されます。

**StepUp 集合単位や要素単位でも
表示できる**

手順4で選択した[系列単位]以外に、[集合単位]
での実行も可能です。また棒を1本ずつ表示できる
[系列の要素単位]や[集合の要素単位]も選択でき
ます。

[集合単位]での実行もできます。

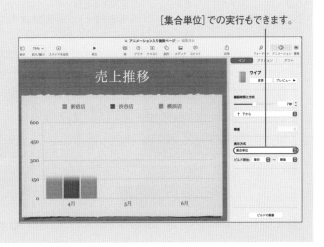

アニメーションの順番を変えるには

1つのスライド内で複数のアニメーションを設定すると、先に設定したものから順に実行されますが、この順番は変更できます。より自由にスライドを動かすのに欠かせない機能ですのでしっかり覚えておきましょう。

1 [ビルドの順番] をクリックする

設定したアニメーションの実行順序を変更するには、アニメーションインスペクタ❶で [ビルドの順番] をクリックします❷。

Point ビルドとは

Keynoteでは、スライド内に設定するアニメーションのことを「ビルド」とも呼びます。

❶ここをクリックして、　❷ここをクリックします。

Hint 対応するビルドの確認方法

手順2の [ビルドの順番] に表示されるビルド名を見ただけでは、スライドの内のどのオブジェクトに対して設定されているかがわかりにくいものもあります。ビルドを選択すると❶、スライド上で対応するオブジェクトが選択されるので確認しましょう❷。逆に、スライド上でオブジェクトを選択すると❸、そのオブジェクトに設定されているビルドが選択されます❹。図の例のように複数のビルドが設定されている場合はまとめて選択されます。

❶ここでビルドをクリックすると、　❸スライド上でオブジェクトをクリックすると、

❷設定されているオブジェクトが選択されます。　❹オブジェクトに設定されているビルドが選択されます。

Chapter 4　Keynote で人の心を動かすプレゼン作成

2 ビルドをドラッグする

[ビルドの順番] ウィンドウでは、スライド内に設定されているすべてのビルドが実行順に並んで表示されます。ここでは一番上にあるテキストボックスへのビルドを一番最後に実行されるよう変更してみます。対象のビルドをクリックし❸、実行したい順番になるようドラッグで移動します❹。

❸ ビルドをクリックし、

❹ 実行したい順番の場所へドラッグします。

3 順番が変わった！

テキストボックスに設定したビルドがビルド5の位置に移動し、実行順序が変更できました❺。

❺ 実行順が変わりました。

StepUp 複数のビルドをプレビューする

いずれかのビルドをクリックし❶、shiftキーを押しながら次のビルドをクリックすると間にあるビルドをまとめて選択できます❷。この状態で [プレビュー] ボタンをクリックすると、選択されているすべてのビルドを実行順通りにプレビュー再生できます❸。実行順の確認などに利用しましょう。

❶ ここをクリックし、

❷ shiftキーを押しながらここをクリックします。

❸ ここをクリックしてまとめてプレビューできます。

アニメーションを自動的に実行するには

設定したアニメーションは、スライドをクリックすると順番に実行されるよう初期設定されていますが、このタイミングは変更できます。自動的に実行したり、複数のオブジェクトのアニメーションを一斉に開始したりといったことが可能です。

1　**1つ目のビルドを自動的に実行する**

P.276の操作で［ビルドの順番］ウィンドウを表示します❶。スライド内の最初のビルドが自動的に実行されるようにするには、ビルド1を選択し❷、［開始］を［トランジションの後］に変更します❸。こうすることでスライドが切り替わると自動的にビルド1が実行されます。

❶［ビルドの順番］ウィンドウを表示し、

❷ 最初のビルドを選択して、

❸［トランジションの後］に変更します。

2　**前のビルドに続けて実行する**

2つ目以降のビルドは、前のビルドに続けて実行するよう設定できます。対象のビルド（図ではビルド2）を選択したら❹、［開始］をクリックして［ビルド1の後］を選択しましょう❺。

❹ 対象のビルドを選択し、

❺ ここをクリックして［ビルド1の後］を選択します。

3 **ビルドがグループ化された！**

[開始] が [ビルド1の後] になると❻、ビルドが図のようにグループ化されます❼。どのようなタイミングで実行されるかをひと目で把握でき便利です。こうしてグループ化されたビルドは、最初の一つに続けて自動的に実行されます。

❻ 前のビルドの後に自動的に実行される設定になり、

❼ ビルドがグループ化されました。

Hint ドラッグでグループ化できる

ビルドの開始条件は、ドラッグでも調節できます。ビルド2の後にさらに続けてビルド3を自動実行するには、ビルド3をドラッグします❶。ビルド2の下に線が表示される位置までドラッグしたら手を離すと❷、グループに追加されます❸。

❶ ビルド3をドラッグし、

❷ 挿入位置を示す線が正しい位置に表示されたらドロップすると、

❸ グループに追加されます。

Chapter 4

ビルドの開始

StepUp 複数のオブジェクトを一斉に動かすには

たとえば図のスライドで、テキスト部分（ビルド1）と左側の写真（ビルド2）同時に動かしたいときは、ビルド2の [開始] を [ビルド1と同時] に設定します❶❷。これで双方のビルドが同時に実行されます。複数のオブジェクトが同時にスライドに現れる演出もこうして簡単に行えます。なお、同じオブジェクトに対して設定されている複数のビルドを同時に実行する場合はP.271を参考にしてください。

❶ 2つ目のオブジェクトのビルドを選択し、

❷ [ビルド1と同時] を選択します。

他のスライドやWebへの リンクを作成するには

テキストや画像にリンクを設定すると、クリック時に他のスライドやWebサイトを表示できます。リンクを準備しておくことで、より複雑なプレゼンテーションも簡単な操作で実行可能になります。

1 ［リンクを追加］を選択する

テキストに他のスライドへのリンクを設定する場合を例に、リンクの設定方法を見ていきましょう。リンクを設定したいテキストを選択し❶、［フォーマット］メニューから［リンクを追加］→［スライド］を選択します❷。

> **Hint 右クリックからも選択できる**
>
> 対象の文字を選択したら、文字を右クリックし、表示されるメニューから［リンクを追加］→［スライド］を選択しても設定できます。

❶ 文字列を選択し、　**❷ ここを選択します。**

2 リンク先の種類を確認する

表示される画面の「リンク先の種類」がスライドになっていることを確認します❸。なお、この画面で種類を変更することもできます。

> **Point URLは自動的にリンクが設定される**
>
> Keynoteの初期設定では、テキストボックスや図形にURLまたはメールアドレスを入力すると自動的にリンクが作成されます。なお、このリンクを削除したいときは、手順4の「Hint」の方法で削除できます。

❸ リンク先の種類を確認します。

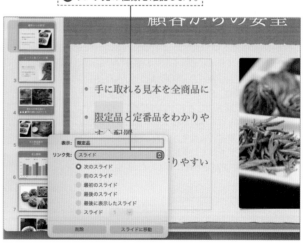

3 リンク先を設定する

リンク先の詳細を設定します。ここでは7枚目のスライドへ移動したいので、[スライド]をクリックし、「7」を選択しました❹。設定を終えるには、設定画面以外の場所をクリックします❺。

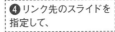
❹ リンク先のスライドを指定して、

❺ 設定画面外をクリックして設定を終えます。

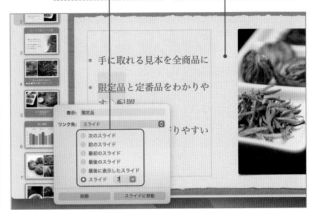

✏Point リンク先の詳細は種類によって異なる

リンク先の指定方法は、選択した種類によって異なります。たとえばリンク先の種類で [Webページ] を選んだ場合、[リンク] の欄にURLを入力します。

4 リンクを使って移動する

リンクを設定した文字列には下線が追加され、スライドショー実行時にクリックすると❻、設定したスライドを表示できます。

❻ クリックするとリンク先を表示できます。

💡Hint リンクを編集・削除するには

スライドの編集時に、リンクを設定した文字やオブジェクトのリンク用アイコンをクリックし、[編集] をクリックすると、手順3の画面が開き、リンクを編集できます。[削除] をクリックして削除もできます。

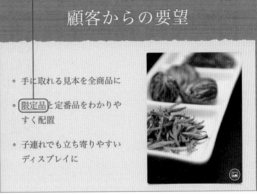

🎵StepUp 画像にリンクを設定した場合

画像にリンクを設定すると、リンクが設定されていることを示すアイコン□が表示されます。このアイコンをクリックすると、リンク用の画面が開き、手順4の要領でリンク先を表示できます。

リンク用のアイコンが表示されます。

スライドの切り替えに効果を付けるには

スライドに「トランジション」を設定すると、次のスライドに移るときに指定したエフェクトが実行されます。より華やかにプレゼンテーションを演出できる便利な機能です。

1 アニメーションインスペクタを表示する

スライド切り替え時の「トランジションエフェクト」を設定する方法を見ていきましょう。ここでは例として1枚目のスライドから2枚目へ移る際のエフェクトを設定します。スライドナビゲータで1枚目のスライドを選択し❶、ツールバーの [アニメーション] をクリックします❷。

❶ 設定したいスライドを選択し、

❷ ここをクリックします。

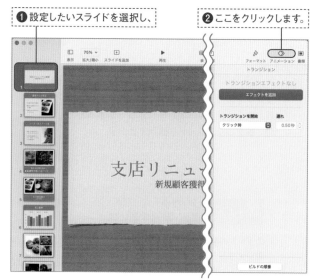

2 エフェクトを選択する

[トランジション] タブで [エフェクトを追加] をクリックし❸、利用したいエフェクトを選択します❹。

❸ ここをクリックし、

❹ エフェクトを選択します。

Point エフェクトのプレビュー

ポインタを合わせるとエフェクト名の右側に [プレビュー] の文字が表示されるので、それをクリックするとプレビュー再生できます。選択時の参考にしましょう。

3 トランジションが設定された！

スライドナビゲータのサムネールに、トランジションが設定されていることを示す青い三角が表示されました❺。[トランジション] タブにエフェクト名が表示され、向きや開始のタイミングなどの詳細を必要に応じて設定できます❻。

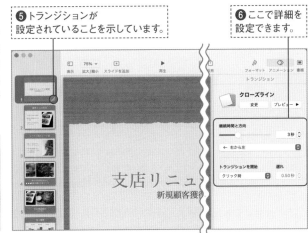

❺トランジションが
設定されていることを示しています。

❻ここで詳細を
設定できます。

> **Hint エフェクトの削除や変更**
>
> エフェクトの削除や変更方法は、オブジェクトに対する場合と同じです。P.269手順3のコラムを参考にしてください。

4 プレビューを確認する

スライドナビゲータでスライドを選択し❼、[トランジション] タブの [プレビュー] をクリックすると❽、トランジションエフェクトをプレビューできます。図では「クローズライン」のエフェクトを設定したので、横に移動してスライドが切り替わりました❾。

❼スライドを選択し、

❽ここをクリックすると、

❾トランジションが実行されます。

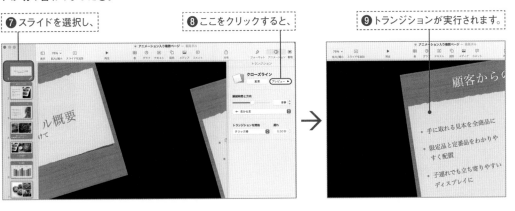

は本文末で統合

→

> **StepUp 複数のスライドにまとめて設定するには**
>
> 複数のスライドを選択し❶、[エフェクトを追加] をクリックして選択すると❷、同じトランジションをまとめて設定できます。複数のスライドを選択するには、最初のスライドをクリックした後 shift キーを押しながら最後のスライドをクリックします。すると間のスライドをまとめて選択できます。

❶複数のスライドを選択し、

❷ここをクリックして
エフェクトを設定します。

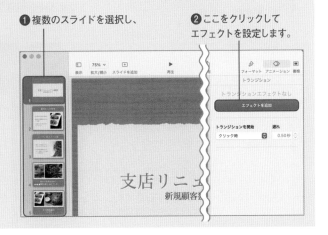

再生するスライドを用途別に限定するには

Keynoteでは、「スキップ」機能を使って再生するスライドを限定することができます。プレゼンの相手や時間に応じて表示するスライドを調節すれば、用途別に複数のプレゼンテーションファイルを作成する手間が省けます。

1 スライドを選択する

スキップ機能を使い、再生したくないスライドを非表示にする方法を見ていきましょう。まずはスライドナビゲータで非表示にするスライドを選択します❶。図では上から2枚目の右側に写真の入ったスライドを選択しました。

❶ スキップしたいスライドを選択します。

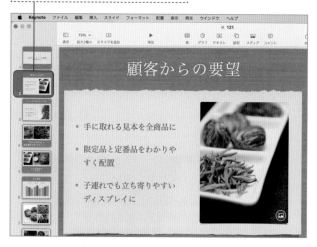

Hint 複数のスライドをまとめてもOK

複数のスライドを選択して操作すると、まとめてスキップを設定することができます。

2 ［スライドをスキップ］を選択する

［スライド］メニューから［スライドをスキップ］を選択します❷。

❷ ここを選択します。

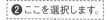

3 スキップが設定された！

スキップが設定されたスライドは、枠線のみでの表示になります❸。この状態でプレゼンテーションを再生すると、手順1で選択していたスライドはスキップして再生されます❹。

❸ スライドが非表示になり、 ❹ 再生時にはスキップされます。

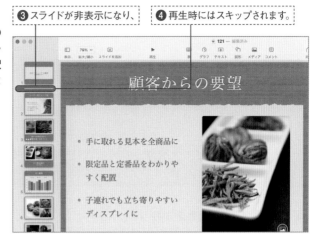

---

❶ スキップしているスライドを選択し、 ❷ ここを選択します。

Point スキップを解除するには

設定したスキップを解除するには、スキップされているスライド（枠線の状態）を選択し❶、[スライド]メニューから[スキップを解除]を選択します❷。

---

❶ 枠線の状態でクリックすると、 ❷ ここに内容が表示されます。

StepUp スキップ中のスライドを確認する

スキップが設定され枠線の状態になったスライドも、枠線を選択すると❶、内容が表示されます❷。非表示にしたスライドの内容もこうして確認できます。

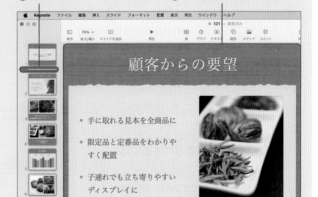

発表者用の資料を作成するには

[発表者ノート] は、スライドショー実行時には表示されないテキストを記しておける機能です。各スライドごとにノートを入力できるので、プレゼン時の台本や注意書きなどのメモとして利用しましょう。

1 発表者ノートを表示する

スライドにテキストを記録しておける発表者ノート機能を使ってみましょう。[表示] ボタンをクリックして❶、から [発表者ノートを表示] を選択します❷。

❶ここをクリックして、　　**❷ここを選択します。**

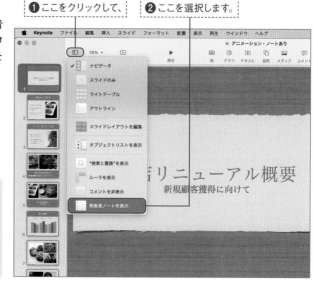

Hint リハーサルや印刷にも利用できる

入力した発表者ノートは、スライドショーのリハーサル機能で表示したり、印刷して利用したりできます。

2 ノートにテキストを入力する

画面下部に発表者ノートが表示されます。クリックしてテキストを入力しましょう❸。図のようにスライドごとの発表内容を記しておくと、プレゼンテーション時の台本として活用できます。

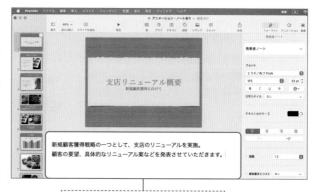

❸ 発表者ノートに文字を入力します。

Point 発表者ノートを非表示にするには

スライド編集時など発表者ノートが不要な場合は、[表示] ボタンから [発表者ノートを非表示] を選択して非表示にしておきましょう。

3 箇条書きを入力するには

発表者ノートの編集時は、[発表者ノート] タブが表示されます。[箇条書きとリスト]で[行頭記号]［数字］などを選択すると❹、改行時に行頭記号が自動的に入力され、箇条書きを素早く入力できます❺。

❹ ここで[行頭文字]を選択すると、

❺ 行頭記号が自動的に入力されます。

4 フォントや文字のサイズを変更する

[フォント] では、フォントの種類を選択できます❻。文字の大きさも調節できるので、見やすいサイズに調節してみましょう❼。文字の色も変更可能です❽。対象の文字を選択して操作しましょう。

StepUp スライドショー実行中の表示

別のディスプレイを接続しているなど、発表者専用の画面を見ながらスライドショーを実行できる場合は、発表者用のディスプレイに発表者ノートを表示できます。

❻ ここでフォントを選択できます。

❼ クリックして文字のサイズを変更できます。

❽ 文字の色を変更できます。

Hint ライトテーブルビューで発表者ノートを編集する

ライトテーブルビュー（P.215）利用時も、手順1の要領で発表者ノートを表示できます❶。ノートを編集したいスライドを選んで操作しましょう❷❸。発表者ノートのあるスライドは、ライトテーブルビューやスライドナビゲータのサムネールの右上に、ノートのアイコンが表示されます。

❶ ライトテーブルビューで発表者ノートを表示し、
❷ スライドをクリックすると、

❸ 発表者ノートを編集できます。

Chapter 4 発表者ノート

リハーサルを行うには

プレゼンテーションの練習や所要時間の測定に便利な「リハーサル」機能を使ってみましょう。リハーサルの実行方法に加えて、画面に表示する項目の切り替え方を覚えておくと、より便利に利用できます。

1 リハーサル画面を表示する

プレゼンテーションの練習に役立つリハーサル画面を使ってみましょう。リハーサルを開始したいスライド（図では最初のスライド）を選択し❶、[再生] メニューから [スライドショーをリハーサル] を選択します❷。

❶リハーサルを始めたいスライドを選択し、

❷ここを選択します。

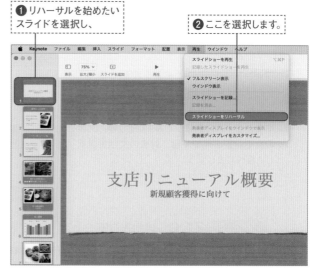

2 リハーサル用画面が表示された！

リハーサル用の画面が表示されました❸。左側に現在のスライド❹、右側に次のスライド❺が表示され、次のスライドの準備をしながらプレゼンテーションできるようになっています。

❸リハーサル用の画面が表示されました。

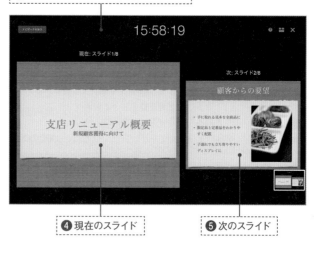

❹現在のスライド

❺次のスライド

> **Hint** 便利なショートカットをチェックしよう
>
> リハーサル画面で右上にある？印のアイコン◎をクリックすると、スライドショーで利用できるキーボードショートカットが一覧表示されます。

3 ノートやタイマーを表示する

画面右上のアイコンをクリックし⑥、表示したい項目にチェックを付けると、表示項目を追加できます。図では[発表者ノート]と[タイマー]にチェックを付けたので⑦、それぞれが追加で表示されました⑧⑨。

⑥ ここをクリックし、

⑦ こことここにチェックを付けると、

⑧ 発表者ノートが表示され、

⑨ タイマーが表示されました。

Point アイコンが表示されていないときは

手順3のアイコンなどが表示されていないときは、画面の右上にポインタを合わせると表示されます。

4 リハーサルを行う

画面上をクリックすると次のスライドが表示されます⑩。説明を行いながらスライドを進めてみましょう。なおタイマーは、スライドを切り替えた時点からカウントが始まります。リハーサルを途中で終了したいときは、画面右上の×印のアイコンをクリックするか[esc]キーを押します。

⑩ 画面上をクリックすると、次のスライドに移ります。

Hint スライドショー実行中の表示

別のディスプレイを接続しているなど、発表者専用の画面を見ながらスライドショーを実行できる場合は、発表者用のディスプレイに発表者ノートを表示できます。

StepUp スライドスイッチャーを表示する

リハーサル画面左上にある [ナビゲータを表示] をクリックすると、スライドスイッチャーを表示でき、サムネールをクリックして表示するスライドを切り替えられます❶。ページ数の離れたスライドへの移動は、スライド番号を入力して [移動] をクリックすると便利です❷。

❶ サムネールをクリックしてスライドへ移動できます。

❷ スライド番号を入力して移動もできます。

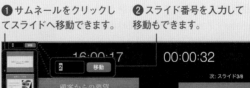

スライドショーの設定をするには

書類インスペクタの[書類]タブでは、スライドショーに関するさまざまな設定が可能です。
どのような設定ができるのか確認しておきましょう。

1 [書類]タブを表示する

プレゼンテーションの設定が可能な[書類]
タブを表示するには、ツールバーの[書類]
をクリックし❶、[書類]タブをクリックしま
す❷。

❶ここをクリックし、

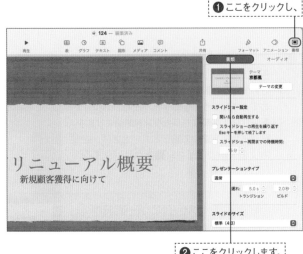

❷ここをクリックします。

2 再生の条件を設定する

[スライドショー設定]では、再生のタイミン
グや繰り返しの設定が可能です。[開いたら
自動再生する]にチェックを付けると、
Keynoteのファイルを開くと同時にプレゼン
テーションが始まります❸。[スライドショー
の再生を繰り返す][スライドショーの再開
までの待機時間]は、自動再生の利用時に設
定しておくと便利な機能です（P.296〜299
参照）。

❸ チェックを付けるとファイルを開くと同時に
プレゼンテーションが始まります。

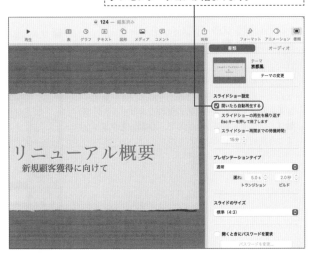

3 パスワードを設定する

ファイルにパスワードを設定することもできます。[開くときにパスワードを要求]にチェックを付け**4**、表示される画面でパスワードを入力し**5**、[パスワードを設定]をクリックしましょう**6**。

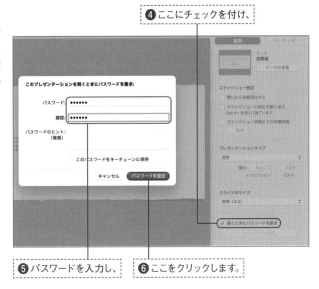

❹ここにチェックを付け、

このプレゼンテーションを開くときにパスワードを要求:

パスワード: ●●●●●
確認: ●●●●●

パスワードのヒント:
(推奨)

□ このパスワードをキーチェーンに保存

キャンセル　パスワードを設定

☑ 開くときにパスワードを要求

❺パスワードを入力し、　　❻ここをクリックします。

**StepUp　スライド上に
ポインタを表示する**

Keynoteの初期設定では、スライドショー時にポインタが表示されるのはスライド内にリンクまたはムービーがある場合のみに設定されています。常にポインタを表示しながらスライドショーを行いたいときは設定を変更しましょう。[Keynote]メニューから[設定]を選択し**1**、表示される画面の[スライドショー]タブで**2**、[マウスまたはトラックパッドの使用時にポインタを表示]をクリックすると、スライドを問わずポインタを表示できます**3**。

❶ここを選択します。

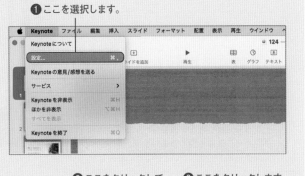

Keynote　ファイル　編集　挿入　スライド　フォーマット　配置　表示　再生　ウインドウ

Keynote について

設定...　⌘,

Keynote の意見/感想を送る

サービス　＞

Keynote を非表示　⌘H
ほかを非表示　⌥⌘H
すべてを表示

Keynote を終了　⌘Q

❷ここをクリックして、　　❸ここをクリックします。

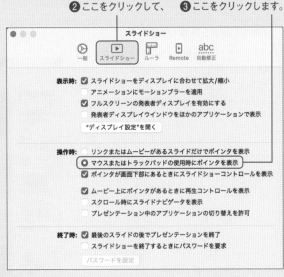

スライドショー

一般　スライドショー　ルーラ　Remote　自動修正

表示時: ☑ スライドショーをディスプレイに合わせて拡大/縮小
□ アニメーションにモーションブラーを適用
☑ フルスクリーンの発表者ディスプレイを有効にする
□ 発表者ディスプレイウインドウをほかのアプリケーションで表示
"ディスプレイ設定"を開く

操作時: ○ リンクまたはムービーがあるスライドだけでポインタを表示
◉ マウスまたはトラックパッドの使用時にポインタを表示
☑ ポインタが画面下部にあるときにスライドショーコントロールを表示
☑ ムービー上にポインタがあるときに再生コントロールを表示
□ スクロール時にスライドナビゲータを表示
□ プレゼンテーション中のアプリケーションの切り替えを許可

終了時: ☑ 最後のスライドの後でプレゼンテーションを終了
□ スライドショーを終了するときにパスワードを要求
パスワードを設定

スライドショーを実行するには

完成したスライドをスライドショーとして実行する方法を見てみましょう。スライド切り替え用のショートカットも併せて覚えておくと便利です。

1 最初のスライドを選択する

スライドショーは任意のスライドから開始できます。スライドナビゲータで再生を開始したいスライドを選択しましょう❶。図では最初のスライドを選択しています。

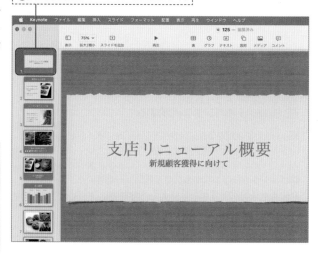

❶ 再生を開始するスライドを選択します。

Hint　複数発表者でプレゼンできる

スライドショーを共有している相手とともに、複数の発表者でスライドショーをオンライン再生する「複数者発表スライドショー」機能も備わっています。何人かで発表箇所を分担したいときなどに便利です。

2 [再生] ボタンをクリックする

ツールバーの [再生] ボタンをクリックします❷。なお[再生]メニューから[スライドショーを再生] を選択するか、option + command ⌘ + P キーを押しても再生を開始できます。

❷ ここをクリックします。

3 **スライドショーが開始された！**

スライドショーが実行されました❸。スライドをクリックすると、次のスライドやビルドに進みます❹。また[return]キーや[　　]（スペース）キーを押してもスライドを進めることができます。

❸スライドショーが実行されました。

❹スライドをクリックして先へ進めることができます。

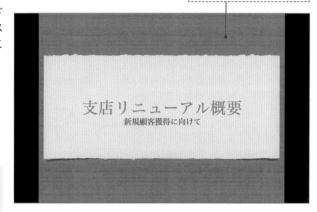

✎Point スライドショーを途中で終了するには

スライドショーの実行中に[esc]キーを押すと、スライドショーを中止できます。

✎Point 任意のスライドへ移動するには

たとえば7枚目のスライドを表示したい場合、スライドショー再生時にキーボードから「7」を入力します❶。するとその番号が指定された状態で図のスライドスイッチャーが表示され❷、[移動]をクリック、または[return]キーを押すと素早く表示できます❸。

❶スライドショー実行中に数字を入力すると、

❷ここに表示され、

❸ここをクリックして該当するスライドを表示できます。

💡Hint 便利なショートカット

スライドショー中に利用できるショートカットは多数あります。便利なものをいくつか覚えておきましょう。

前のスライドに移動する	[←]キー
前に表示したスライドに戻る	[Z]キー
プレゼンテーションを一時停止する	[F]キー
ポインタを表示する/隠す	[C]キー
スライド番号を表示する	[S]キー

Hint スライドショーを ウィンドウで再生できる

初期設定ではフルスクリーンで再生されますが、スライドショーはウィンドウでも再生できます。ウィンドウで再生すると、スライドショー実行中に他のアプリケーションを利用できるうえ、発表者ノートや次のスライドを別のウィンドウに表示できます。

スライドショーをウィンドウで再生するには、[再生] メニューで [ウィンドウ表示] を選択しておきます❶。この状態で [再生] ボタンを押し、スライドショーを再生しましょう❷。

すると、スライドショーがウィンドウで再生され❸、別のウィンドウに次のスライドやタイマー、発表者ノートなどが表示されます❹。このウィンドウでは、スライドナビゲーターを表示したり❺、現在と次のスライドの表示方法を変えることもできます❻。

❶ ここを選択します。

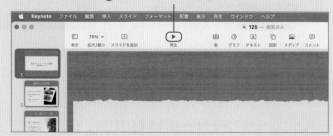

❷ ここをクリックして再生します。

❸ スライドショーが
　 ウィンドウで再生され、

❹ コントロール用の
　 別ウィンドウが表示されます。

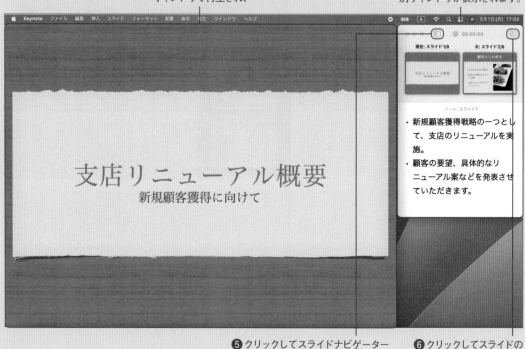

❺ クリックしてスライドナビゲーター
　 を表示できます。

❻ クリックしてスライドの
　 表示方法を変更できます。

Hint スライドショーに 自分を映しながら再生できる

スライドに「ライブビデオ」を挿入すると、Macの
カメラや外付けのカメラを使ってスライド上に自分
を映したり、接続したiPhoneやiPadの画面を映す
ことができます。オンラインプレゼンで発表者の顔
を見せながらプレゼンをしたいときなどに便利な機
能です。

ライブビデオを挿入するには、[メディア] ボタンか
ら [ライブビデオ] を選択します❶❷。このときカ
メラへのアクセス許可を求められた場合は、許可し
ましょう。
ライブビデオは、スライド中央に大きく挿入されま
すが、通常のムービーなどと同様にハンドルをド
ラッグしてのサイズ変更や移動が可能です。希望
の位置に配置しましょう❸。

図ではカメラがオフになっていますが、カメラのア
イコンをクリックしてオンにするとカメラの映像が
スライド上に映し出され、自分の映りをチェックし
ながらサイズなどを調整することもできます。

[フォーマット] インスペクタの [スタイル] では、
枠線などを設定して見栄えを整えることができます
❹。また、[ライブビデオ] で [背景] にチェックを
付け、色などを選択すると、ライブビデオの背景を
置き換えることも可能です❺。

例のように必要なスライド単体に挿入してもよいで
すし、複数ページにまとめて追加したいときは、ス
ライドレイアウトにも挿入できます。
なお、ライブビデオは、スライドの印刷時には表示
されません。不要になった場合は、選択して delete
キーを押すと削除できます。

❶ここをクリックして、❷ここを選択します。

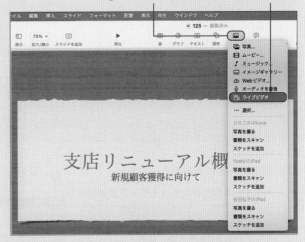

❸ライブビデオが挿入できました。　❹枠線などを設定できます。

❺背景の置き換えを設定できます。

自動再生用の
スライドショーを作成するには

「スライドショーを記録」機能を使うと、ナレーションとスライド切り替えのタイミングを記録したスライドショーが作成できます。店頭でのデモなど、プレゼンテーションを自動で再生させたいときに活用しましょう。

1 記録モードを表示する

スライドを切り替えるタイミングとナレーションを記録し、自動再生可能なスライドショーを作成しましょう。記録を開始したいスライドを選択したら①、書類インスペクタの［オーディオ］タブで②、［スライドショーを記録］の［記録］ボタンをクリックします③。

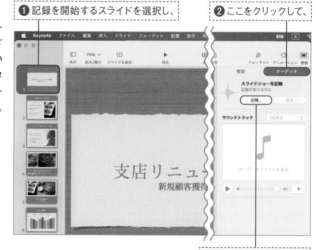

❶記録を開始するスライドを選択し、

❷ここをクリックして、

❸ここをクリックします。

2 記録を開始用のボタンをクリックする

記録モードに画面が切り替わります。画面下部の記録開始用ボタン■をクリックすると、「3、2、1」とカウントダウンが表示された後、記録が開始されます❹。

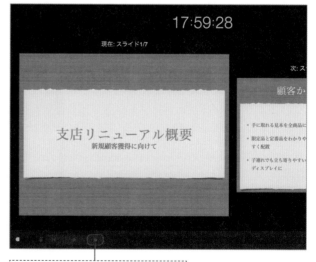

❹ここをクリックして記録を開始します。

Hint 発表者ノートやタイマーを表示できる

必要に応じて発表者ノートやタイマーを表示することができます。方法はリハーサルの場合と同じですのでP.288を参考に表示してみましょう。

3 スライドショーを進める

記録中は、記録用ボタンが赤く光り、一時停止用のボタンが表示されます**⑤**。マイクに向かって話しながら、本番同様にスライドショーを実行していきましょう。スライドの切り替え方などは通常のスライドショーの場合と同じです**⑥**。

⑤ 記録中なことがわかります。

⑥ マイクに向かってナレーションをしながらスライドショーを進めます。

4 記録を停止する

プレゼンテーションを終えたら、記録開始時に押したボタン■をクリックして記録を停止します**⑦**。

Hint ムービーファイルやアニメーションGIFにもできる

Keynoteのスライドは、P.344の要領でムービーファイルやアニメーションGIFファイルに書き出しできます。KeynoteのないPCなどでプレゼンテーションを自動再生したいときに活用できます。

⑦ ここをクリックして記録を停止します。

StepUp 記録を一時停止するには

一時停止用のボタンをクリックすると、記録を一時停止できます**①**。もう1度クリックすると再度続きを記録できます**②**。

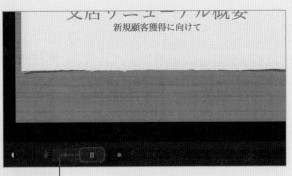

① ここをクリックして一時停止できます。

② 再度クリックして記録を再開できます。

Next ⊕

5 記録内容を確認する

再生用ボタン▶をクリックすると、記録モード上で内容が再生されるので確認しましょう❽。

Point　記録した内容を
　　　破棄するには

記録した内容を保存をせずに破棄したいときは、右下にあるゴミ箱のアイコン🗑をクリックすると削除できます。

❽ クリックして記録した内容を再生できます。

6 記録を保存する

記録内容を保存するには、escキーを押して記録モードを終了します❾。

❾ escキーを押して保存します。

7 スライドショーが記録された！

スライドショーが記録され、［オーディオ］タブに表示されました❿。

❿ スライドショーが記録されました。

8 **記録したスライドショーを再生する**

記録したスライドショーを再生するには、[再生] メニューから [記録したスライドショーを再生] を選択します⓫。

⓫ここを選択します。

9 **記録したタイミングで実行される**

すると通常のスライドショー同様にフルスクリーンでスライドショーが実行されます。記録したナレーションが流れ、記録したタイミングで自動的にスライドが切り替わります⓬。

⓬ 記録したスライドショーが実行されます。

StepUp 記録を削除するには

スライドショーの記録を削除するには、設定インスペクタの [オーディオ] タブで [消去] ボタンをクリックします。記録を削除した後は、また新たなスライドショーを記録することもできます。

ここをクリックして記録を削除できます。

自動再生などに 再生方法を変更するには

Keynoteでは、2種類の自動再生方法を利用できます。ここではその設定方法を覚えておきましょう。店頭でのデモなどに役立ちます。

▶ ［自動再生］を設定する

1 ［自動再生］を選択する

［自動再生］を設定すると、前のページで記録したスライドショーを使い、ムービーのように自動的にスライドショーを実行できます。書類インスペクタの［書類］タブ❶の［プレゼンテーションタイプ］で［自動再生］を選択しましょう❷。

❶ここをクリックし、

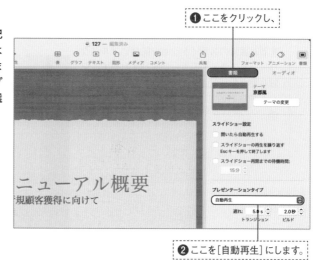

❷ここを［自動再生］にします。

2 再生の繰り返しを設定する

［スライドショー設定］の［スライドショーの再生を繰り返す］にチェックを付けておくと、escキーを押すまで自動的に再生を繰り返すことができます❸。

❸ここにチェックを付けると再生を繰り返します。

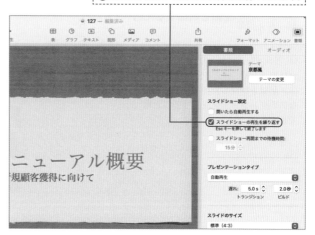

Chapter 4

Keynote で人の心を動かすプレゼン作成

1 [リンクのみ] を選択する

[プレゼンテーションタイプ] を [リンクのみ] にすると、スライド上のリンクをクリックしたときのみスライドが切り替わります❶。スライドショーを見る側が自身でリンクをクリックし、興味のあるスライドへと進むという形のプレゼンテーションが可能です。なおこの場合、スライドにはリンク（P.280参照）を設定しておく必要があります。スライド上をクリックするだけでは進みませんので、次ページへ進むためのリンクも必要です。

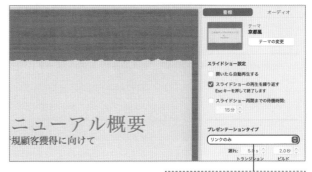

❶ ここを [リンクのみ] にします。

2 再開までの待機時間を設定する

自動再生の場合同様 [スライドショーの再生を繰り返す] にチェックを付けておくとよいでしょう❷。さらに画面を操作しない状態が一定時間続いた場合最初のスライドに戻るよう設定しておくと、最後まで見ずに離れてしまった閲覧者がいても、次の閲覧者が最初からスライドショーを見ることができます。[スライドショー再開までの待機時間] にチェックを付け❸、分数を指定しましょう❹。

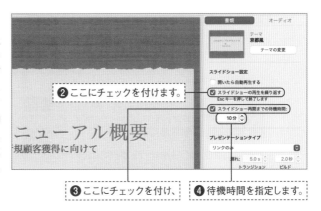

❷ ここにチェックを付けます。

❸ ここにチェックを付け、

❹ 待機時間を指定します。

StepUp 終了にパスワードを設定する

意図しないタイミングでスライドショーを終了されることのないよう、終了時にパスワードを要求するように設定することも可能です。[Keynote] メニューから [設定] を選択、[スライドショー] をクリックして図の画面を表示します❶。[スライドショーを終了するときにパスワードを要求] にチェックを付け❷、表示される画面でパスワードを入力しましょう❸。

❶ ここをクリックし、

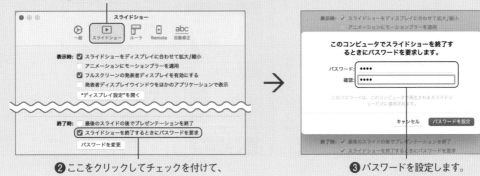

❷ ここをクリックしてチェックを付けて、

❸ パスワードを設定します。

Chapter 4

自動再生・ハイパーリンクのみ

用途に応じて
スライドを印刷するには

作成したスライドを印刷しましょう。印刷するレイアウトを変更することで、視聴する人へ
の配布資料や、発表者用の資料としても利用できます。レイアウトの特徴と設定方法を
併せて覚えておきましょう。

1 プリント用画面を表示する

スライドを印刷する方法を見ていきましょ
う。まずは[ファイル]メニューから[プリント]
を選択します❶。

Point コメントを印刷するには

手順3の［スライド］レイアウト選択時は、
文書のコメント（P.356）も印刷できます。
手順3の画面の[スライドレイアウト]で、[コ
メントを含める]にチェックを付けましょう。

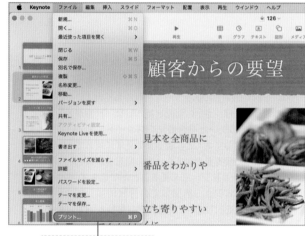

❶ ここをクリックします。

2 部数や範囲を指定する

プリント用の画面が開きます。使用するプリ
ンタを選択し❷、印刷部数と❸、印刷する範
囲を指定しましょう❹。

Hint 内容を見ながら選択できる

印刷用画面の左側に表示されているスライ
ドを使って、印刷するページを指定できま
す。印刷が不要なページは、青いチェック
マークをクリックしてチェックを外しま
しょう。内容を見ながら、印刷するページ
を簡単に選択できます。

❷ プリンタを選択し、　❸ 部数を指定して、

❹ 印刷範囲を指定します。

3 スライドを大きく印刷する

[スライド] レイアウトを選択すると❺、一枚の用紙に1つのスライドを大きく印刷できます❻。必要に応じて余白の使用やスライド番号や日付の有無を設定しましょう❼。設定が終了したら、[プリント] ボタンをクリックして印刷を開始します❽。

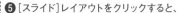
❺ [スライド] レイアウトをクリックすると、
❻ スライドを大きく印刷できます。
❼ 必要に応じて詳細を設定し、
❽ ここをクリックして印刷を開始します。

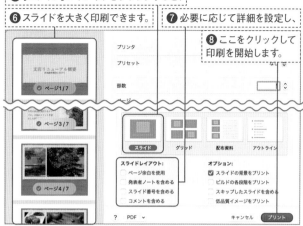

> **Hint 詳細が隠れているときは**
>
> 各項目の内容が隠れているときは、[Keynote] [ページ属性] などの項目名をクリックして表示してください。

4 小さなスライドを並べて印刷する

[グリッド] レイアウトを選択すると❾、スライドを縮小して並べた状態で印刷できます❿。初期設定では1ページに4スライドが印刷されますが、1ページに2スライド、9スライドなど、5種類のスライド数から選択可能です⓫。

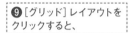
❾ [グリッド] レイアウトをクリックすると、
❿ 1枚に複数のスライドを印刷できます。

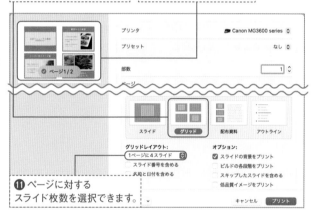
⓫ ページに対するスライド枚数を選択できます。

> **Hint 発表者ノートを印刷する**
>
> [スライド] と [配布資料] レイアウト選択時に [発表者ノートを含める] にチェックを付けると❶、発表者ノートを印刷できます❷。プレゼンテーション時の発表者の資料として利用するのに便利です。

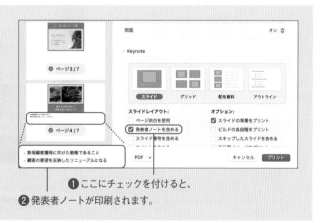
❶ ここにチェックを付けると、
❷ 発表者ノートが印刷されます。

Chapter 4

プリント

Next →

5 配布資料として印刷する

[配布資料] レイアウトを選択すると⑫、スライドにメモ欄を付けた状態で印刷できます⑬。初期設定では1ページに3スライドが印刷されますが、1ページに1～4スライドで選択可能です⑭。

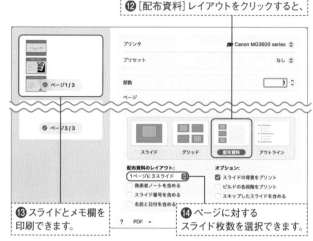

⑫ [配布資料] レイアウトをクリックすると、

⑬ スライドとメモ欄を印刷できます。

⑭ ページに対するスライド枚数を選択できます。

6 文字だけを印刷する

[アウトライン] レイアウトを選択すると⑮、スライドの内のタイトルや箇条書きを印刷できます⑯。スライドの構成を素早く把握したい場合などに便利です。

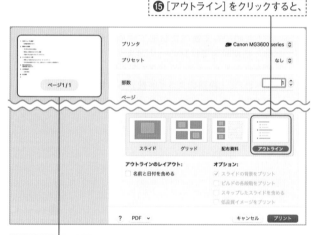

⑮ [アウトライン] をクリックすると、

⑯ タイトルや箇条書きを印刷できます。

StepUp 印刷のオプションを設定する

[オプション] の [スライドの背景をプリント] のチェックを外すと❶、背景の画像を除いて印刷できます❷。とりあえず内容をチェックする場合など、印刷の時間を短縮したいときに便利です。そのほか、ビルドの段階のプリント、スキップしたスライドについての設定も [オプション] で行えます。

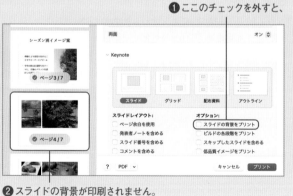

❶ ここのチェックを外すと、

❷ スライドの背景が印刷されません。

Keynoteには、iCloudに保存したファイルを使い、インターネットを介してプレゼンテーションできる「Keynote Live」という機能があります。ただしこの機能は、2023年の後半に廃止される予定となっており、新たにリリースされるバージョンのKeynoteでは利用できなくなります。

これに伴いAppleでは、離れた場所にいる人に向けて、インターネットを使ってプレゼンテーションをする方法として、FaceTimeやその他のビデオ会議アプリ（Zoomなど）の画面共有機能を使ってのプレゼンテーションの共有を提案しています。そこでここではFaceTimeの画面共有機能を使い、オンラインでプレゼンテーションを共有する方法を紹介します。

1対1のFaceTime通話はもちろん、グループFaceTime通話でも画面共有が可能です。共有可能なリンクを作成し、そのアドレスを知らせると、受け取った人はWebブラウザを使ってFaceTime通話に参加できます。WindowsのPCやAndroidからもアクセスできるので、MacやiPhoneのない相手にも画面共有できます。

❶ウィンドウ表示でスライドショーを実行します。

スライドショーのウィンドウ　　発表者ディスプレイのウィンドウ

操作方法を見ていきましょう。画面共有時は、共有するウィンドウを選択できます。発表者ディスプレイのウィンドウは共有せず、スライドの部分だけを共有するため、スライドショーの再生方法を「ウィンドウ表示」（P.294）に変更してから操作してください。画面共有したいスライドをウィンドウ表示で再生します❶。

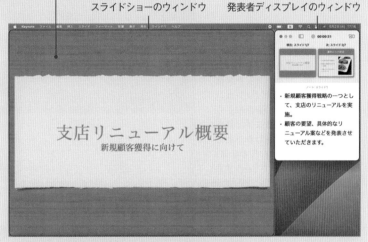

❷FaceTime通話を開始します。　　❸表示されるこのアイコンをクリックして、

次にプレゼンテーションしたい相手とFaceTime通話を開始します❷。すると❸のアイコンが表示されるので、クリックして画面共有を開始します❹❺。

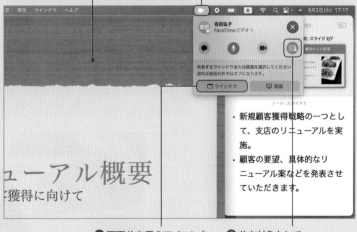

❹画面共有用のアイコンをクリックし、

❺共有対象として[ウインドウ]をクリックします。

❻対象のウィンドウにポインタを合わせてクリックします。

共有するウィンドウを指定します。対象のウィンドウにポインタを合わせ、「このウィンドウを共有」と表示されたらクリックします❻。

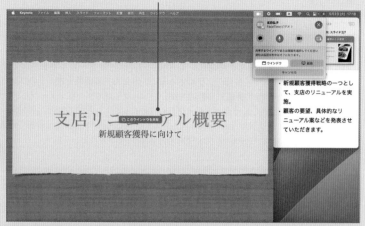

❼画面共有中なことを示すアイコンが表示され、　❽共有が開始されました。

画面共有中なことを示すアイコンが表示され❼、画面の共有が開始されます❽。この状態でプレゼンテーションを行うと、通話相手も画面を見ることができます。共有中のウィンドウなどがわかる画面がプレゼンの邪魔になるときは、画面共有のアイコンをクリックすると非表示にできます。

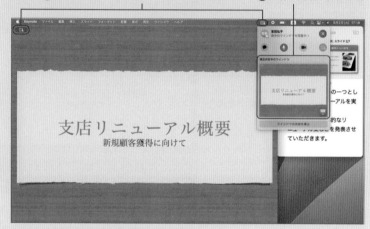

❾ここをクリックして、　❿ここをクリックして共有を停止します。

プレゼンが終了し、画面の共有を終えたいときは、画面共有用のアイコンをクリックし❾、[ウィンドウの共有を停止]をクリックします❿。その後FaceTimeの通話を終えればOKです。

Chapter 5

iOS版のPages・Numbers・Keynote

iOS版Pages・Numbers・Keynoteの基本操作

Pages・Numbers・KeynoteにはiOS版もあります。ここではその基本操作を紹介します。例としてKeynoteを利用していますが、ここで紹介する機能はPages、Numbersにも共通する基本事項です。ぜひマスターしましょう。

▶ 新規書類の作成

1 [新規作成]をタップする

iPadでKeynoteを利用する場合を例に、iOS版Pages・Numbers・Keynoteの基本操作を紹介します。新規ファイルを作成するには、起動時に表示される画面で右上の[＋]をタップします❶。Keynoteの場合は、表示される[テーマを選択]をタップします（Pages、Numbersはタップ不要）❷。

> 💡 **Hint　初回起動時は説明が表示される**
>
> 初回起動時は、説明の画面が表示されます。[続ける]などをタップして起動しましょう。

❶ ここをタップして、

❷ ここをタップします。

2 テンプレートを選択する

テンプレートの選択画面が表示され、テンプレートをタップすると新規ファイルが作成されます❸。

> 💡 **Hint　保存されているファイルを削除するには**
>
> 手順1の画面で削除したいファイルを長押しし、表示されるメニューで[削除]をクリックします。

❸ テンプレートをタップすると新規ファイルが作成されます。

既存のファイルをタップする

既存のファイルがある場合、プレゼンテーションマネージャに表示されています。タップして開きましょう❶。図の例ではMacで作成し、iCloudに保存しておいたファイルが表示されています（P.20、P.334参照）。

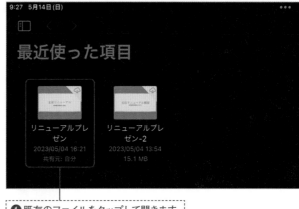

❶ 既存のファイルをタップして開きます。

Point **保存済みファイルを探すには**

初期設定では、図のように最近使ったファイルが表示されます。ここにないファイルを開きたいときは、画面左上の[戻る]をタップして、保存場所を選びましょう。

Point **自動保存のためのiCloudドライブの設定**

作成したファイルはiCloudに保存する仕組みです。インターネットに接続し、iCloudドライブをオン（Apple IDでサインインし、iPadの[設定]でユーザー名をタップして[Apple ID]画面を表示。[iCloud]を選択して[iCloud Drive]をオン）にします。すると表示される[Keynote]など各アプリのフォルダもそれぞれオンにしておきましょう。なお、iOS版では、ファイルは自動保存されるので、作成や編集時に保存の操作は必要ありません。

---

1 共通するボタンの役割

編集作業時の画面上部には、図のようにPages・Numbers・Kyenote共通のボタンが並んでいます❶〜❾。いずれかのボタンをタップし、表示される機能や選択肢をタップすると利用できます。

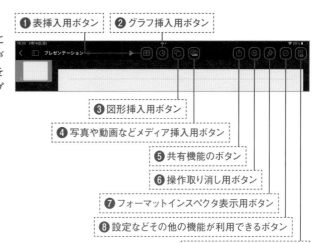

❶ 表挿入用ボタン
❷ グラフ挿入用ボタン
❸ 図形挿入用ボタン
❹ 写真や動画などメディア挿入用ボタン
❺ 共有機能のボタン
❻ 操作取り消し用ボタン
❼ フォーマットインスペクタ表示用ボタン
❽ 設定などその他の機能が利用できるボタン
❾ リーディング表示用ボタン

Next ⊖

Chapter 5

iOS 版の基本操作

2 インスペクタの内容は対象次第

フォーマットインスペクタの内容は、その時選択している対象により変化します。図は、テキストボックスを選択した状態です。そのためテキストボックスのスタイルを設定するタブ、テキストを設定するタブ、配置を設定するタブが表示され、切り替えてそれぞれの機能を利用できます。

❶編集対象を選択して、

❷ここをタップすると、

❸対象に応じたフォーマットインスペクタが表示されます。

3 その他の機能や設定を使うには

直接操作できるボタンのない項目は、⊙ボタンから利用できます。ボタンをタップし、表示される機能をタップして実行できます。

❶ここをタップし、

❷表示される機能をタップして実行できます。

Point 閲覧に便利なリーディング機能

前ページ❾のボタンは、書類の閲覧に特化した「リーディング表示」のためのボタンです。詳しくはP.332で紹介しています。

Point 操作を取り消すには

直前の操作を取り消すには、画面左上の⊙をタップします。取り消した操作を再度やり直すには、⊙を長押しし、表示される[やり直す]をタップしましょう。

ここをタップして操作を取り消しできます。

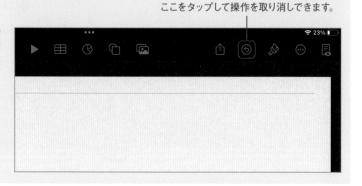

1 テキストボックスを作成する

テキストボックスを作成するには、挿入用のボタン■をタップし❶、表示される画面の上部で [テキスト] をタップします❷。

> **Hint 画面の向きによっては [+]で表示されることも**
>
> P.309の❶〜❹のボタンは、画面の向きにより表示スペースがない場合、まとめて [+] ボタンとして表示されます。[+] ボタンをタップすると、それぞれのボタンが表示され利用できます。

❶ここをタップして、　❷ここをタップします。

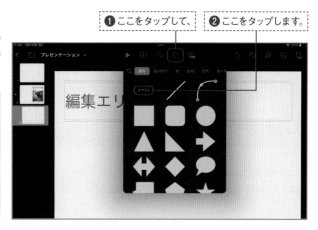

2 テキストボックスが挿入された！

テキストボックスが作成されました❸。テキストボックスをダブルタップするとカーソルが表示されるので文字を入力しましょう❹。

> **StepUp 縦書きの文字を入力するには**
>
> テキストボックスを選択すると表示される図のメニューで、[テキストを縦書きにする] をタップすると、縦書きの文字を入力できます。

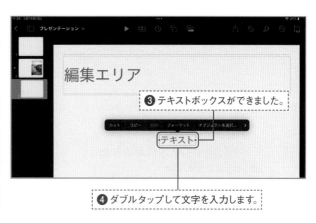

❸ テキストボックスができました。

❹ ダブルタップして文字を入力します。

> **StepUp オブジェクトのコピーや削除**
>
> オブジェクトをコピーするには、対象をタップし❶、表示される [コピー] をタップします❷。その後挿入位置をタップし、表示される [ペースト] をタップすると貼り付けできます。また、オブジェクトを削除するには、タップ時に表示される [削除] をタップします❸。

❶画像をタップして、　❷ここをタップするとコピーできます。

❸ここをタップすると削除できます。

Chapter 5

iOS 版の基本操作

iOS版Pagesの特徴的な機能を利用するには

iOS版Pagesを利用するのにぜひ覚えておきたい機能を見ていきましょう。用紙の設定、文字の書式設定など、文書作成アプリならではの機能は特に押さえておきたいポイントです。

▶ 用紙や余白の設定

1　**[書類設定]をタップする**

用紙と余白を設定するには、文書名横のアイコンをタップし❶、[書類オプション] → [書類設定] をタップします❷。

❶ここをタップして、　　❷ここをタップします。

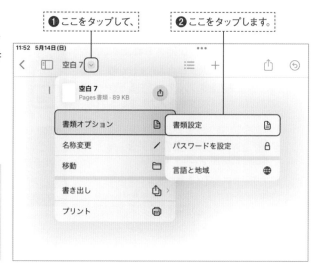

💡Hint　差し込み印刷機能は◉から

文書の印刷は図の❶から利用しますが、宛名の差し込みなどに便利な差し込み印刷機能は◉から実行できます。

2　**用紙を選択する**

[用紙サイズ] で利用したいサイズ (ここでは [A4]) をタップします❸。

➥StepUp　縦書きの文書を作成するには

Pagesでは、縦書きの文書を作成できます。図の [書類] タブにある [縦書きテキスト] をオンにすると、縦書きの文書になります。

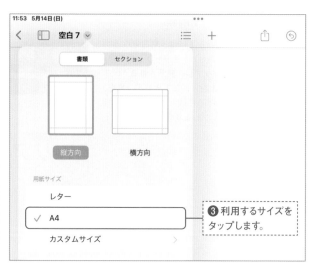

❸ 利用するサイズをタップします。

3 [詳細設定] を表示する

余白を設定するため、手順2の [用紙サイズ] の下部にある [詳細設定] をタップします❹。

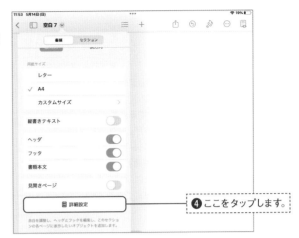

❹ここをタップします。

4 余白を設定する

上下左右にある三角のアイコンをドラッグして、余白を調節しましょう❺。

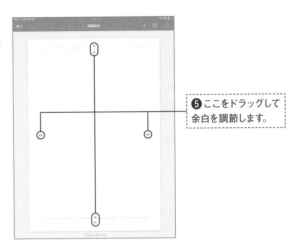

❺ここをドラッグして余白を調節します。

StepUp ヘッダ・フッタを設定する

ヘッダ・フッタの設定も図の画面から行えます。画面上部のヘッダ❶または下部のフッタをタップして入力・設定できます❷。

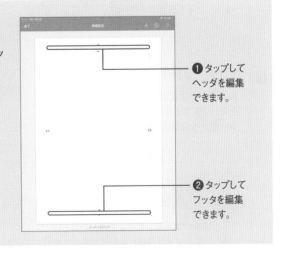

❶タップしてヘッダを編集できます。

❷タップしてフッタを編集できます。

Next →

Chapter 5

iOS 版 Pages の基本操作

1 フォントを変更する

Pagesにおいて、文字の書式設定は非常に利用頻度の高い機能です。ソフトウェアキーボードの上に書式などを設定するためのボタンが表示されるので使い方をチェックしておきましょう。入力の前にフォントやサイズなどを選んでから入力すると効率的です。フォント変更用のボタン abc （またはフォント名）をタップして❶、フォントを設定できます❷。

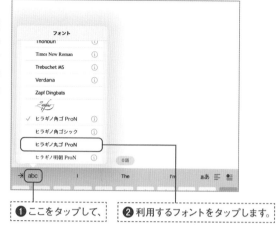

❶ここをタップして、　　❷利用するフォントをタップします。

2 文字の大きさを変更する

フォントサイズ用のボタン ああ をタップすると❸、文字のサイズを選択することもできます❹。

StepUp 文字飾りを設定するには

図の文字サイズの下に表示されているボタンをクリックすると、文字飾りを設定できます。ボタンは左から[太字] B [斜体] I [下線] U 用ボタンです。

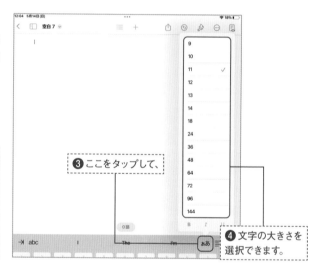

❸ここをタップして、

❹文字の大きさを選択できます。

3 文字揃えを指定する

文字揃えの設定は、右から2つ目のボタン 三 をタップすると選択できます❺❻。中央揃えや右揃えも簡単に設定できます。

Hint 入力済みの文字列の書式を設定するには

入力済みの文字列の書式を変更したいときは、対象の文字を選択した状態で操作しましょう。

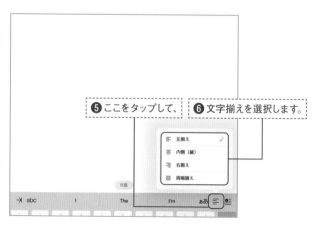

❺ここをタップして、　　❻文字揃えを選択します。

4 インデントやタブを設定する

左端のボタン ⇥ をタップすると❼、インデントの上げ下げや❽、タブの挿入が行えます❾。

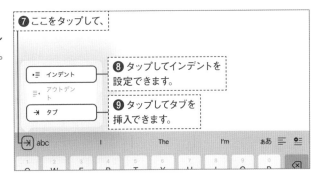

❼ ここをタップして、

❽ タップしてインデントを設定できます。

❾ タップしてタブを挿入できます。

Point 改ページや改段を設定するには

任意の位置で改ページするには、ソフトウェアキーボードの上に表示される右端のボタン 🖳 をタップして❶、[ページ区切り] をタップします❷。段組み区切りなどもここから挿入できます。

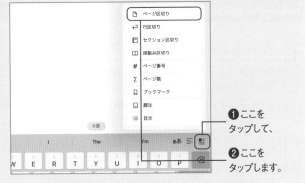

❶ ここをタップして、

❷ ここをタップします。

StepUp 文字スタイルや箇条書きの設定

テキスト選択時に表示される [テキスト] インスペクタには、文書の見栄えを整える機能が集められています❶。テキストのスタイル❷、文字色を含む書式❸、箇条書きが設定できます❹。さらに段組みや行間隔の設定も可能です。

❶ ここをタップして、　❷ テキストスタイルを編集できます。

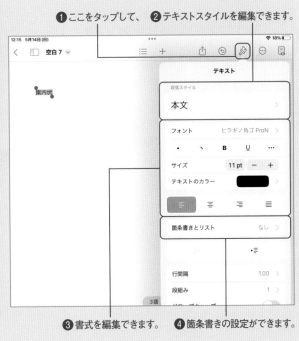

❸ 書式を編集できます。　❹ 箇条書きの設定ができます。

iOS版Numbersの
特徴的な機能を利用するには

iOS版Numbersを利用するのにぜひ覚えておきたい機能を見ていきましょう。シートの
操作やセルへのデータ入力と計算は、Numbersならではの機能となっています。

▶ シートの切り替えと追加

1 シートを切り替える

Numbersでは、画面の上部にシート名が表示
されています。表示するシートを切り替える
には、シート名をタップしましょう❶。

❶表示したいシートをタップします。

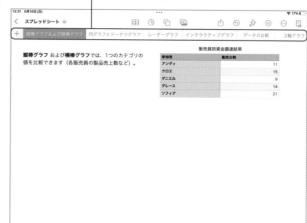

Hint iOS版でスマートカテゴリ機能を使うには

対象の表を選択し、画面右上にある◎アイ
コンをタップすると、スマートカテゴリ機
能を利用できます。機能の詳細については
P.170で紹介しています。

2 シートを追加する

シートを追加するには、シート名の左端にあ
る［＋］ボタンをタップして❷、［新規シート］
をタップします❸。

❷ここをタップして、　❸ここをタップします。

1 対象セルを選択する

シート内の表からグラフを作成してみます。グラフ化したいセルをドラッグして選択します❶。表示されるセルアクション用のボタンをタップして❷、[新規グラフを作成]をタップします❸。

Hint 便利なセルアクション用ボタン

セルを選択すると表示されるセルアクション用ボタンからは、ピボットテーブルや簡易数式など他の機能も実行できます。便利なボタンなので覚えておきましょう。

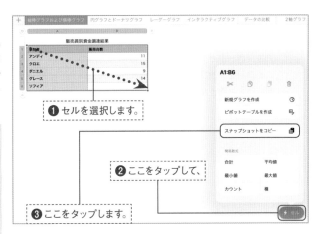

❶ セルを選択します。

❷ ここをタップして、

❸ ここをタップします。

2 グラフの種類を選択する

グラフの種類が表示されるので、利用したいものをタップします❹。するとグラフが作成されます。

Hint グラフ作成用ボタンも使える

ここではセルアクション用ボタンを使いましたが、セルを選択した状態で、画面上部のグラフ作成用ボタン（P.309参照）をタップしても同様にグラフを作成できます。

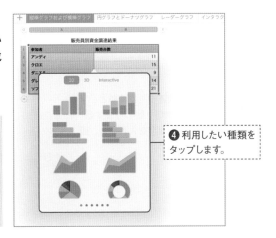

❹ 利用したい種類をタップします。

StepUp グラフの詳細を変更するには

グラフをタップして選択し❶、フォーマットインスペクタを表示すると❷、グラフのスタイルや各軸の設定などが行えます。上部のボタンをタップして設定内容を切り替えましょう❸。

❶ グラフをタップし、

❷ ここをタップします。

❸ ここをタップして各内容を設定できます。

Chapter 5

iOS 版 Numbers の基本操作

Next →

1 数字を入力する

セルをダブルタップすると❶、図のソフトウェアキーボードが表示されます。数字入力用のアイコンをタップすると❷、セルへの入力に適したテンキーが表示されます❸。

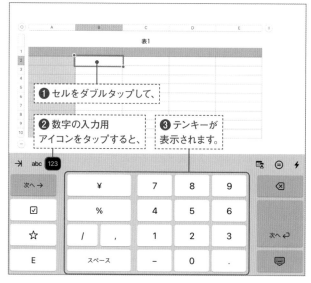

❶ セルをダブルタップして、

❷ 数字の入力用アイコンをタップすると、

❸ テンキーが表示されます。

2 日時を入力する

日時入力用のアイコン 🗓 をタップすると、ソフトウェアキーボードが切り替わります❹。年、月、日をタップして数字を入れると、簡単に日付が入力できます❺。

❹ ここをタップして、

❺ 年、月、日などをタップして入力します。

✏ Point 文字を入力するには

文字入力用のアイコン abc をタップすると❶、文字の入力が行えます❷。同じ列の他のセルの内容により自動入力候補が表示されます。

❶ ここをタップして、

❷ 文字を入力できます。

3　数式を入力する

式を入力するには、キーボードの⊖ボタンを
タップします（前ページの図参照）❻。セル
を参照する場合は、参照セルをタップし❼、
演算子をタップして❽、次の参照セルをタッ
プすると❾、式が入力できます❿。数字で
の数式は、テンキーと演算子のキーで入力し
ます。

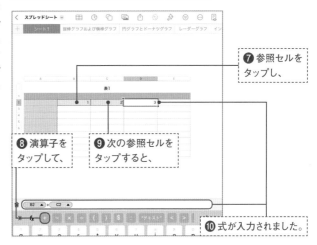

❻ ⊖をタップしてキーボードを切り替えます。

❼ 参照セルを
タップし、

❽ 演算子を
タップして、

❾ 次の参照セルを
タップすると、

❿ 式が入力されました。

4　関数を入力する

数式入力用のキーボードで関数入力用のボ
タン𝑓𝑥をタップし⓫、関数を選択すると入力
できます⓬。利用する関数に応じて引数や参
照セルを設定しましょう。

最近使った項目	カテゴリ
SUM	ⓘ
AVERAGE	ⓘ
MIN	ⓘ
MAX	ⓘ
COUNT	ⓘ
COUNTA	ⓘ
IF	ⓘ

⓫ ここをタップして、　⓬ 関数を選択します。

Chapter 5

iOS 版 Numbers の基本操作

Hint　自動入力やセルの結合を利用するには

セルを選択し❶、セルアクション用の
ボタンをクリックすると❷、利用可能
な機能が表示されます。たとえば［セル
を結合］をタップするとセルの結合が可
能です❸。また、［セルに自動入力］を
タップすると、選択しているセルにオー
トフィル用の枠線が表示され、ドラッ
グするとオートフィル機能で入力でき
ます❹。

❶ セルを選択し、❷ セルアクション用のボタンをクリックすると、

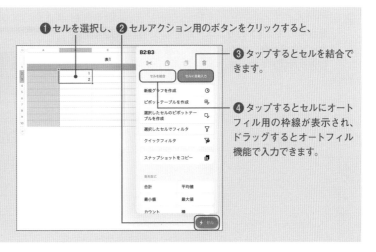

❸ タップするとセルを結合で
きます。

❹ タップするとセルにオート
フィル用の枠線が表示され、
ドラッグするとオートフィル
機能で入力できます。

B2:B3

セルを結合　　セルに自動入力

新規グラフを作成
ピボットテーブルを作成
選択したセルのピボットテー
ブルを作成
選択したセルでフィルタ
クイックフィルタ
スナップショットをコピー

合計　　　　平均値
最小値　　　最大値
カウント　　積

iOS版Keynoteの特徴的な機能を利用するには

iOS版Keynoteを利用するのに覚えておきたい機能を見ていきましょう。スライドの切り替えやオブジェクトを動かすための設定、サウンドトラックの挿入など、スライドショーの作成ならではの機能を使いこなしましょう。

▶ スライドの移動や削除

1 スライドを選択する

スライドナビゲータでサムネールをタップすると❶、スライドが選択されます❷。Mac版同様にドラッグしてスライドの並び順も変更できます。また［＋］ボタンをタップしてスライドの追加も可能です❸。

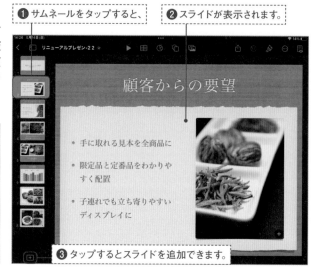

❶ サムネールをタップすると、　❷ スライドが表示されます。

❸ タップするとスライドを追加できます。

> **Hint ツールバーはカスタマイズできる**
>
> ⚙ ボタンをクリックし、［ツールバーをカスタマイズ］選択すると、ボタンをドラッグしてツールバーをカスタマイズできます。これはPages・Numbersも同様です。利用頻度の高い機能を追加して、使い勝手をアップできます。

2 削除やスキップを設定する

選択中のスライドのサムネールをもう一度タップすると❹、コピーや削除、スキップの設定が可能です❺～❼。

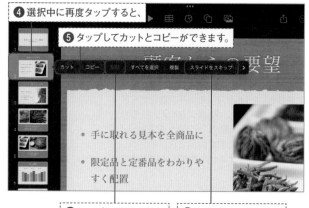

❹ 選択中に再度タップすると、

❺ タップしてカットとコピーができます。

❻ タップしてスライドを削除できます。

❼ タップしてスライドをスキップできます。

1 ［アニメーション］を選択する

アニメーションを設定するには、詳細用のボタン◎をタップして❶、［アニメーション］を選択します❷。

❶ここをタップして、

❷ここをタップします。

2 タイミングをタップする

対象のオブジェクトをタップして❸、設定したいビルド（図では［ビルドインを追加］）をタップします❹。

❸オブジェクトをタップして、

❹追加するビルドをタップします。

3 エフェクトを選択する

表示される一覧から使用したいエフェクトをタップします❺。なお、ここでは続けてスライドのトランジションを設定しますが、ビルドのみ設定したい場合はここで右上の［完了］をタップします。

❺エフェクトを選択します。

Next ⊖

4 動きの詳細を設定する

ビルドを設定後は、手順2でタップしたビルド追加用のアイコンに設定した動きが表示されます。ここをクリックすると⑥、動きの継続時間や開始のタイミングなど詳細を設定できます⑦。

⑥ここをクリックして、

⑦動きの詳細を設定できます。

5 ビルドの実行順を変更する

スライド内に複数のビルドを設定していて、順序を変更したいときは、画面右上のアイコンをタップすると⑧、ビルドの実行順序などを変更するための画面が開きます⑨。設定の詳細は、Mac版の場合を参考にしてください（P.276）。

⑧ここをクリックすると、

⑨ビルドの実行順などを変更できます

Point スライドショーを再生するには

再生用ボタンをタップすると再生できます❶。利用可能な再生方法が複数ある場合は選択肢が表示されるので、再生したい方を選択しましょう。

❶ここをタップして再生します。

6 トランジション追加用アイコンを タップする

スライド切り替え時の効果を設定するには、スライドナビゲータで設定したいスライドを選択し⑩、[トランジションを追加] をタップします⑪。

⑩ スライドをタップし、

⑪ ここをタップします。

7 エフェクトを選択する

エフェクトの種類が表示されるので、利用したいエフェクトをタップして選択します⑫。ビルドやトランジションの設定を終了するには [完了] をタップします⑬。

⑫ タップして エフェクトを選択し、

⑬ ここをタップして 設定を終えます。

StepUp 複数のスライドを まとめて選択するには

複数のスライドをまとめて選択するには、最初のスライドにタッチしたまま❶、他のスライドを順にタップします❷。すべてのスライドを選択するには、選択中のスライドを再度タップし、表示される [すべてを選択] をタップするとすばやく選択できます。

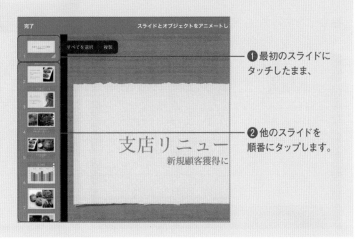

❶ 最初のスライドに タッチしたまま、

❷ 他のスライドを 順番にタップします。

Next ⊙

iOS版のKeynoteには、自由な軌跡でオブジェクトを移動できるモーションパス機能があります。アクションのビルドとしてのみ追加でき、オブジェクトがスライド上を移動するMac版の「移動」と同じように利用できる機能ですが、iOS版のモーションパスの方がより自由に対象を移動できます。

アニメーションの設定画面（P.321）でオブジェクトを選択し❶、[アクションを追加] ❷→ [パスを作成] をタップします❸。曲線・直線のどちらで動かすかを選択し❹、動かしたい通りにオブジェクトをドラッグすると❺、モーションパスを作成できます❻。

❶オブジェクトをタップして、　　❷ここをタップして、

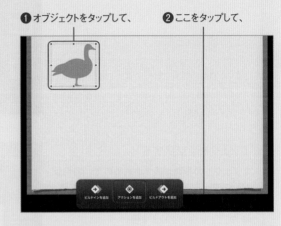

❸ここをタップします。

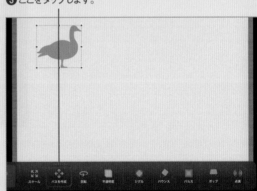

❹動かし方をタップして、　❺動かしたい通りに対象をドラッグすると、

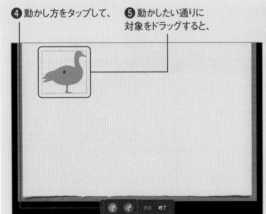

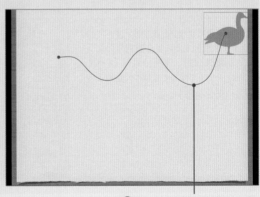

❻モーションパスが作成できます。

1 **[サウンドトラック] を選択する**

プレゼンテーションにサウンドトラックを設定するには、■をタップして❶、[プレゼンテーションオプション]→[サウンドトラック]をタップします❷。

❶ここをタップして、　❷ここをタップします。

> 💡 **Hint** **スライドショーの設定をするには**
>
> 自動再生についてなど、スライドショーの設定は、図の画面の [プレゼンテーションタイプ] を選択して設定します。

2 **トラックを追加する**

[オーディオを選択] (オーディオ追加後は [トラックを追加] に変化) をタップし、利用したいサウンドファイルを選択すると❸、サウンドトラックに追加できます。

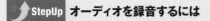
❸ここをタップしてサウンドファイルを選択します。

> 🔼 **StepUp** **オーディオを録音するには**
>
> iOS版のKeynoteでオーディオを録音するには、メディア挿入用ボタンから❶❷、録音できます❸❹。追加されるオーディオファイル用アイコンなどについては、P.360を参考にしてください。

❶ここを　　❷ここを
タップして、　タップします。

❸ここをタップして　❹ここをタップしてオーディオファイルを
録音を行い、　　　　スライドに挿入します。

図形やイラストを
自由に描画するには

iPadまたはiPhoneのPages、Numbers、Keynoteには、指をなど使って、書類、スプレッドシートやプレゼンテーションに直接描画ができる機能があります。より自由な表現が可能になる便利な機能です。ここではその使い方を紹介します。

▶ 線を描画する

1 **[描画]を選択する**

まずは線を描画します。描画用の画面を表示するため、▣をタップして❶、[描画]をタップします❷。

❶ここをタップし、 ❷ここをタップします。

> **Point** **Numbers、Keynote**
> **でも同じ操作**
>
> 図ではPagesを使っていますが、iPadまたはiPhoneのNumbers、Keynoteでも同じ操作で描画できます。

2 **描画ツール・線の色を選択する**

描画用の画面が表示されます。下部にある描画ツールから、利用したいツール（図ではペン）をタップして選択します❸。色選択用のアイコンをタップし❹、線の色（図では黄緑色）を選択します❺。

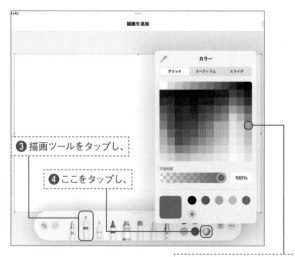

❸描画ツールをタップし、

❹ここをタップし、

❺タップして色を選択します。

> **Hint** **クリックだけで**
> **利用できる色もある**
>
> ❹のアイコンの近くにある黄色や赤色など色のアイコンをクリックすると、その色をすばやく利用できます。

Chapter 5　iOS版のPages・Numbers・Keynote

3 線の太さを選択する

選択中の描画ツールを再度タップすると❻、線の太さと透明度を設定できます。利用したい太さをタップしましょう❼。必要に応じて透明度も変更できます❽。

Hint アニメーションも設定できる

描画にはアニメーションが設定できます（P.330）。描画した通りに再生され、プレゼンテーションにおける表現の幅が広がります。

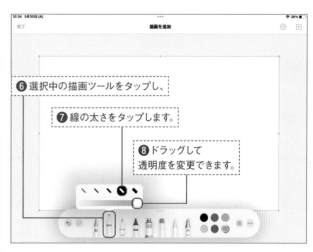

❻ 選択中の描画ツールをタップし、

❼ 線の太さをタップします。

❽ ドラッグして透明度を変更できます。

4 ドラッグで描画する

画面上を指でドラッグします。ドラッグした通りに線が描画できます❾。

❾ 指でドラッグして描画します。

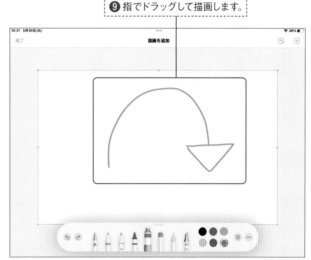

StepUp 描いた線を消すには

取り消しボタンをタップすると❶、描画や編集の取り消しが行えます。タップした回数分の作業を取り消せるので、描画直後の線を消すにはこちらが便利です。一方以前に描いた部分など取り消しボタンで消しにくい線は、P.329の要領で対象を選択し、[削除]をタップしましょう。また、線の一部を消したいときは、消しゴムツールをタップして消したい部分をドラッグすると削除できます❷。

❶ 取り消し用ボタン　❷ 消しゴムツール

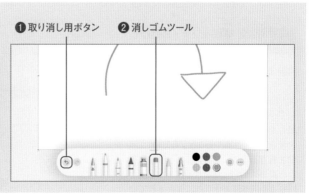

Next →

1 塗りつぶし用のツールをタップする

描画を塗りつぶすには、塗りつぶし用のツールをタップして選択し❶、塗りつぶす色を選択します❷。また、前ページ手順3の要領で塗りつぶす色の透明度の設定も可能です。塗りつぶしたい部分をタップします❸。

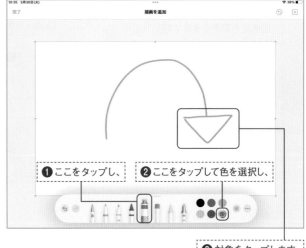

❶ここをタップし、 ❷ここをタップして色を選択し、

❸対象をタップします。

2 描画が塗りつぶされた！

タップした部分が塗りつぶされました❹。描画を終了するには、[完了] をタップします❺。

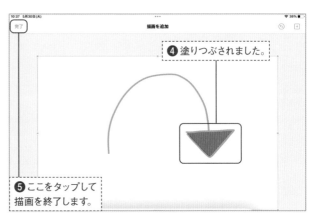

❹塗りつぶされました。

❺ここをタップして描画を終了します。

> **Hint** 塗りつぶした状態で描画するには
>
> 塗りつぶし用のツールを選択した状態でドラッグすると、塗りつぶされた状態で描画できます。

StepUp 描画をファイルとして保存できる

描画は、画像ファイルまたは動画ファイル（P.330の要領でアニメーション設定後）として保存できます。上記手順2の要領で [完了] をクリックし、文書の画面に戻した状態で対象の描画をタップし❶、表示される [共有] をタップして❷、[画像を保存] をタップしましょう❸。保存した画像は、iPhoneなどで撮った写真と同じように写真アプリ内に保存されています。

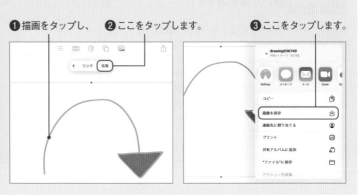

❶描画をタップし、 ❷ここをタップします。 ❸ここをタップします。

1 描画を選択する

描画用の画面で選択用のツールをタップし❶、対象の描画をタップすると選択され、図のように点線で囲まれます❷。なお、多くの対象をまとめて選択したいときは、対象を囲むようにドラッグして選択できます。

Hint 描画用の画面を表示する

一度描画を完了し、文書などの画面になっているときは、描画をタップし、表示される［描画を編集］をタップして描画用の画面を表示します。

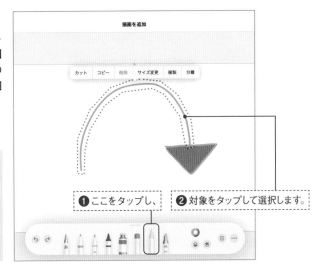

❶ここをタップし、　❷対象をタップして選択します。

2 色を変更する

色変更用のアイコンをタップし❸、色を選択すると❹、変更できます❺。また、色変更用アイコンの下にあるアイコンを使うと、対象の配置を前面、背面に移動することもできます。

Hint 描画を移動するには

手順1の要領で選択した描画は、ドラッグすると移動できます。

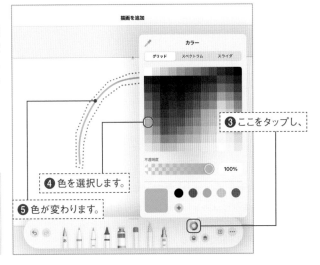

❸ここをタップし、
❹色を選択します。
❺色が変わります。

StepUp その他の編集を行うには

描画を選択すると❶、図のようにメニューが表示され、さまざまな編集が行えます❷。たとえば［サイズ変更］をタップすると、描画の周囲にハンドルが表示され、ハンドルをドラッグしてサイズを調節できます。［複製］をタップすると、選択している図形の複製が作成されます。また［削除］をタップして削除することもできます。

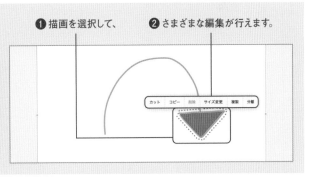

❶描画を選択して、　❷さまざまな編集が行えます。

Chapter 5

描画

329

描画をアニメーションにするには

P.326の方法で作成した描画は、アニメーションの設定が可能です。描き始めた線が伸び、図やイラストが完成していくというように、描画した通りにアニメーション化されるのが特徴です。

1 [描画をアニメート]をタップする

アニメーションの設定は描画用の画面ではなく、文書作成画面で行います。対象の描画をタップして選択し❶、画面上部の 📝 アイコンをタップし❷、[描画をアニメート]をタップします❸。

❶ 描画をタップして選択し、 ❷ ここをタップして、

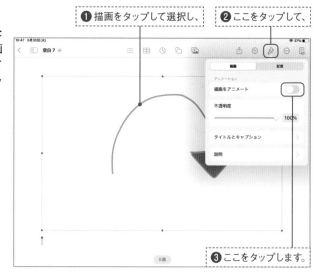

❸ ここをタップします。

2 [描画をアニメート]がオンになった

[描画をアニメート]がオンになりました❹。継続時間や再生の繰り返しなどの詳細を必要に応じて設定しましょう❺。

❹ オンになりました。

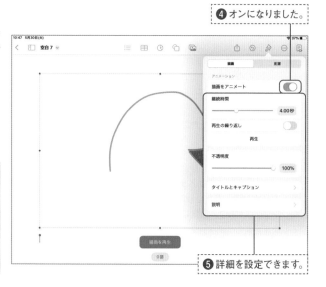

❺ 詳細を設定できます。

Hint 再生しながら詳細の調節ができる

図の設定画面で[再生]をタップしてもアニメーションを再生できます。再生を確認しながら設定を微調整したい場合などはこちらが便利です。

3 描画が動いた！

アニメーションを設定した描画をタップして選択し**⑥**、[描画を再生]をタップすると**⑦**、再生できます**⑧**。書き始めた線が伸びていくように、描画した通りにアニメーションが設定されるのが特徴です。

> **⑥** 描画をタップし、 **⑦** ここをタップすると、

> **⑧** アニメーションが再生されます。

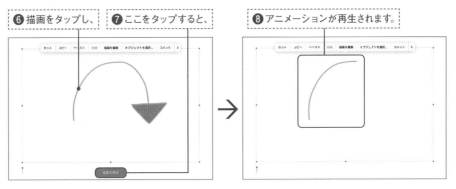

StepUp Keynoteで描画に
アニメーションを設定する

上記の方法でアニメーションを設定できるのは、PagesとNumbersの場合です。Keynoteでは、スライド上で描画タップしてアニメーションの設定画面を表示します**①②③**。ビルドイン、ビルドアウトどちらのタイミングでアニメーションを実行するかを選択します**④**。こうしたアニメーションの設定方法は、通常のオブジェクトの場合と同じですので参考にしてください。続く画面でアニメーションの種類に[線描画]を選択します**⑤**。

Keynoteの場合、こうして設定したアニメーションは、その他のオブジェクトのアニメーションと同じようにスライドショーの再生時にも動きます。書き込んだ通りの動きで再生できる描画により、よりわかりやすいプレゼンを実現できます。

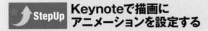

① 描画をタップし、 **②** ここをタップして、

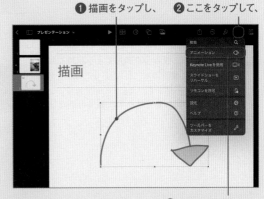

③ ここをタップします。

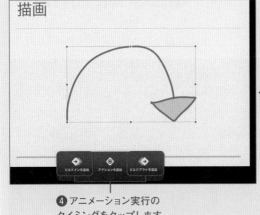

④ アニメーション実行の
タイミングをタップします。

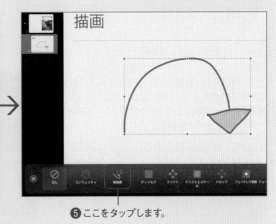

⑤ ここをタップします。

Next →

iOS版のPages、Numbers、Keynoteには、ファイル閲覧時の操作ミスを避けるための「リーディング表示」が備わっています。リーディング表示中は、編集作業のほとんどが制限されるため、「画面をスライドするつもりが誤って図を動かしてしまった」「テキストボックスに触れたらキーボードが表示されてしまった」といったトラブルが避けられます。

リーディング表示を有効にするには、リーディング表示用のボタンをタップします❶。リーディング表示のボタンが表示されていないときは、[詳細] ボタンから [編集を停止] をタップしても利用できます。

❶ ここをタップします。

リーディング表示中は、表示されるボタンが変化し❷、書類の閲覧に関わる機能のみ利用できる状態になります。書類の共有、書き出し、プリントなどはリーディング表示中も利用可能です。また、Keynoteは、プレゼンテーションの再生もできます。編集可能な状態に戻すには、[編集] をタップします❸。

❷ リーディング表示になり、利用できるボタンが変化しました。

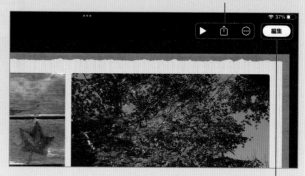

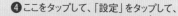

❸ 編集可能に戻すにはここをタップします。

バージョン10.1以降は、既存の書類をデバイスで初めて開くと、リーディング表示で開かれる場合があります。この場合も「編集」をクリックして編集できます。書類を常に編集ビューで開くようにしたい場合は、「詳細」ボタン →「設定」の順にタップして❹、「編集ビューで開く」をオンにします❺。

❹ ここをタップして、「設定」をタップして、

❺ タップしてオンにします。

Chapter 6

iCloudでデバイス連携・その他の便利な機能

iCloudを使って複数のデバイスで ファイルを利用するには

iCloudにファイルを保存すると、複数のMacやデバイスで同じPages・Numbers・Keynoteのファイルを簡単に利用できます。MacでのiCloudの利用設定、Pages・Numbers・Keynoteでのファイルの移動方法などを見ていきましょう。

► MacでiCloudを利用する設定を行う

1　[システム環境設定] を開く

Pages・Numbers・KeynoteのファイルとデータをiCloudに保存し、複数のデバイスで同期する方法を見ていきましょう。ここではKeynoteを例に設定を行いますが、Pages、Numbersでもそれぞれ同様に設定できます。デスクトップのDockで [システム設定] をクリックして開いたら❶、[サインイン] をクリックしましょう❷。なお、すでにiCloudにサインインしている場合、❷の [サインイン] 辺りに表示される [Apple ID] をクリックして、手順5の画面を表示できます。

2　iCloudにサインインする

MacでiCloudを使用するには、Apple IDでのサインインが必要です。Apple IDを入力して [次へ] ボタンをタップし❸、表示される入力欄にパスワードを入力し❹、[次へ] ボタンをクリックしましょう❺。

Point　Apple IDとは

Appleのサービスを利用するためのIDで、iCloud、iTunes StoreやApple Storeでの購入などで利用できます。Apple IDがない場合は、図の画面にある [Apple IDを作成] から作成できます。

❶ [システム設定] を開き、　❷ここをクリックします。

❸ Apple IDを入力して[次へ]をクリック。

❹ パスワードを入力して、　❺ここをクリックします。

3 iCloud Driveをオンにする

サインインできたら［iCloud Drive］をクリックします❻。iCloud Driveがオフの場合は、表示される指示に従いオンにしましょう。すでにオンの場合は、すぐに手順4の画面が表示されます。

Point　Macのパスワードを要求された場合

操作中、Macのロック解除用パスワードを要求されたときは、入力をして先へ進めてください。

❻［iCloud Drive］をオンにする。

4 ［iCloud Drive］のオプションを表示する

iCloudに同期するアプリケーションを設定するため、［オプション］ボタンをクリックします❼。

Point　キーチェーンへのパスワード登録も選択できる

操作中、キーチェーンへのパスワードの保存の可否を設定する画面が表示されたら、保存か否かを選択しましょう。

❼ここをクリックします。

5 アプリケーションを選択する

iCloudに書類とデータを保存できるアプリケーションが表示されるので、利用したいものにチェックを付けましょう❽。ここではPages・Numbers・Keynoteの3つのアプリケーションすべてにチェックを付けました。［完了］ボタンをクリックします❾。これで設定は完了です。

Point　アプリケーションが表示されないときは

図の画面にKeynoteなどが表示されないときは、iCloudにサインインした状態で対象のアプリケーションを一度起動してみると表示されます。

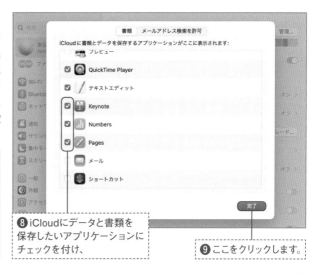

❽iCloudにデータと書類を保存したいアプリケーションにチェックを付け、

❾ここをクリックします。

Next →

1 [移動]を選択する

iCloudに保存したいファイルをMacから移動するには、対象のファイルを開き❶、[ファイル]メニューから[移動]を選択します❷。

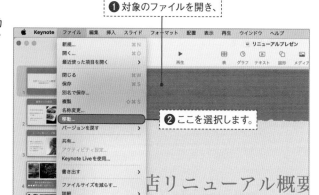

❶ 対象のファイルを開き、

❷ ここを選択します。

2 移動先を選択する

[場所]で[(アプリ名)-iCloud]を選択し❸、[移動]ボタンをクリックします❹。これでファイルがiCloud内に保存され、次ページの操作で他のMacからも簡単に開くことができます。

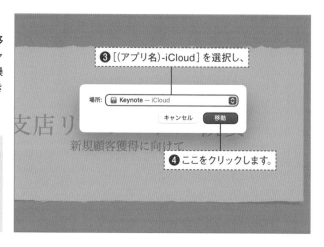

❸ [(アプリ名)-iCloud]を選択し、

❹ ここをクリックします。

> 💡 **Hint 新規ファイルをiCloud に保存するには**
>
> ファイルの保存先をあらかじめiCloudにすると移動の手間が省けます。ファイルをiCloudに保存する方法はP.20で紹介しています。

💡 Hint iCloud内のフォルダをFinderで開くには

Finderのウインドウで左側の[iCloud Drive]をクリックすると❶、iCloud内のフォルダが表示され、Mac内のフォルダと同じように開くことができます❷。上記手順で移動したファイルが保存されていることもわかります❸。

❶ ここをクリックして、

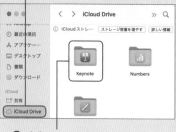

❷ ダブルクリックしてフォルダを開きます。

❸ iCloud内に保存されているファイルです。

iCloudでデバイス連携・その他の便利な機能

Chapter 6

1 [開く]を選択する

iCloud内のファイルを開くには、[ファイル]メニューから[開く]を選択します❶。

❶ここを選択します。

Point 別のデバイスからでも OK

同じApple IDでiCloudの利用を設定しているデバイスであれば、別のデバイスから同じiCloud内のファイルを開くことができます。

2 [iCloud]内のファイルを選択する

図の画面の左側で[iCloud]内の保存フォルダ（図では[Keynote]）をクリックすると❷、iCloudのKeynoteフォルダに保存されているファイルが表示されます。ファイルを選択し❸、[開く]をクリックして開きましょう❹。ハードディスクに保存しているのと同じ感覚でiCloud内のファイルにアクセスできます。

Hint iCloud内のファイルを 削除するには

前ページ下段コラムの操作でFinderでiCloud内のフォルダを開き、通常のファイルと同様にゴミ箱に入れて削除します。

❷iCloud内のフォルダをクリックし、　　❸ファイルを選択して、

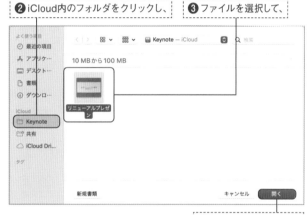

❹ここをクリックします。

StepUp 複数のファイルの移動と iCloud内のファイルのMacへの移動

前ページ下段コラムの要領でFinderでiCloud内のフォルダを開き❶、Mac内のフォルダからドラッグ＆ドロップしてもファイルを移動できます❷。複数のファイルをまとめて移動したいときはこちらが便利です。なお、図のKeynoteフォルダの場合、移動できるのはKeynoteのファイルのみです。PagesやNumbersはそれぞれのフォルダに移動しましょう。
また反対に、iCloud内のフォルダから、Mac内のフォルダにドラッグ＆ドロップすると、iCloud内のファイルをMac内に移動することもできます。

❶iCloud内のフォルダ開き、

❷Mac内のフォルダからファイルをドラッグ＆ドロップします。

iCloud への移動

Chapter 6

ファイルの共有・共同制作をするには

iCloudに保存した文書は、他者と共有することができます。離れた場所にいる人に文書をチェックしてもらう、また共同で編集するといったことが簡単にできる便利な機能です。各々が加えた変更がリアルタイムで反映され、他者との共同作業が効率的に行えます。

▶ ファイルを共有するには

1 iCloudに保存・サインインする

他者を招待し、ファイルを共有する方法を見ていきましょう。操作はiCloudにサインインした状態で行います❶。共有したいファイルをiCloud内に保存し、iCloud Driveをオンにしておきます（P.336参照）❷。

❶iCloudにサインインします。

❷使用するファイルをiCloudに保存し、iCloud Driveをオンにします。

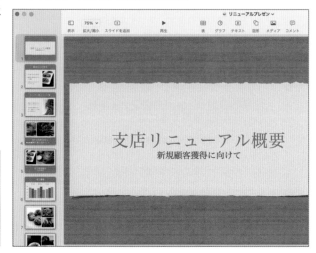

Hint Pages、Numbers もOK

図では例としてKeynoteのファイルを使用していますが、Pages、Numbersのファイルも同様に共有できます。

Hint 共同作業時の注意点

たとえばPagesのセクションの編集やKeynoteのスライドサイズの変更など、一部の機能は共同作業中は利用できません。また、共同制作を行うには、右のデバイスが必要です。その他のデバイスの場合、ファイルの閲覧はできますが編集はできません。

＜共同制作可能なデバイス＞
- macOS Monterey 12.3および、Pages 13、Numbers 13、Keynote 13以降がインストールされたMac
- iOS 15.4および、Pages 13、Numbers 13、Keynote 13 以降がインストールされた iPhone／iPad／iPod touch
- Safari 11.1.2以降、またはGoogle ChromeがインストールされたMac
- Internet Edge、またはGoogle Chromeがインストールされた Windowsパソコン

2 [共有] をクリックする

ツールバーの [共有] をクリックします❸。

❸ここをクリックします。

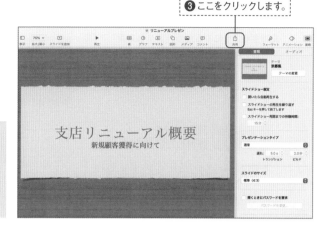

Hint [ファイル]メニューからも操作できる

[ファイル] メニューから [共有] を選択しても、共同制作などの設定ができる画面を表示できます。

3 対象を設定する

アクセスの権限を設定するには、表示されている権限部分をクリックします❹。[参加対象] ではファイルを共有する相手を選択します❺。例では共有用のリンクを知っていれば、iCloudにサインインしなくても利用できる[リンクを知っている人はだれでも] を選択しました。

❹ この部分をクリックして、

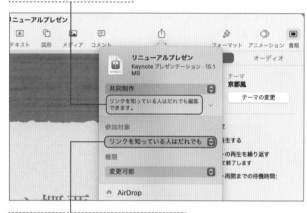

❺ ここをクリックして対象を選択します。

Hint ファイルにパスワードを設定できる

ファイルには、P.349の要領でパスワードを設定できます。パスワードを設定したファイルは、共同作業時に開く際もパスワードが必要です。相手にパスワードを知らせましょう。

StepUp [参加依頼した人のみ]を選択した場合

手順3の [対象] で [参加依頼した人のみ] を選択した場合❶、参加する側は参加依頼を受け取ったメールアドレスなどでiCloudにサインインする必要があります。サインインの手間はかかりますが、意図しない相手にリンクが漏れ、アクセスされてしまう危険は避けられます。[参加依頼した人のみ] を選択すると表示される [ほかの人による参加依頼を許可] にチェックが付いていると、自身以外の参加者もほかの人を共同作業に誘えます❷。これを禁止したい場合は、チェックを外しておきましょう。

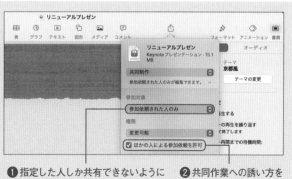

❶ 指定した人しか共有できないようにするにはこちらを選択します。

❷ 共同作業への誘い方を指定できます。

Next →

4 アクセス権を設定する

ここではファイルの共有相手がファイルを編集できるようにするため、[アクセス権] で [変更可能] を選択します❻。

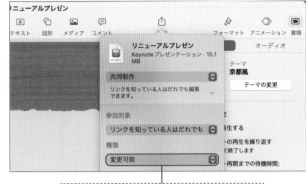

Hint 閲覧だけを許可したいときは

共有相手にファイルを見せたいが変更はさせたくないというときは、[アクセス権] を [閲覧のみ] にします。

❻ここをクリックしてアクセス権を選択します。

5 リンクをコピーする

表示されているいずれかの方法を使って、ファイルを共有したい相手に共有の招待を送ります。例ではリンクをコピーして、メールで送るため、[リンクで参加を依頼] を選択してリンクをコピーします❼。

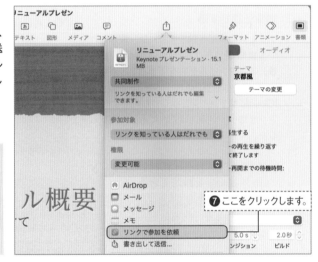

Hint 許可を求める画面が表示されることも

始めてファイルを共有する際に、アクティビティの確認や連絡先へのアクセスの許可を求める画面が表示される場合があります。画面の指示に従って操作しましょう。

❼ここをクリックします。

Hint 共有相手の追加、リンクを再コピーするには

共有開始後に相手を追加したい、コピーしたリンクが貼り付け前になくなったといった場合、リンクを再コピーしましょう。[共有] をクリックし❶、[リンクをコピー] を選択するとコピーできます❷。

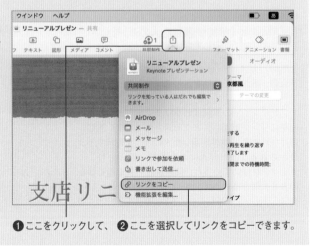

❶ここをクリックして、 ❷ここを選択してリンクをコピーできます。

6 リンクを知らせる

新規メールを作成し、本文入力部分で `command ⌘` キーと `V` キーを押して❽、コピーした共有用リンクを貼り付けます❾。必要に応じてメッセージなどを追加し、宛先を指定してメールなどで送信しましょう❿。

Hint 共有ファイルへのアクセスができない場合

リンクの送信方法で [メール] などを選択すると送られるアイコンは、相手の環境によっては正常に動作しない場合があります。うまくファイルにアクセスできないと言われたときは、前ページのコラムの操作でリンクをコピーし、メールなどで送信しましょう。

❽ `command ⌘` キーと `V` キーを押して

❾ 共有用リンクを貼り付け、　❿ メールを送信します。

7 共有が開始された！

文書の共有が開始され、[共同制作] のアイコンが表示されました⓫。この状態のときは、文書の共有が実行されています。

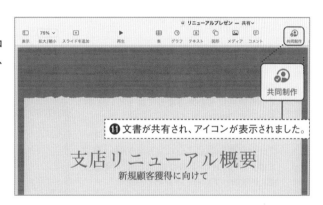

⓫ 文書が共有され、アイコンが表示されました。

Hint ファイルの共有は停止できる

共有を開始したファイルは、オーナーがファイルを閉じているときにも共有されていますが、図の要領で一時的に停止もできます。P.339の手順2〜5の要領で再度共有すると、元のリンクで再び共有ができます。また、閲覧は許可したいが他者による編集はストップしたいといったときは、図の画面でアクセス権を [閲覧のみ] に変更することもできます。

❶ [共同制作] をクリックして
[共有プレゼンテーションを管理] を選択します。

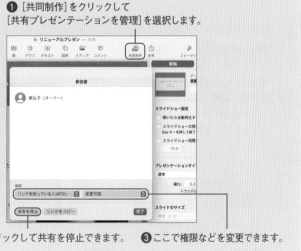

❷ ここをクリックして共有を停止できます。　❸ ここで権限などを変更できます。

Next ⊕

1 作業している人を確認する

ファイルにアクセスしている人がいる場合、[共同制作] に人数が表示されます❶。さらにクリックすると❷、詳細を確認することができます❸。各々の名前の左にある線はそれぞれの色を示しています。

Point ゲストの名前は相手が決める

iCloudにサインインせず共有ファイルにアクセスする人は、表示する名前の設定を求められます。相手が設定した名前は図のように表示される仕組みです。

❶ ファイルにアクセスしている人数です。

❷ クリックすると、

❸ アクセスしている人を確認できます。

2 他者の選択アイテムがわかる

共同制作中に選択した内容は、一緒に作業している他者にもわかるようになっています。たとえば「舞波太郎（ゲスト）」が、タイトルのテキストボックスを選択した場合、オーナーの画面は図のようになります❹。「舞波太郎」の色のハンドルが表示され、「舞波太郎」が選択していることがわかります。

❹ 他者の選択状況が表示されます。

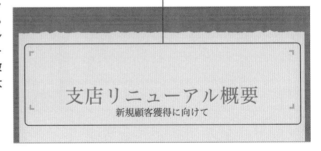

3 他者の編集がリアルタイムで反映される

図は「舞波太郎」が「概要」の文字の削除したときのオーナー側の画面です。このように他者の行った編集がリアルタイムに反映されます❺。編集箇所に表示されている▲にポインタを合わせると❻、編集者の名前を確認することもできます❼。

Hint 編集箇所の目印は消える

図の編集箇所を示す目印はそのとき相手が編集している箇所を示すもので、編集箇所を移動、ファイルを閉じるなどすると消えてしまいます。

❺ 他者の編集がリアルタイムに反映されます。

❻ ポインタを合わせると、

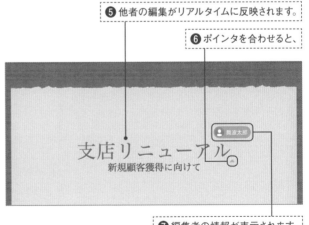

❼ 編集者の情報が表示されます。

共有相手の動向がわかる通知や、共同作業による編集の履歴をまとめてチェックできる［アクティビティパネルなど、ファイルの共有をさらに便利にする機能が備わっています。

ファイルの共有時は、状況を知らせる通知が表示されます❶。たとえば図は、自分がファイルを閉じている間に他者が編集を加えていたことを知らせる通知です。このほかにも、共有相手の参加など状況を知らせる通知などがあります。

❶ ファイルを閉じている間に
他者が編集したことを知らせる通知が表示されます。

自身が不在の間も含め、共同作業で加えられた編集をまとめて見るには、［共同制作］をクリックして❷、［すべてのアクティビティを表示］をクリックします❸。なお、上図の通知で［アクティビティを表示］をクリックや、［表示］メニューから［アクティビティパネルを表示］を選択しても同様に表示できます。

❷ ここをクリックして、

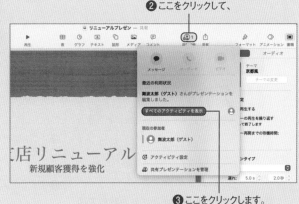

❸ ここをクリックします。

行われた編集が一覧表示されます❹。スライドごとのアクティビティを表示し❺、項目を選択すると❻、該当箇所が強調表示され、変更内容などが簡単に確認できます❼。このアクティビティリストは、過去30日以内に書類内で行われたアクティビティを確認できます。なお、後から共有に追加した人も、自身の参加前の変更も含めたアクティビティリストを見ることができます。

❹ アクティビティが
一覧表示されます。

❺ ここをクリックして
内容を表示し、

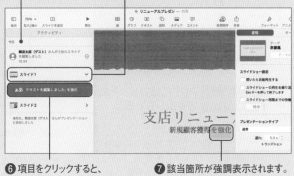

❻ 項目をクリックすると、

❼ 該当箇所が強調表示されます。

共同制作

Chapter 6

343

別のファイル形式で書き出すには

Numbersの場合を例に、作成したファイルを別のファイル形式で書き出す方法をマスターしましょう。Officeのファイル形式やPDF、各アプリケーションの旧バージョンの形式などで書き出すことが可能です。

iCloudでデバイス連携・その他の便利な機能　Chapter 6

1 書き出すファイル形式を選択する

NumbersのスプレッドシートをPDFに書き出す場合を例に、異なるファイル形式への書き出し方を見ていきます。[ファイル] メニューから [書き出す] を選択し①、書き出したいファイル形式を選択します②。

Point　Pages、Keynoteでの書き出しも同様

書き出し可能な形式はアプリケーションによって異なりますが、Pages、Keynoteでも同様の方法でファイルの書き出しが可能です。

2 イメージの品質を選択する

選択したファイル形式が選ばれた状態で図の画面が開きます③。必要に応じて詳細を変更し④、[保存] ボタンをクリックします⑤。

Point　PDFにはコメントの書き出しもできる

PDFに書き出す場合、[ページレイアウト]で[各シートのサイズを1ページに合わせる]を選択し、[コメントを含める]にチェックすると、コメントも書き出し可能です。

❶ ここを選択し、　❷ ファイル形式を選択します。

❸ 選択したファイルが選ばれています。

スプレッドシートを書き出す

PDF　Excel　CSV　TSV　Numbers '09

ページレイアウト：　● プリント設定を使用
　　　　　　　　　　　○ 各シートのサイズを1ページに合わせる
　　　　　　　　　　　　コメントを含める

イメージの品質：　最高

□ 開くときにパスワードを要求

> 詳細オプション

?　　　　　　プリント設定　キャンセル　コピーを送信 ∨　保存…

❹ 必要に応じて詳細を変更し、　❺ ここをクリックします。

344

3 保存先を指定する

書き出すファイルの保存先を選択しましょう❻。図では[書類]フォルダを選びました。ファイル名を入力し❼、[書き出す]ボタンをクリックすると、指定した形式でファイルが保存されます❽。

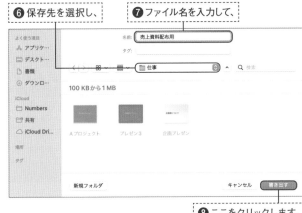

❻ 保存先を選択し、

❼ ファイル名を入力して、

❽ ここをクリックします。

✎ Point ファイル形式により詳細が異なる

選択したファイル形式により、手順2の画面で設定できる内容が変化します。たとえばExcelファイルへの書き出しの場合、含めるワークシートやExcelファイルのフォーマットの選択も可能となっています。

設定可能な詳細はファイル形式により異なります。

⤴ StepUp 書き出すファイルにパスワードを設定する

手順2の画面で［開くときにパスワードを要求］にチェックを付けると❶、書き出すファイルにパスワードを設定できます❷。パスワードと確認用のパスワードを入力してから［次へ］ボタンをクリックしましょう。

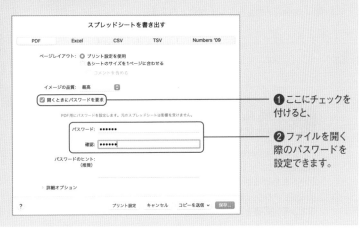

❶ ここにチェックを付けると、

❷ ファイルを開く際のパスワードを設定できます。

ファイルの書き出し

Chapter 6

345

Chapter 6

➤ Officeアプリへの書き出し

Officeアプリとのやり取りを
スムーズにするには

Pages、Numbers、Keynoteで作成したファイルは、Officeアプリ用のファイルとして書き出すことができます。ここではその方法と注意点について確認します。

iCloudでデバイス連携・その他の便利な機能 Chapter 6

1 対象のアプリを選択する

書き出しの作業自体は、P.344で紹介した通りです。たとえばKeynoteのファイルをPowerPointのファイルとして保存するには、[ファイル]メニューから[書き出す]→[PowerPoint]を選択します❶。

Hint アニメーションGIFにもできる

図のメニューにある通り、KeynoteのスライドはアニメーションGIFファイルに書き出しできます。ムービーへの書き出しとは異なりサウンドは再生できませんが、アニメーションは実行されます。用途や使用デバイスによって選択しましょう。

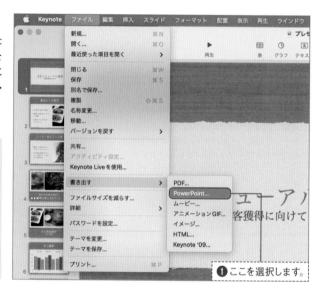

❶ここを選択します。

2 保存する

[保存]をクリックして保存しましょう❷。保存方法はP.344と同じです。PowerPointの場合、「.pptx」ファイルとして保存されます。

Point Numbersの場合はシートの数を選ぶ

NumbersからExcelに書き出す場合、すべての表を1つのシートに書き出すか、表ごとにシートを分けるかを選びます。図の画面に[Excelワークシート]の選択肢が表示されるので、希望の書き出し方を選びましょう。

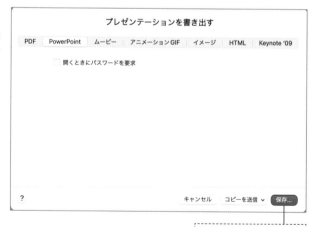

❷ここをクリックします。

346

Point Office側にない機能に注意！

Office側に用意されていない機能を用いて作成した部分は、自動的に機能が置き換わり、書き出し最後に図のようなメッセージが表示される場合があります。

また、このようにメッセージが表示されないものでも、文字や図形などの装飾が置き換わり、見た目が変わる場合もあります。特にKeynoteの場合、アニメーションや画面の切り替えなどの動作の多くが置き換わる点にも注意が必要です。書き出した書類は一度Officeのアプリで開き、どのように変化しているかを確認するのがよいでしょう。

書き出しにより加えられた変更が表示されることもある

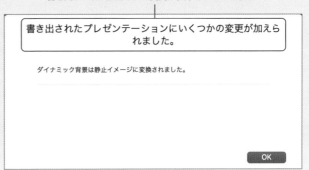

Point 編集不要な用途なら、Officeファイル以外を選ぼう

上記の通り、Officeファイルへの書き出しは意図しない機能の置き換わりが生じる可能性があります。Pagesなどがなく、Officeのインストールされた PCにファイルを送る場合でも、配布目的が「閲覧してもらうため」であれば、Office以外のファイル形式に書き出す方が確実です。たとえばPDFとして書き出せば、レイアウトや装飾をそのまま維持できます。また、プレゼンテーションの場合も、スライドショーを記録し、その内容をムービーとして書き出せば、Keynoteで設定した動きをKeynoteのないPCでもそのまま再生できます。

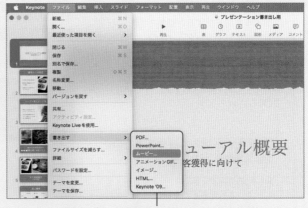

閲覧してもらうだけの場合、PDFやムービーなど
編集不可能なファイルに書き出すこともできる

StepUp OfficeのファイルをPagesなどで開くには

Officeファイルへの書き出しとは逆に、たとえばWordのファイルをPages、Excelのファイルを Numbers、PowerPointのファイルをKeynoteで開くこともできます。Pagesなどを起動し、[開く] の操作でファイルを選択するか、開きたいファイルのアイコンを右クリックし、[このアプリケーションで開く] →開きたいアプリを選択しましょう。

ただしこの場合も、互換性のない機能は自動的に置き換わる点に注意が必要です。Officeの入っていないMacでOfficeの書類を閲覧・編集するには、ブラウザ上でOfficeを利用できるWeb版Office（無料）を活用するのも便利な方法の1つです。ぜひ覚えておきましょう。

ブラウザで利用できるOfficeもある

Web版OfficeのWebサイト
（https://www.microsoft.com/ja-jp/microsoft-365/free-office-online-for-the-web）

ロックやパスワードで ファイルを保護するには

ファイルを保護する2つの機能を紹介しましょう。ファイルをロックすると編集が制限され、完成したファイルに誤って手を加えてしまうことを防止できます。またファイルにパスワードを設定すると、パスワードを知らない人にファイルを開かれる心配がありません。

▶ ファイルをロックする

1 [ロック] をクリックする

ファイルをロックすると編集できない状態になり、完成したファイルのレイアウトを誤って崩してしまうなどの事態を防ぐのに役立ちます。ファイルをロックするには、ファイル名をクリックし❶、[ロック] をクリックします❷。

Point 誰でも解除できるのを忘れずに

誰にでも解除できる「ロック」は、あくまでもミスによる編集を防ぐ機能です。次ページで紹介するパスワードによる保護と、用途に応じて使い分けましょう。

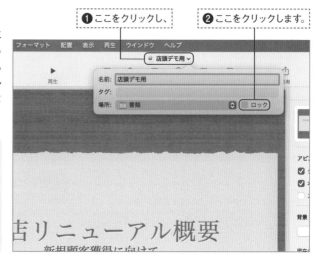

❶ ここをクリックし、

❷ ここをクリックします。

2 ファイルがロックされた

すると [ロック] にチェックが付き❸、ファイルがロックされ、ファイル名の右に「ロックあり」と表示されます❹。この状態のときは、ファイルは編集できません。なお、再度 [ロック] をクリックしてチェックを外せば再び編集が可能になります。

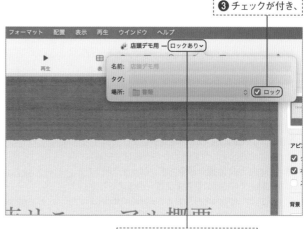

❸ チェックが付き、

❹ ファイルがロックされました。

1 パスワードの設定画面を表示する

他人に勝手に開かれたくないファイルは、パスワードを設定しましょう。ファイルを開く際にパスワードの入力が必要になり、知らない人には開けません。パスワードを設定するには、[ファイル] メニューから [パスワードを設定] を選択します❶。なおKeynoteのみ、書類インスペクタの [書類] タブで [開くときにパスワードを要求] にチェックを付けても同様に設定できます。

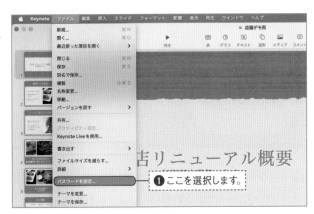

❶ ここを選択します。

2 パスワードを入力する

表示される画面で [パスワード] と [確認] 欄に同じパスワードを入力します❷。必要があれば [パスワードのヒント] も入力しておきます❸。[パスワードを設定] ボタンをクリックするとパスワードが設定され、以後ファイルを開く際に入力を求められます❹。

> **Point** パスワードに
> 利用できる文字
>
> パスワードは数字、大文字または小文字の英字、および特殊キーボード文字を組み合わせて作成しましょう。

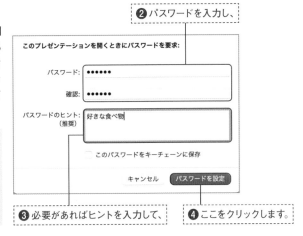

❷ パスワードを入力し、

❸ 必要があればヒントを入力して、

❹ ここをクリックします。

Hint パスワードを削除するには

[ファイル] メニューから [パスワードを変更] を選択して図の画面を表示します。表示される画面で [古いパスワード] に現在のパスワードを入力し❶、[パスワードを削除] をクリックすると削除できます❷。なお、パスワードを変更したいときは、図の画面で [古いパスワード] [新しいパスワード] [確認] を入力してから [パスワードを変更] をクリックしましょう。

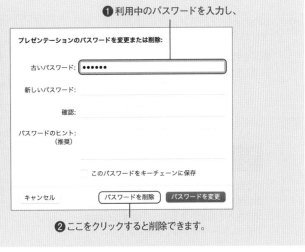

❶ 利用中のパスワードを入力し、

❷ ここをクリックすると削除できます。

ロック・パスワード

Chapter 6

作成した書類をテンプレートとして保存するには

作成した文書は、オリジナルのテンプレートとして登録することができます。同じような文書を今後も作成する予定があるときは、テンプレートに保存しておくと「以前作った似たような書類を探してコピーする…」といった手間が省けます。

1 [テンプレートとして保存] を選択する

テンプレートとして保存したいファイルを開き❶、[ファイル] メニューから [テンプレートとして保存] を選択します❷。

❶ 対象のファイルを開き、

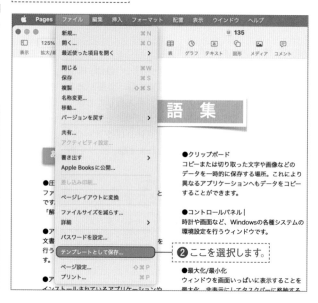

❷ ここを選択します。

StepUp 保存したテンプレートを別デバイスで利用する

保存したテンプレートは、同じApple ID でiCloudにサインインしていて、Pages、Numbers、KeynoteのiCloud Driveがオンになっている別のMacやiPadなどと同期され、それらのデバイスでも同じように利用できます。なおこの機能を利用するには、iOS デバイスがiOS 11.2以降を使用し、Macが macOS 10.13.2以降を使用している必要があります。

2 [テンプレートセレクタに追加] をクリックする

表示される画面で [テンプレートセレクタに追加] をクリックします❸。

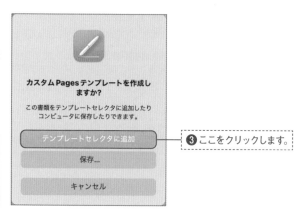

❸ ここをクリックします。

Point テンプレートセレクタとは

テンプレートセレクタとは、新規文書作成時に表示されるテンプレートの選択画面です。ここで追加しておくと、保存した自作のテンプレートを素早く利用できます。

iCloudでデバイス連携・その他の便利な機能

Chapter 6

3 テンプレート名を入力する

図のようにテンプレートが作成されるので
❹、希望のテンプレート名を入力します❺。
内容がわかりやすい名前にすると使い勝手が
向上します。その後 [閉じる] ボタンをクリッ
クして、この画面を閉じます❻。

❹ テンプレートが追加されるので、

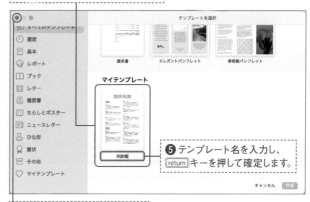

❺ テンプレート名を入力し、
[return] キーを押して確定します。

❻ ここをクリックして閉じます。

Hint Numbers、Keynote でも同様

例ではPagesのファイルを利用しています
が、Numbers、Keynoteでも同様にテンプ
レートを保存できます。

4 自作のテンプレートを表示する

作成したテンプレートを使用するには、新規
文書の作成時に表示される図の画面で❼、
[マイテンプレート] をクリックします❽。

❼ 新規文書を作成し、

❽ ここをクリックします。

5 自作のテンプレートを選択できた！

作成したテンプレートが表示されます。使用
したいテンプレートをクリックし❾、[作成]
ボタンをクリックすると❿、テンプレートを
利用した新規文書が作成できます。

❾ テンプレートをクリックし、

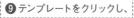

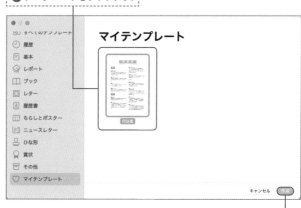

マイテンプレート

❿ ここをクリックします。

テンプレートとして保存

Chapter 6

351

文字などにリンクを設定するには

作成した文書をファイルのまま配布する場合、クリックするとWebページの表示やメールの作成が行えるリンクを用いるとより便利です。ここでは任意の文字列にWebサイトやメールへのリンクを設定してみます。

1 [リンクを追加]を選択する

URLアドレス以外の文字にWebサイトへのリンクを設定してみます。対象の文字を選択したら❶、[フォーマット]メニューから[リンクを追加]→リンク先を選択します❷❸。

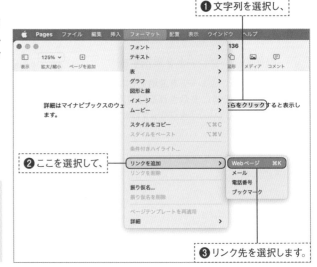

❶ 文字列を選択し、

❷ ここを選択して、

❸ リンク先を選択します。

Hint Keynoteの場合

Keynoteの場合はP.280も参考にしてください。

2 リンクを指定する

リンクの編集用画面が表示されるので、[リンク]にURLアドレスを入力します❹。枠外をクリックして設定を終えます❺。

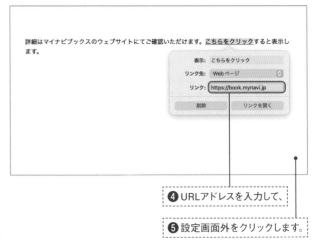

❹ URLアドレスを入力して、

❺ 設定画面外をクリックします。

Point メールへのリンクを作成するには

[リンク先]が[メール]の場合、表示される[宛先]と[件名]を設定すると、メール作成用のリンクを作成できます。

3 **リンクが設定できた！**

リンクが設定され、テキストに下線が表示されました❻。文字列をクリックし❼、［リンクを開く］ボタンをクリックすると、ブラウザが起動してWebサイトが表示されます❽。

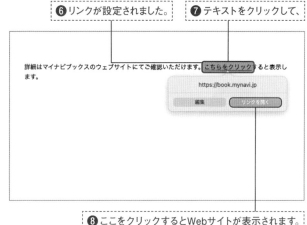

❻リンクが設定されました。　❼テキストをクリックして、

詳細はマイナビブックスのウェブサイトにてご確認いただけます。こちらをクリックすると表示します。

https://book.mynavi.jp

編集　　リンクを開く

❽ここをクリックするとWebサイトが表示されます。

💡**Hint** **オブジェクトにも設定できる**

ここではテキストに設定しましたが、図形、線、イメージ、テキストボックスなどのオブジェクトにもリンクを設定できます。オブジェクトを選択して設定しましょう。

💡**Hint** **リンクを修正、削除するには**

リンクの設定されたテキストをクリックすると表示される手順3の画面で［編集］ボタンをクリックすると、リンク先やアドレスの編集が可能です❶。また［削除］ボタンをクリックして、リンクの削除も行えます❷。

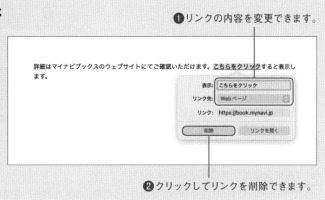

❶リンクの内容を変更できます。

詳細はマイナビブックスのウェブサイトにてご確認いただけます。こちらをクリックすると表示します。

表示：　こちらをクリック
リンク先：　Webページ
リンク：　https://book.mynavi.jp

削除　　リンクを開く

❷クリックしてリンクを削除できます。

⭐**StepUp** **自動的に設定されるリンクを解除するには**

URLアドレスやメールアドレスを入力すると、自動的にリンクが設定されますが、印刷して使用する文書の場合、リンクの設定時に表示される下線を邪魔に感じる場合があります。開いている文書全体でURLアドレスやメールアドレスへのリンクの自動設定機能をオフにするには、図の画面で［スマートリンク］のチェックを外します❶❷。なお、文書内の特定のテキストのリンクを解除したいときは、対象の文字列を選択して［スマートリンク］のチェックを外すか、上記コラムの操作でリンクを削除しましょう。

❶［編集］メニューから［自動置換］→［自動置換を表示］を選択して、

自動置換

✓ スマートダッシュ記号　　　　　　✓ スマート引用符
☐ スマートリンク　　　　　　　　　"abc"　　'abc'
☐ テキストの置換
テキスト入力設定...　　すべて置き換える　　選択範囲内で置き換える

❷ここのチェックを外します。

ツールバーをカスタマイズするには

初期設定でツールバーに表示されているボタンはかなり限定されています。よく使う機能のボタンを追加して、より使いやすい環境にカスタマイズしてみましょう。ボタンをドラッグする簡単な操作で追加できます。

iCloudでデバイス連携・その他の便利な機能

Chapter 6

1 [ツールバーをカスタマイズ] を選択する

ツールバーにボタンを追加するには、[表示] メニューから [ツールバーをカスタマイズ] を選択します❶。

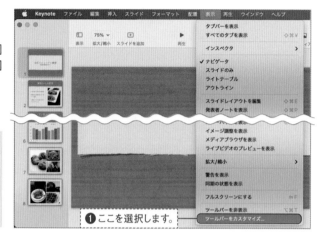

❶ここを選択します。

 Hint ツールバーが不要な場合

[表示] メニューから [ツールバーを非表示] を選択すると、ツールバーを非表示にすることができます。

---

2 ボタンをドラッグする

ツールバーに表示したいボタンをクリックし❷、ツールバーの任意の位置へドラッグ＆ドロップします❸。

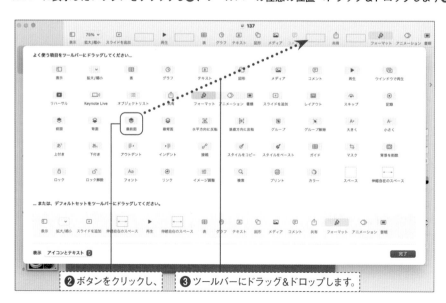

❷ボタンをクリックし、　　❸ツールバーにドラッグ＆ドロップします。

3 ボタンが追加された！

ツールバーにボタンが追加されました❹。必要なボタンの追加を終えたら［完了］ボタンをクリックします❺。

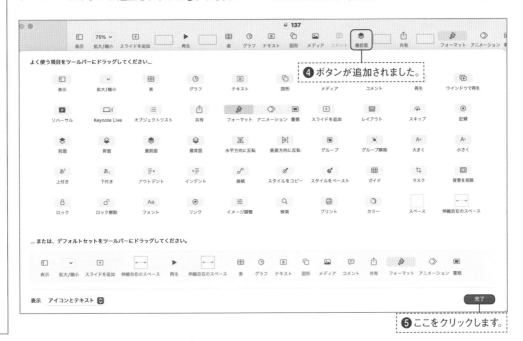

❹ ボタンが追加されました。

❺ ここをクリックします。

ツールバーのカスタマイズ

Chapter 6

Point 動作可能時は色が濃くなる

追加したボタンの種類によっては、半透明に表示される場合もありますが、機能を実行できる状態（例であればオブジェクトなどの選択中）になればクリック可能になります。

このボタンはクリックできる状態です。

Hint 追加したボタンを削除するには

ツールバーに追加したボタンを削除するには、手順1の操作でツールバーの編集画面を表示し❶、不要なボタンをツールバーから外すようにドラッグします❷。

❶ この画面を表示し、

❷ ツールバー外へボタンをドラッグします。

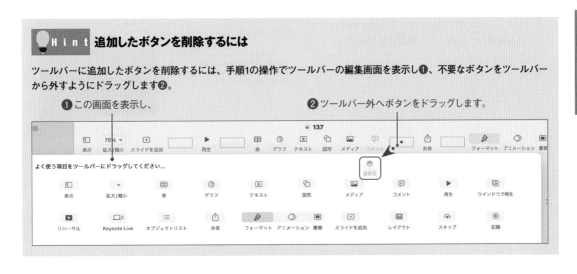

文書にコメントを付けるには

Pages・Numbers・Keynoteのアプリケーションでは、文書内にコメントを付けることができます。自身のためのメモとして利用するのはもちろん、ファイルを共有している人同士の質問や提案に利用しても便利です。

1 [コメント]ボタンをクリックする

文書にコメントを付ける方法を見ていきましょう。コメントを付けたい対象（図ではテキスト）を選択し❶、ツールバーの [コメント] ボタンをクリックします❷。

❶ コメントを付ける対象を選択し、

❷ ここをクリックします。

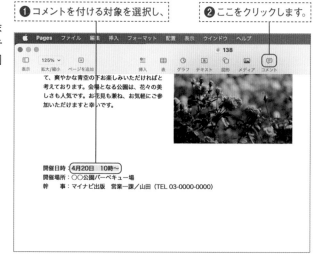

2 コメントが挿入された

コメントが挿入されました❸。コメントの作成者が自動的に表示されます❹。設定により、コメント作成者の設定を求める画面が表示された場合は、使用したい作成者名を設定しましょう。

❸ コメントが挿入されました。

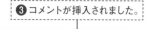

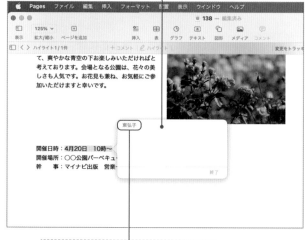

❹ 作成者は自動的に入力されています。

3 コメントを入力する

テキストを入力します❺。入力を終えたら[終了]をクリックし❻、コメントの外をクリックしましょう❼。

Point 作成時間が自動で追加される

[終了]をクリックすると、下段のコラムの図のようにコメントの右上に作成日時の情報が自動的に追加されます。

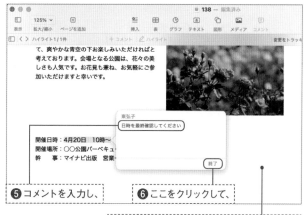

❺ コメントを入力し、

❻ ここをクリックして、

❼ コメント外をクリックして入力を終えます。

4 コメントが閉じた！

するとコメントが閉じ、小さくなります。なお、コメントのあるテキストは強調表示されます。強調表示された箇所や縮小化されたコメントを再度クリックすると開くことができます❽。

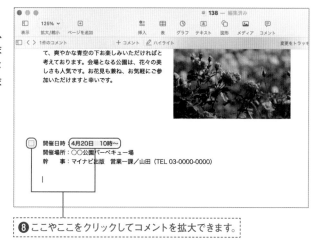

❽ ここやここをクリックしてコメントを拡大できます。

Hint コメントを削除するには

挿入したコメントを削除するには、コメントの入力欄で[削除]をクリックします。

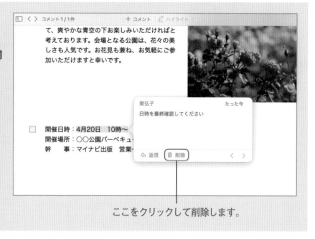

ここをクリックして削除します。

Next ⊛

Hint コメントを非表示にする

作業内容によっては、コメントが邪魔になることもあります。そんなときは[表示]ボタンをクリックし❶、[コメントを非表示]を選択するとコメントを非表示にできます❷。[表示]ボタンをクリックし、[コメントを表示]を選択すると再度表示できます。

❶ここをクリックして、　❷ここを選択すると非表示になります。

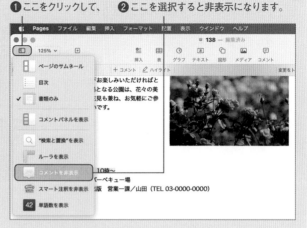

Point レビューツールが表示される

コメントを挿入すると、ツールバーの下にレビューツールが表示されます。文書内のコメント数が表示され❶、ボタンをクリックして前後のコメントへの移動が可能です❷。また[+コメント]をクリックすると新規コメントの追加も行えます❸。

❶コメント数がわかります。

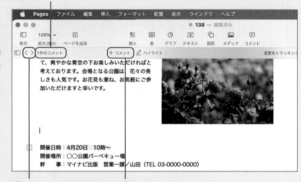

❷クリックして前後の
コメントに移動します。

❸クリックしてコメント
を挿入できます。

Hint コメントの色は変更できる

コメントの色は変更できます。[表示]メニューから[コメントと変更点]→[作成者のカラー]を選択し、表示される色から利用したいものを選びましょう。

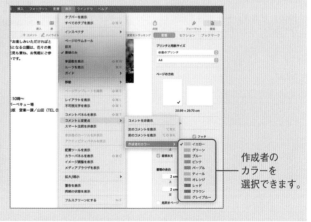

作成者の
カラーを
選択できます。

図形を分割して オリジナルの図形に変更するには

P.66の要領で追加できる図形には、四角などの一般的な図形以外に、図の例のようにイラストとして利用できる図形も豊富に用意されています。こうした図形の多くは、パーツごとに分割でき、部分的に色や形を変えることができます。図形がさらに使いやすくなるこの機能の使い方をPagesの場合を例に見てみましょう。

P.66の要領で追加した図形は、最初は1つのオブジェクトです。対象の図形を右クリックして❶、[分割] を選択します❷。

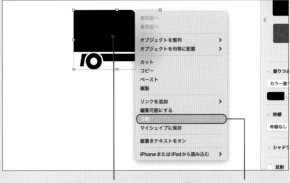

❶右クリックして、　　❷ここをクリックします。

図形が分割され、パーツごとに個々の図形に別れました❸。図形ごとにハンドルが表示され、どのように分割されたかがわかります。

❸図形が分割されました。

分割後は、通常の図形の場合と同じ操作で個々に編集が可能です。たとえば図は、1つの図形のみ削除した状態です❹。このほかにも、特定の部分だけ色を変える、個々にサイズや位置を変更するといったことが可能です。なおこうして分割した図形は、必要なパーツを選択し、P.260の要領で結合すると再び一つの図形にできます。編集後のオリジナル図形を頻繁に利用したいときは、1つの図形に戻したあとでマイシェイプに保存（P.263）しておくと便利です。

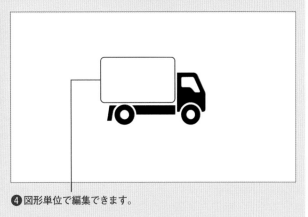

❹図形単位で編集できます。

図形の分割

Chapter 6

StepUp ## Pages、Numbers、Keynoteの書類に 音声を録音するには

Pages、Numbers、Keynoteの書類にオーディオを録音し、再生することができます。Mac の内蔵マイクや互換性のあるマイク、対応するヘッドセットなどを使って録音します。なお、録音中もページのスクロールなどは可能です。

録音したオーディオを挿入したいファイルを開き、ツールバーの［メディア］をクリックして❶、［オーディオを録音］を選択します❷。

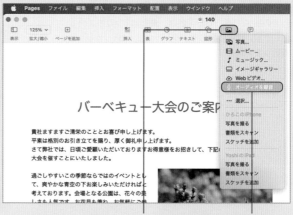

❶ここをクリックして、 ❷ここを選択します。

［オーディオを録音］画面が表示されたら、録音用のボタンをクリックして録音を開始します❸。録音を停止用のボタンをクリックすると録音を停止できます❹。録音した内容は［プレビュー］ボタンで再生できます❺。録音した内容を文書内に挿入するには、［挿入］ボタンをクリックします❻。

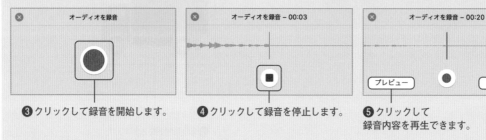

❸クリックして録音を開始します。　❹クリックして録音を停止します。　❺クリックして 録音内容を再生できます。

❻クリックして文書に挿入します。

❼クリックして選択し、　❽再度クリックすると再生できます。

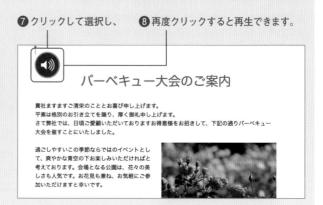

オーディオが録音されていることを示すアイコンが文書に追加され、クリックしてアイコンを選択した状態で❼、再度クリックすると録音した内容が再生されます❽。このアイコンはドラッグで好きな位置に移動できます。また、選択して delete キーを押すと削除できます。

iCloudでデバイス連携・その他の便利な機能

Chapter 6

360

StepUp ファイルサイズを減らすには

［ファイルサイズを減らす］機能を使うと、イメージ解像度の変更とムービーやオーディオの未使用部分の削除により、ファイルサイズを自動的に減らすことができます。ここで注意したいのは、この方法でムービーなどの不要部分を削除した後は、トリミングを変更して使用部分を伸ばすことはできなくなるということです。ファイルを複製し、元のファイルは取っておいてからサイズを減らすと安心です。図はKeynoteの場合を例にしていますが、Pages、Numbersでも同様に操作可能です。

対象のファイルを開いたら、［ファイル］メニューから［ファイルサイズを減らす］を選択します❶。

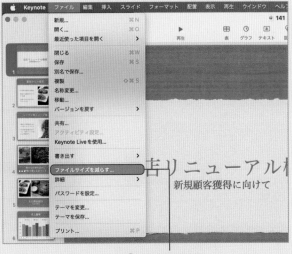

❶ここを選択します。

縮小の条件を設定できるので、希望に応じて設定を行います❷。縮小の結果ファイルサイズがどのように変化するかを確認できます❸。［コピーを縮小］をクリックすると、ファイル保存用の画面が表示され、元のファイルとは別に縮小されたコピーのファイルを作成できます❹。元のファイル自体を縮小したいときは、［このファイルを縮小］をクリックします❺。

❷縮小の条件を指定し、　　　❸縮小後のサイズを確認できます。

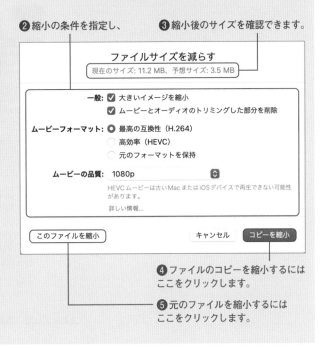

❹ファイルのコピーを縮小するにはここをクリックします。

❺元のファイルを縮小するにはここをクリックします。

Pagesには、文書内の文字数をカウントできる機能があります。文字数に決まりがある文書を作りたいときにとても便利な機能です。自分で文字数を数えながら文書を作るのは大変です。Pages以外のアプリで文書を作る場合でも、一度Pagesに文字をコピーすれば簡単に文字数を把握できます。

[表示] メニューから [単語数を表示] を選択します❶。

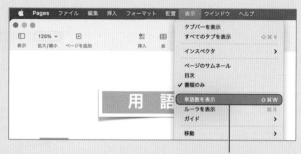

❶ここを選択します。

すると画面下部に使用されている語数が表示されるので❷、ポインタを合わせて右端の部分をクリックします❸。

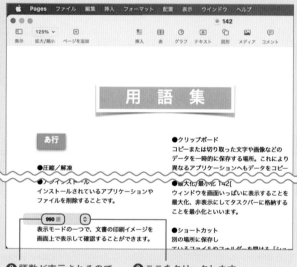

❷語数が表示されるので、　❸ここをクリックします。

表示したい項目（ここでは文字数）を選択すると❹、文字数を表示しながら内容を編集できます。この表示は、[表示] メニューから [単語数表示を非表示] を選択すると非表示に戻ります。

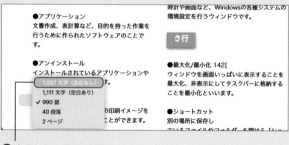

❹表示したい項目を選択します。

PagesとKeynoteは、ウインドウ内にタブを追加して、複数のファイルを同じウインドウで開くことができます。個々のウインドウで開く場合よりファイルの切り替えがしやすく、作業の効率がアップします。ここではPagesを例に使い方を見てみましょう。

[表示] メニューから [タブバーを表示] を選択します❶。

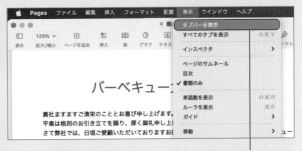

❶ ここを選択します。

タブバーが表示されました❷。同じ操作で別のファイルにもタブバーを表示し、タブバー部分をクリックし、別のウインドウのタブバーに重なるようにドラッグ&ドロップします❸。

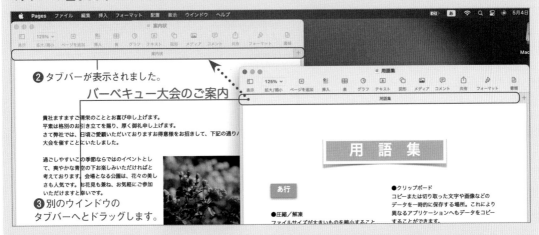

❷ タブバーが表示されました。

❸ 別のウインドウの
タブバーへとドラッグします。

1つのウインドウに2つのタブが収まりました。タブをクリックすると、それぞれの文書を表示できます❹。なお、新しいタブに新規の文書を作成したいときは、タブバーの右端にある+ボタンをクリックして新規文書を作成しましょう。

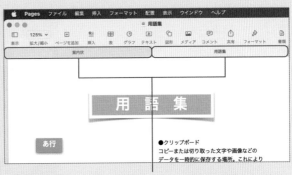

❹ タブをクリックして表示するファイルを切り替えできます。

複数の書類

Chapter 6

Hint 翻訳やショートカットなどOSの便利機能と連携

Apple製アプリのPages、Numbers、Keynoteは、OSの機能との連携も魅力です。たとえば翻訳機能を使うと、以下のように簡単な操作で書類やスライドを翻訳できます。Pages、Numbers、Keynote内で直接翻訳するため、ブラウザを立ち上げて翻訳サイトを利用…といった手間がかかりません。OSの翻訳機能を使うので、メールアプリなどと共通の操作で翻訳できる点も覚えやすくて便利です。

ここではスライドを翻訳してみます。翻訳したい文字を選択し、右クリックをして❶、「"○○"を翻訳」を選択します❷。

❶文字を選択して右クリックし、　❷ここを選択する。

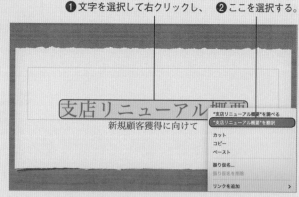

すると翻訳が実施され、結果が表示されます❸。翻訳する言語を変更したいときは、ここで変更できます❹。書類内の文字を翻訳結果に置き換えるには、[翻訳で置き換え]をクリックします❺。

❸翻訳結果が表示されます。　❹ここから別の言語も選べます。

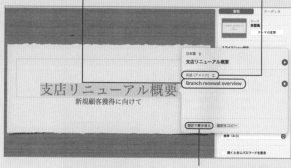

❺ここをクリックします。

選択していた文字列が、翻訳結果に置き換わりました❻。[翻訳で置き換え]をクリックするだけなので簡単です。

❻翻訳結果に置き換わりました。

その他にも、Appleが提供する「ショートカット」アプリにも対応しています。「ショートカット」は、複数の操作を組み合わせてショートカットを作り、メニューバーやSiriなどから簡単に実行できる便利なアプリです。Pages、Numbers、Keynoteもファイルを開く、新規作成するなどの操作を「ショートカット」アプリで利用できます。

「ショートカット」アプリはあらかじめインストールされています。

「ショートカット」アプリのショートカット作成画面。アプリを選ぶと、追加できる機能が表示されます。

Mac OSの「VoiceOver」機能にも対応しています。コメントを読み上げたり、変更をトラッキングしたりもできます。

VoiceOver

ようこそ VoiceOver へ

VoiceOverは画面上の項目の説明を読み上げる機能です。VoiceOverを使うと、キーボードだけでコンピュータを制御できます。

○ 今後このメッセージを表示しない

詳しい情報 　　　　VoiceOverを使用 　　VoiceOverをオフにする

「VoiceOver」は ⌘ キー＋ F5 キーで起動できます。

東 弘子 Hiroko Azuma

フリーライター＆編集者。プロバイダー、パソコン雑誌編集部勤務を経てフリーに。ネットの楽しみ方、初心者向け PC ハウツー関連の記事を中心に執筆。著書に『Microsoft Teams 目指せ達人 基本＆活用術』『さくさく学ぶ Excel VBA 入門』（マイナビ出版刊）など。

●お問い合わせについて

本書の内容に関する質問は、下記までお送りください。ご質問の際は、書名・ページ数を明記してくださいますよう、お願い申し上げます。なお、電話によるご質問や本書の内容を越えるご質問にはお答えできませんので、悪しからずご了承ください。なお、質問への回答期限は本書発行日より 2 年間とさせていただきます。

問い合わせ先：https://book.mynavi.jp/inquiry_list/

Pages・Numbers・Keynoteマスターブック 2024

2023 年 7 月 25 日　初版第 1 刷発行

●著者	東 弘子
●発行者	角竹輝紀
●発行所	株式会社 マイナビ出版
	〒 101-0003　東京都千代田区一ツ橋 2-6-3 一ツ橋ビル 2F
	TEL0480-38-6872（注文専用ダイヤル）
	TEL03-3556-2731（販売部）
	TEL03-3556-2736（編集部）
	E-Mail：pc-books@mynavi.jp
	URL：https://book.mynavi.jp
●装丁・本文デザイン	米谷テツヤ・白根美和（PASS）
●DTP	富 宗治
●印刷・製本	シナノ印刷株式会社